交通版 高等学校土木工程专业规划教材

JIAOTONGBAN GAODENG XUEXIAO TUMU GONGCHENG ZHUANYE GUIHUA JIAOCAI

第**2**版

基础工程学

Jichu Gongchengxue

刘春原　刘明泉　司马玉洲　主　编

郑　刚　主　审

人民交通出版社

China Communications Press

内 容 提 要

本书为高等学校土木工程专业规划教材。主要介绍了土木工程中的各种主要类型基础工程的设计计算原理和方法，如天然地基浅基础，筏形基础与箱形基础，桩基础，沉井基础，基坑开挖与支护工程。

本书内容覆盖面广，适合不同地区、不同类别、不同层次的土木工程及相近专业本科、专科的基础工程教学使用，亦可作为报考土木工程专业硕士研究生的必读书，同时可作为从事土木工程勘察、设计、施工的技术人员的参考书。

图书在版编目(CIP)数据

基础工程学/刘春原,刘明泉,司马玉洲主编.--
2 版.--北京:人民交通出版社,2012.8

ISBN 978-7-114-09891-8

I.①基… II.①刘… ②刘… ③司… III.①地基—
基础(工程) IV.①TU47

中国版本图书馆 CIP 数据核字(2012)第 136681 号

交通版高等学校土木工程专业规划教材

书　　名：	**基础工程学**(第二版)
著 作 者：	刘春原　刘明泉　司马玉洲
责任编辑：	张征宇　赵瑞琴
出版发行：	人民交通出版社
地　　址：	(100011)北京市朝阳区安定门外外馆斜街 3 号
网　　址：	http://www.ccpress.com.cn
销售电话：	(010)59757969,59757973
总 经 销：	人民交通出版社发行部
经　　销：	各地新华书店
印　　刷：	北京市密东印刷有限公司
开　　本：	787×1092　1/16
印　　张：	13.5
字　　数：	339 千
版　　次：	2006 年 8 月　第 1 版　2012 年 8 月　第 2 版
印　　次：	2012 年 8 月　第 1 次印刷　总第 3 次印刷
书　　号：	ISBN 978-7-114-09891-8
印　　数：	5001–8000 册
定　　价：	28.00 元

(有印刷、装订质量问题的图书由本社负责调换)

交通版

高等学校土木工程专业规划教材

编委会

（第二版）

主任委员：戎　贤
副主任委员：张向东　　李帼昌　　张新天　　黄　新
　　　　　　宗　兰　　马芹永　　党星海　　段敬民
　　　　　　黄炳生
委　　　员：彭大文　　张俊平　　刘春原　　张世海
　　　　　　郭仁东　　王　京　　符　怡
秘　书　长：张征宇

（第一版）

主任委员：阎兴华
副主任委员：张向东　　李帼昌　　魏连雨　　赵　尘
　　　　　　宗　兰　　马芹永　　段敬民　　黄炳生
委　　　员：彭大文　　林继德　　张俊平　　刘春原
　　　　　　党星海　　刘正保　　刘华新　　丁海平
秘　书　长：张征宇

随着科学技术的迅猛发展、全球经济一体化趋势的进一步加强以及国力竞争的日趋激烈,作为实施"科教兴国"战略重要战线的高等学校,面临着新的机遇与挑战。高等教育战线按照"巩固、深化、提高、发展"的方针,着力提高高等教育的水平和质量,取得了举世瞩目的成就,实现了改革和发展的历史性跨越。

在这个前所未有的发展时期,高等学校的土木类教材建设也取得了很大成绩,出版了许多优秀教材,但在满足不同层次的院校和不同层次的学生需求方面,还存在较大的差距,部分教材尚未能反映最新颁布的规范内容。为了配合高等学校的教学改革和教材建设,体现高等学校在教材建设上的特色和优势,满足高校及社会对土木类专业教材的多层次要求,适应我国国民经济建设的最新形势,人民交通出版社组织了全国二十余所高等学校编写"交通版高等学校土木工程专业规划教材",并于2004年9月在重庆召开了第一次编写工作会议,确定了教材编写的总体思路。于2004年11月在北京召开了第二次编写工作会议,全面审定了各门教材的编写大纲。在编者和出版社的共同努力下,这套规划教材已陆续出版。

在教材的使用过程中,我们也发现有些教材存在诸如知识体系不够完善,适用性、准确性存在问题,相关教材在内容衔接上不够合理以及随着规范的修订及本学科领域技术的发展而出现的教材内容陈旧、亟待修订的问题。为此,新改组的编委会决定于2010年底启动该套教材的修订工作。

这套教材包括《土木工程概论》、《建筑工程施工》等31种,涵盖了土木工程专业的专业基础课和专业课的主要系列课程。这套教材的编写原则是"厚基础、重能力、求创新,以培养应用型人才为主",强调结合新规范、增大例题、图解等内容的比例并适当反映本学科领域的新发展,力求通俗易懂、图文并茂;其中对专业基础课要求理论体系完整、严密、适度,兼顾各专业方向,应达到教育部和专业教学指导委员会的规定要求;对专业课要体现出"重应用"及"加强创新能力和工程素质培养"的特色,保证知识体系的完整性、准确性、正确性和适应性,专业课教材原则上按课群组划分不同专业方向分别考虑,不在一本教材中体现多专业内容。

反映土木工程领域的最新技术发展、符合我国国情、与现有教材相比具有明显特色是这套教材所力求达到的目标,在各相关院校及所有编审人员的共同努力下,交通版高等学校土木工程专业规划教材必将对我国高等学校土木工程专业建设起到重要的促进作用。

交通版高等学校土木工程专业规划教材编审委员会

人民交通出版社

前言

QIANYAN

"基础工程学"是一门"土力学"的后继课程,是土木工程专业一门重要的专业课。本书是综合我国诸多院校土木工程专业的土力学与基础工程学教学大纲的要求编写的,编写时主要遵循以下几方面原则:

(1)强调基本概念、基本原理与基本方法。本书力图准确阐述基础工程学中的基本概念和基本原理,使学生在理解和掌握基本原理的基础上掌握各种基础设计计算的内容、步骤与方法。通过内容的取舍和顺序编排,突出强调基础体系与地基承载力、沉降特性的内在联系。

(2)适当反映我国有关规范编制建设的成果。本书根据国家《建筑地基基础设计规范》、《建筑桩基技术规范》及《混凝土结构设计规范》等最新设计规范编写。在涉及规范处,力图反映我国设计规范在基本原则和基本规定方面内容的变化及其与基础工程学概念与原理的相辅相成关系。对于一些在规范中未作具体规定的基础类型,也与新规范的技术思想与原则相结合来阐述其基本设计原理。

(3)扩展土木工程专业学生的知识面。本书与以注的多数基础工程教材相比,在内容上增加了沉井与墩基础、地下连续墙、基坑开挖与支护工程等各种深基础工程内容,以使学生能对整个基础工程体系有比较全面和综合的认识。

(4)内容层次分明、适应多层次教学要求。本书不但扩展了传统土木类的基础工程教学内容,而且在章、节乃至小节的划分上,力求层次分明,使各部分内容既相互联系又相对独立,便于不同地区、不同类别、不同层次的土木工程专业及相近专业在教学内容上的取舍。

(5)适当地吸收国内外基础工程比较成熟的新内容。本书充分考虑基础工程学科的发展新方向和水平,努力反映新成果与观点,以使教学适应我国21世纪工程建设发展趋势。

本书内容可分为三大部分:第一部分(第一章、第二章)主要介绍了地基土的类型、地基土计算模型及其参数的确定;第二部分(第三至第五章)集中介绍了各种主要类型基础工程的设计计算原理和方法,如天然地基浅基础及基础结构分析,筏形基础与箱形基础,桩基础,沉井基础;第三部分(第六章、第七章)介绍沉井和基坑开挖与支护工程的原理与方法。全书由刘春原统稿。

本书由河北工业大学刘春原任主编,由天津大学郑刚主审。本书各章编写人员如下:

第一章 绪论 刘春原 河北工业大学
第二章 时金娜、司马玉洲 内蒙古工业大学、南阳理工学院
第三章 刘明泉、蒋希燕 唐山学院、河北建筑工程学院
第四章 刘春原、李章珍 河北工业大学、河北建筑工程学院
第五章 刘明泉、熊辉霞 唐山学院、南阳理工学院
第六章 程建军、司马玉洲 石河子大学、南阳理工学院
第七章 刘明泉、崔宏环 唐山学院、河北建筑工程学院

本书可与前修课程的教材——由人民交通出版社出版的"普通高等院校土木工程类系列教材"之《土力学》配套使用，各校可根据实际的课时安排，对这两本书的内容在教学上进行统筹安排。

本书的教学案例及教学课件网址：

http://www.ccpress.com.cn/service/download.aspx? ClassID = 333。

编 者
2012 年 7 月

目录 MULU

第一章 绪 论
DIYIZHANG

第一节 地基及基础的概念

任何结构物都建造在一定的地层之上,建筑物的全部荷载都由它下面的地层来承载,受结构物影响的那一部分地层称为地基,建筑物与地基接触的部分称为基础,是建筑物向地基传递荷载的下部结构(图1-1)。同理桥梁上部结构为桥跨结构,而下部结构包括桥墩、桥台及其基础(图1-2)。

基础工程包括地基与基础的设计与施工。

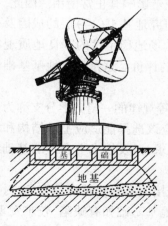

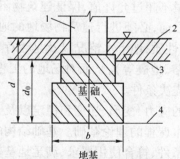

注:1.图中d、d_0为基础埋深。基础埋深是指从基础底视面至室外设计地坪的垂直距离。室外设计地坪分为自然地坪和设计地坪。自然地坪指施工地段的现在地坪(d_0),设计地坪指按设计要求工程竣工后室外场地经整平的地坪(d)。
2.图中b为基础宽度。

图1-1 地基及基础示意图
1-上部结构;2-设计地面;3-天然地面;4-基础底面

地基与基础受到各种荷载后,其本身将产生附加的应力和变形。为了保证建筑物的使用与安全,地基与基础必须具有足够的强度和稳定性,变形也应在允许范围之内。根据地层变化情况、上部结构的要求、荷载特点和施工技术水平,可采用不同类型的地基和基础。

地基可分为天然地基与人工地基。建筑物基础可直接放置的天然地层称为天然地基。如天然地层土质过于软弱或有不良的工程地质问题,需要经过人工加固或处理后才能修筑基础,这种地基称为人工地基(例如采用换土垫层、深层密实、排水固结、化学加固、加筋土技术等方法处理过的地基)。

基础根据埋置深度分为浅基础和深基础。通常把埋置深度 $d < 3 \sim 5\text{m}$ 或埋深与基础底面宽度之比 $d/b < 1.0$ 的,只需经过挖槽、排水等普通施工程序就可以建造起来的基础统称为浅基础(各种单独的和连续的基础)。一般建筑物及其公路、桥梁常用天然地基上的浅基础。反之,当浅层土质不良、设计和施工中需要将基础置于较深的良好土层上时,就要借助于特殊的施工方法,建造各种类型的深基础如桩基础、沉井基础和地下连续墙基础等。深基础时常采用桩基础或沉井基础,我国大多数的工业与民用建筑及公路桥梁目前最常用的深基础是桩基础。

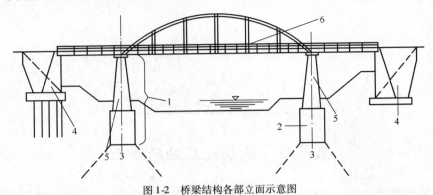

图 1-2　桥梁结构各部立面示意图

1-下部结构;2-基础;3-地基;4-桥台;5-桥墩;6-上部结构

建筑物的建造会使地基中原有的应力状态发生变化。这就必须运用力学方法来研究荷载作用下地基土的变形和强度问题,以便使地基基础设计满足两个基本条件:一是要求作用于地基的荷载不超过地基的承载能力,保证地基在防止整体破坏方面有足够的安全储备;二是控制基础的沉降量不超过允许值,保证建筑物不因地基沉降而损坏或者影响其正常使用。因此,在设计建筑物之前,必须进行建筑物场地的地基勘察,充分了解、研究地基土(岩)层的成因及构造、物理力学性质、地下水情况以及是否存在(或可能发生)影响场地稳定性的不良地质现象(如滑坡、岩溶、地震等),从而对场地的工程地质条件作出正确的评价。这是做好地基基础设计和施工的先决条件。

研究土的应力、变形、强度和稳定以及土与建筑物相互作用等规律的一门力学分支称为土力学。它是本课程的理论基础。基础结构的形式很多,设计时应该选择能适应上部结构和场地工程地质条件、符合使用要求、满足地基基础设计两项基本要求,以及技术上合理的基础结构方案。

基础工程属于地下隐蔽工程,它的勘察、设计和施工质量直接关系着建筑物的安危,对整个建筑物的质量和正常使用起着根本的作用。工程实践表明,地基基础如有缺陷,较难发现,事故一旦发生,补救困难,且这些缺陷往往直接影响整个建筑物的使用甚至安全。建筑物事故的发生,很多与地基基础问题有关。另外基础工程的进度,经常控制整个建筑物的施工进度。

因此,地基及基础在建筑工程中的重要性是显而易见的。地基基础事故的出现虽然屡见不鲜,然而只要严格遵循基本建设原则。按照勘察—设计—施工的先后程序,切实抓好这三个环节,必须做到精心设计、精心施工,则地基基础事故一般是可以避免的。以下举两个可以借鉴的实例。

图 1-3 是 1941 年加拿大特朗斯康谷仓(Transcona Grain Elevator)地基破坏情况。该谷仓由 65 个圆筒仓组成,高 31m,宽 23m,其下为筏板基础。由于事前不了解基础下埋藏有厚达

16m 的软黏土层,建成后初次储存谷物,使基底平均压力(320kPa)超过了地基的极限承载力。结果谷仓西侧突然陷入土中8.8m,东侧则抬高1.5m,仓身倾斜27°。这是地基发生整体滑动、建筑物丧失了稳定性的典型例子。该谷仓的整体性很强,筒仓完好无损。事后在下面做了70多个支承于基岩上的混凝土墩,使用388个50t千斤顶以及支撑系统,才把仓体逐渐纠正过来,但其位置比原来降低了4m。

图 1-3　加拿大特朗斯康谷仓的地基事故

　　某火车站服务楼建于淤泥层厚薄不匀的软土地基上(图1-4),在上部混合结构的柱下和墙下分别设置了一般的扩展基础和毛石条形基础。设计时未从地基—基础—上部结构相互作用的整体概念出发进行综合考虑,以致结构布局不当。中间四层的隔墙多,采用钢筋混凝土楼面,其整体刚度和重量都较大。相反的,与之相连的两翼,内部空旷,其三层木楼面则通过钢筋混凝土梁支承于外墙和中柱上,因此,重量轻而刚度不足。由于建筑物各部分的荷载和刚度悬殊,建成后不久,便出现了显著的不均匀沉降。两翼墙基向中部倾斜,致使墙体、窗台、窗顶和钢筋混凝土梁面都出现相当严重的裂缝,影响使用和安全。处理时,起先曾将中部基础加宽,继之又一再加固,都未收到预期的效果;后来只得将两翼木楼面改成钢筋混凝土楼面、拆除严重开裂的墙体、更换部分钢筋混凝土梁,才算基本解决问题。

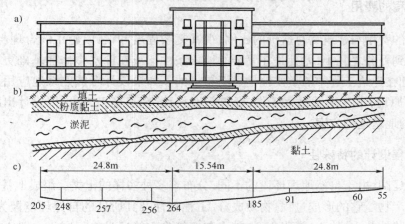

图 1-4　某火车站服务楼(尺寸单位:mm)

a)立面图;b)地层剖面图;c)基础沉降分布

第二节 基础工程学的学科地位

本课程的内容涉及其他学科较多,因而要求有较广泛的选修课知识,如工程地质、材料力学、结构力学、土力学、混凝土结构设计原理和桥梁工程等,所以内容广泛、综合性强,学习时应该突出重点、兼顾全面。尤其是土力学,为本课程的重要基础理论,必须牢固地掌握土的应力、变形、强度和稳定性计算等土力学基本原理。从土木工程专业的要求出发,学习本课程时,应该重视研究在各种可能荷载及其组合和工程地质条件下地基基础受力、变形和稳定性的规律以及各种地基基础的设计、施工、检测与维护。从而能够应用这些基本概念和原理,结合有关建筑结构理论和施工知识,分析和解决地基基础问题。

在学科体系上,基础工程学既是土木工程学科中岩土工程和结构工程两个二级学科的重要组成部分,同时也与地下工程等学科紧密相关。基础工程学在土木工程学科领域的重要性表现为以下几点。

1. 国民经济和社会发展的要求

我国地大物博、人口众多。到 20 世纪末,我国人口已达 13 亿,故人均土地资源有限。从我国的实际情况出发,城市建设向多层、高层和地下建筑发展是必然趋势。低层建筑多采用浅基础,工程简单,施工期短,造价低。而高层建筑多采用深基础,技术复杂,工程量大,工期长。因此,基础工程占工程总造价的比例明显上升,由过去的 5% 上升至 30% ~ 50%。在基础工程的造价不断提高的同时,基础的形式和施工方法也不断地创新,由过去的筏形基础、箱形基础,发展到筏板带桩、箱基带桩、沉井带桩以及大直径扩底桩、墩等深基础。在建筑平面设计上,改变了过去的"一"字形和"L"形等单调形式,出现了双曲面、三角形、十字形、马蹄形、扇形、S形、翼形等复杂的异形平面。这些都给基础的设计、施工带来一系列新课题。

为了缓解城市交通拥挤,许多城市都在规划修筑地下铁道或其他地下建筑物,以便充分利用地下空间,这也是基础工程学科的一个新领域。又如海洋钻井平台的深水基础,用作电信、电视、电力传送、播放和接收的塔架等,对地基基础工程都有其特殊要求。

2. 基础工程的费用

基础工程的费用与建筑物总造价的比例,视其复杂程度和设计、施工的合理与否,可以变动于百分之几到百分之几十,尤其是在复杂的地质条件下或在深水中修建基础更是如此。因此,地基及基础在建筑工程中的重要性是显而易见的。如果设计者能熟练地应用土力学与基础工程的基本原理,重视地基勘察工作,经过精心设计、精心施工,就可以设计出许多经济合理、技术可行的地基基础方案。

3. 基础工程设计的特殊性

我国地域辽阔,由于自然地理环境的不同,分布着多种多样的土类。组成地基的地层或岩石是自然界的产物。它的形成过程、物质成分、工程特性及其所处的自然环境极为复杂多变。某些土类如湿陷性黄土、软土、膨胀土、红黏土和多年冻土等还具有不同于一般土类的特殊性质。天然地层的性质和分布,不但因地而异,而且在较小范围内也可能有很大的变化。由于大量建设工程进入山区,还出现了许多山区常见的地基问题。地基基础问题的发生和解决带有明显的区域性特征。

许多建筑物修建在填土、沿海和滨河的软弱土、黄土、冻土、粉细砂以及用工业废料回填的各类软弱地基上,使地基处理技术得到迅速发展。

因此在进行地基基础设计之前,必须取得有关土层分布以及土的物理力学性质指标的充分而可靠的资料,只有在了解地基勘察、原位测试技术以及室内土工试验技术基础之上,才能对勘察和测试所取得的有关土层分布以及土的物理力学性质指标有充分的把握。

由于地基土的复杂多变,不像上部结构那样,有许多标准图可供选用,基础工程设计一般没有标准图可供选用。因此,具有全面掌握和正确应用基础工程学的基本原理、方法和技术,以解决基础工程中复杂多变的实际问题的能力,是对土木工程设计、施工和管理者的一项基本而又重要的要求。

第三节　基础工程的发展方向

地基及基础既是一项古老的工程技术,又是一门年青的应用科学。近几十年来,由于土木工程建设的需要,特别是电子计算机和计算技术的引入,使基础工程,无论在设计理论上,还是在施工技术上,都得到了迅速的发展,出现了如补偿式基础、桩—筏基础、桩—箱基础、巨型钢筋混凝土浮运沉井基础等形式。与此同时,在地基处理技术方面,如强夯法、砂井预压法、真空预压法、振冲法、旋喷法、深层搅拌法、树根桩法、压力注浆法等都是近几十年来创造和完善的方法。另外,由于深基坑开挖支护工程的需要,还出现了盾构、顶管、地下连续墙、深层搅拌水泥土挡墙、锚杆支护及加筋土等支护结构形式。基础工程今后发展的重要方向是:

1.基础性状的理论研究不断深入

建筑物的地基、基础和上部结构三部分,虽然各自功能不同、研究方法相异,然而,对一个建筑物来说,在荷载作用下,这三方面却是彼此联系、相互制约的整体。目前,由于计算机的应用日趋广泛,许多计算方法如有限元法、边界无法、特征线法等都在基础工程性状的分析中得到应用;土工离心机模型试验,已成为验证计算方法和解决包括基础工程在内的土工问题的有力手段。土的本构模型也是基础工程分析中的一个重要组成部分。研究应用最优化方法来设计基础,求得在技术上先进可靠、经济上合理、施工方便的设计方案。

2.现场原位测试技术和基础工程质量检测技术的发展

为了改善取样试验质量或者进行现场施工监测,原位测试技术和方法有很大发展。如旁压试验、动静触探、测斜仪、压力传感器和孔隙水压力测试仪等测试仪器和手段已被广泛应用。测试数据采集和资料整理自动化、试验设备和试验方法的标准化以及广泛采用新技术已成为发展方向。

3.高层建筑深基础继续受到重视

随着高层建筑物修建数量的增多,各类高层建筑深基础大量修建,尤其是大直径桩墩基础、筏板带桩、箱基带桩等基础类型更受重视。通过测试和理论分析,逐步提出考虑—地基—基础—上部结构共同工作的设计计算关系。

由于深基坑开挖支护工程的需要，如地下连续墙、挡土灌注桩、深层搅拌挡土结构、锚杆支护、钢板桩、铅丝网水泥护坡和沉井等地下支护结构的设计、施工方法都引起人们极大兴趣。

4. 地基处理技术的发展

在我国各地区的经济建设中，有许多建筑物不得不建造在比较松软的不良地基上。这类地基如不加特殊处理就很难满足上部建筑物对控制变形、保证稳定和抗震的要求。因此，各种不同类型的地基处理新技术因需要而产生和发展，成为岩土工程中的一个重要专题。

地基处理的目的在于改善地基土的工程性质，例如提高土的强度，改善变形模量或提高抗液化性能等。地基处理的方法很多，每种方法都有其不同的加固原理和适用条件，在实际工程中必须根据地基土的特点选用最适宜的方法。今后随着建筑物的层高和荷载不断增大，软弱地基的概念和范围也有新的变化，各种新的处理方法会不断出现，地基处理技术必然会进一步发展。

5. 既有房屋增层和基础加固与托换

我国房屋的需求量在今后较长时期内都会很大，由于国家的宏观调控，基本建设投资不会很多，为了满足对住房的急需，对现有房屋的改建增层工程会日趋增多，为此必须对已有建筑物的地基进行正确的评价，提出合理的承载力值，重视地基加固与托换技术的探讨与应用。

第四节 基础工程学的学习方法

根据本课程的特点，牢固掌握各种基础的基本类型和特点、基础设计计算的基本原则和基本原理，从而能够应用这些基本概念和原理，结合有关的力学和结构理论以及施工知识，分析和解决地基基础问题。学习时需要重视以下几方面。

1. 重视工程地质勘察及现场原位测试

土力学计算和基础设计中所需的各种参数，必须通过土的现场勘察和室内土工试验测定。要学会阅读和使用工程地质勘察资料，并重视原位测试技术。静力触探、动力触探、测斜仪、压力传感器和孔隙水压力测定仪等原位测试方法，能直观地提供各种可贵的实测资料，已越来越普遍地被用作设计、研究和施工的辅助手段。

2. 重视地区性工程经验

《基础工程学》是一门实践性很强的学科，又由于土及土与结构物相互作用的复杂性，目前在解决地基基础问题时，还带有一定程度的经验性，因此，就有大量的经验公式。《建筑地基基础设计规范》（GB 50007—2011）就是理论和经验的总结。

《基础工程学》除了全国性地基基础设计规范外，还有不少地区性的规范与规程。世界各国的规范，更是各不相同。学习时，必须仔细地分析各种公式的基本假定及其适用条件，并结合当地的实践经验加以应用，力戒千篇一律地不分地区而机械地套用地质资料和地基基础设计方案。

3. 考虑地基、基础和上部结构的共同工作

地基、基础和上部结构是一个统一的整体,它们相互依存,相互影响。设计时应该考虑三者的共同工作。特别是在软土地基上的建筑物,考虑共同工作的整体分析表明,结构的应力、基础的内力、甚至群体中各单体的分担作用,均与单一分析有很大的区别。"共同工作"分析结果接近实测的结果。目前"共同工作"分析还没有在设计部门中普及,但它将是设计理论的发展方向。

4. 施工质量的重要性

基础工程是隐蔽工程,由于它深埋于地下,往往被人们所忽视。但是,如果不严格进行施工质量控制,甚至偷工减料,必会酿成事故。必须强调,基础工程的施工质量与上部结构一样,应受到足够的重视,研究和探索,并取得不断进展。

但是,由于基础工程是地下隐蔽工程,再加上工程地质条件又极其复杂且差异巨大,因此,使得基础工程这一领域变得十分复杂。虽然目前基础工程设计理论和施工技术比几十年前有突飞猛进的发展,但仍有许多问题值得研究和探讨。

第五节　课程内容及学习要求

本课程系统地介绍工业建筑、民用建筑、桥梁、道路及其他人工构造物地基与基础的有关设计基本理论、计算方法和施工要点,具有多方面的内容,因而要求有较广泛的选修课知识,如《材料力学》、《土力学》、《土质学》等,特别是《土力学》,是本课程的重要理论基础,必须先行学习并予以很好地掌握。

《基础工程学》是土木工程专业一门重要的专业课。本课程主要系统地介绍基础工程的设计原理和方法,其内容包括地基模型的选择与参数确定、浅基础的地基承载力计算和地基变形验算、基础的底面尺寸确定、浅基础的结构设计与计算、桩基础的设计与计算、沉井基础的设计与计算、基坑围护的设计与计算以及各种特殊土地基的判别等。

《基础工程学》是一门实践性很强的学科,在学习本课程时,还必须紧密联系和结合工程实践,有条件的应安排一个基础工程课程设计。与此同时,由于各地自然地质条件的巨大差异,基础工程技术的地区性比较强,因此,在使用本教材时,可根据实际情况,有重点地选择适合教学需要的内容。

近几年来,全国各地高校的专业调整工作正在逐步开展,有许多专业,如工民建、桥梁、道路、地下建筑、岩土工程等,均先后合并为统一的土木工程专业,这要求学生必须有更宽的知识面,毕业后更能适应土木工程中各个行业技术工作的需要,从而避免了以往专业设置面过窄的弊端。本书正是在此背景下而编写的,在编写过程中,尽量考虑土木工程中各个行业技术工作的共同需要,选择最基本和最必需的内容,以适应和满足合并后的土木工程专业的教学要求。

第二章 地基类型及物理力学模型

第一节 地基的类型

任何建筑物都建造在一定的地层(土层或岩层)上,通常把直接承受建筑物荷载影响范围内的地层称为地基。

未加处理就可满足设计要求的地基称为天然地基;当建筑物荷载在基础底部产生的基底压力大于天然地层的承载能力或基础底部的沉降变形超过建筑物正常使用的允许值时,天然地层必须通过置换、夯实、挤密、排水、胶结、加筋和化学处理等方法对其进行处理与加固,使其性能得以改善,满足承载能力或沉降的要求,此时的地基称为人工地基。在软土地基中设置由砂、碎石、石灰土、水泥土、混凝土等构成加固桩柱体(亦称增强体),与桩间土一起共同承受外荷载,这类由两种不同强度的介质组成的人工地基,称为复合地基。

复合地基中的桩柱体与桩基础的桩不相同。前者是人工地基的组成部分,起加固地基的作用,桩柱体与土协调变形,共同受力,两者是彼此不可分割的整体。后者将结构荷载传递给深部地基土层,桩与承台共同组成桩基础。

人工地基一般是在基础工程施工以前,根据地基土的类别、加固深度、上部结构要求、周围环境条件、材料来源、施工工期、施工技术与设备条件进行地基处理方案选择、设计,力求达到方法先进、经济合理的目的。

第二节 天然地基分类

一、土 质 地 基

土质地基一般是指成层岩石以外的各类土。在漫长的地质年代中,岩石经历风化、剥蚀、搬运、沉积生成土。按地质年代划分为"第四纪沉积物",根据成因的类型分为残积物、坡积物和洪积物,平原河谷冲积物(河床、河漫滩、阶地)、山区河谷冲积物较前者沉积物质粗(大多为砂料所充填的卵石、圆砾)。

在不同行业的规范中对土的名称和具体划分的标准略有不同。

（1）作为建筑地基的岩土，可分为岩石、碎石土、砂土、粉土、黏性土和人工填土。《建筑地基基础设计规范》（GB 50007—2011）对土的划分及密实度见表2-1～表2-4。

碎石、砾石类土的分类　　　　　　　　　　　　　　　　　　表2-1

土 的 名 称	颗 粒 形 状	粒 组 含 量
漂石	圆形及亚圆形为主	粒径大于200mm的颗粒超过总质量的50%
块石	棱角形为主	
卵石	圆形及亚圆形为主	粒径大于20mm的颗粒超过总质量的50%
碎石	棱角形为主	
圆砾	圆形及亚圆形为主	粒径大于2mm的颗粒超过总质量的50%
角砾	棱角形为主	

注：分类时应根据粒组含量栏从上到下以最先符合者确定。

碎石土的密实度　　　　　　　　　　　　　　　　　　表2-2

重型圆锥动力触探锤击数 $N_{63.5}$	密 实 度	重型圆锥动力触探锤击数 $N_{63.5}$	密 实 度
$N_{63.5} \leqslant 5$	松散	$10 < N_{63.5} \leqslant 20$	中密
$5 < N_{63.5} \leqslant 10$	稍密	$N_{63.5} > 20$	密实

砂 土 的 分 类　　　　　　　　　　　　　　　　　　表2-3

土的名称	粒 组 含 量	土的名称	粒 组 含 量
砾砂	粒径大于2mm的颗粒占总重的25%～50%	细砂	粒径大于0.075mm的颗粒占总重的85%以上
粗砂	粒径大于0.5mm的颗粒占总重的50%以上	粉砂	粒径大于0.075mm的颗粒占总重的50%以上
中砂	粒径大于0.25mm的颗粒占总重的50%以上		

注：分类时应根据粒组含量栏从上到下以最先符合者确定。

砂 土 的 密 实 度　　　　　　　　　　　　　　　　　　表2-4

标准贯入试验锤击数 N	密 实 度	标准贯入试验锤击数 N	密 实 度
$N \leqslant 10$	松散	$15 < N \leqslant 30$	中密
$10 < N \leqslant 15$	稍密	$N > 30$	密实

注：当用静力触探头阻力判定砂土的密实度时，可根据当地经验确定。

（2）粉土为介于砂土与黏性土之间，塑性指数 $I_p \leqslant 10$ 且粒径大于0.075mm的颗粒含量不超过全重50%的土。黏性土当塑性指数大于10，且小于或等于17时，应定为粉质黏土；当塑性指数大于17时，应定为黏土。黏性土分类和状态见表2-5、表2-6。

黏 性 土 的 分 类　　　　　　　　　　　　　　　　　　表2-5

塑性指数 I_p	土 的 名 称	塑性指数 I_p	土 的 名 称
$I_p > 17$	黏土	$10 < I_p \leqslant 17$	粉质黏土

注：塑性指数由相应于76g圆锥体沉入土样中深度为10mm时测定的液限计算而得。

黏 性 土 的 状 态　　　　　　　　　　　　　　　　　　表2-6

液性指数 I_L	状 态	液性指数 I_L	状 态
$I_L \leqslant 0$	坚硬	$0.75 < I_L \leqslant 1$	软塑
$0 < I_L \leqslant 0.25$	硬塑	$I_L > 1$	流塑
$0.25 < I_L \leqslant 0.75$	可塑		

注：当用静力触探头阻力或标准贯入试验锤击数判定黏性土的状态时，可根据当地经验确定。

土质地基与我们通常称的土层在材料组成成分方面相同,不同点是前者为承受荷载的那部分土体,而后者是对地壳组成部分除岩层、海洋外的统称。土质地基承受建筑物荷载时,土体内部剪切应力数值不得超过土体的抗剪强度,并由此确定土质地基的承载力。该地基承载力是决定基础底面尺寸的控制因素。其确定方法在《土力学》有关章节详述。

二、岩石地基

岩石地基例如我国南京长江大桥的桥墩基础、三峡水库大坝的坝基基础等。另一类是岩石地基中形成地下洞室——如城市地下铁道的修建,以下公路、铁路中的隧道,洞室的洞壁与洞顶的岩层组成地下洞室围岩。

岩石根据其成因不同,分为岩浆岩、沉积岩、变质岩。依《建筑地基基础设计规范》(GB 50007—2011),岩石的坚硬程度应根据岩块的饱和单轴抗压强度 f_{rk} 分为坚硬岩、较硬岩、较软岩、软岩和极软岩(表2-7)。

岩石坚硬程度的划分　　　　　　　　　　　　　　　表2-7

坚硬程度类别	坚硬岩	较硬岩	较软岩	软岩	极软岩
饱和单轴抗压强度标准值 f_{rk}(MPa)	$f_{rk} > 60$	$30 < f_{rk} \leq 60$	$15 < f_{rk} \leq 30$	$5 < f_{rk} \leq 15$	$f_{rk} \leq 5$

另外,长期的风化作用(昼夜、季节温差,大气及地下水中的侵蚀性化学成分的渗浸等)使岩体强度受到不同程度的减弱。岩石的风化程度可分为未风化、微风化、中风化、强风化和全风化,不同的风化等级对应不同的承载能力。当缺乏饱和单轴抗压强度资料或不能进行该项试验时,可在现场通过观察定性划分岩石的坚硬程度,划分标准可按《建筑地基基础设计规范》(GB 50007—2011)附录执行。

由于地质构造运动,在岩层中形成有多个不同方向的软弱结构面或断层,岩体中纵横交错的结构面使得岩体的强度降低,导致岩体的承载能力降低。所以当岩体中存在有延展较大的各类结构面特别是倾角较陡的结构面时,岩体的承载能力可能受该结构面的控制。岩体中纵横交错的结构面影响了岩体完整性,根据《建筑地基基础设计规范》(GB 50007—2011)岩体完整程度划分为完整、较完整、较破碎、破碎和极破碎(表2-8)。当缺乏试验数据时可按《建筑地基基础设计规范》(GB 50007—2011)附录执行。

岩体完整程度划分　　　　　　　　　　　　　　　表2-8

完整程度等级	完整	较完整	较破碎	破碎	极破碎
完整性指数	>0.75	0.75 ~ 0.55	0.55 ~ 0.35	0.35 ~ 0.15	<0.15

注:完整性指数为岩体纵波波速与岩块纵波波速之比的平方。选定岩体、岩块测定波速时应有代表性。

第三节　特殊土地基分类

我国地域辽阔,从沿海到内陆,从山区到平原,广泛分布着各种各样的土类。某些土类,由于生成时不同的地理环境、气候条件、地质成因、历史过程和次生变化等原因,使它们具有一些特殊的成分、结构和性质。通常把这些具有特殊工程地质的土类称为特殊土。各种天然形成的特殊土的地理分布存在着一定的规律,表现出一定的区域性,故又有区域性特殊土之称。

我国主要的区域性特殊土有软土、湿陷性黄土、膨胀土、红黏土、冻土、盐渍土、污染土、风化岩与残积土和多年冻土等。此外,山区地基土与平原地基土相比,其主要表现为地基的不均匀性和场地的不稳定性两方面,工程地质条件更为复杂,如岩溶、土洞及土岩组合地基等,对构筑物更具有直接和潜在的危险。为保证各类构筑物的安全和正常使用,应根据其工程特点和要求,因地制宜、综合治理。

一、软 土 地 基

软土系指天然孔隙比大于或等于1.0,天然含水率大于液限,并且具有灵敏结构性的细粒土。其包括淤泥、淤泥质土、泥炭、泥炭质土等。淤泥为在静水或缓慢的流水环境中沉积,并经生物化学作用形成,其天然含水率大于液限,天然孔隙比大于或等于1.5的黏性土。当天然含水率大于液限而天然孔隙比小于1.5但大于或等于1.0的黏性土或粉土为淤泥质土。

软土多为静水或缓慢流水环境中沉积,并经生物化学作用形成,其成因类型主要有滨海环境沉积、海陆过渡环境沉积(三角洲沉积)、河流环境沉积、湖泊环境沉积和沼泽环境沉积等。我国软土分布很广,如长江、珠江地区的三角洲沉积;上海、天津塘沽、浙江温州、宁波及江苏连云港等地滨海相沉积;洞庭湖、洪泽湖、太湖以及昆明滇池等地区的内陆湖泊相沉积;河流阶地沉积位于各大中河流的中下游地区;沼泽沉积的有内蒙古,东北大、小兴安岭,南方及西南森林地区等。

此外广西、贵州、云南等省的某些地区还存在山地型软土,是泥灰岩、炭质页岩、泥质砂页岩等风化产物和地表的有机物质经水流搬运,沉积于低洼处,长期饱水软化或有微生物作用而形成。沉积的类型属于坡洪积、湖沉积和冲沉积为主。其特点是分布面积不大,但厚度变化很大,有时相距2~3m内,厚度变化可达7~8m。

我国厚度较大的软土,一般表层有0~3m厚的中或低压缩性黏性土(俗称硬壳层或表土层),其层理上大致可分为以下几种类型。

(1)表层为1~3m褐黄色粉质黏土,第二、三层为高压缩性淤泥质黏土,厚约20m,第四层为较密实的黏土层或砂层。

(2)表层由人工填土及较薄的粉质黏土组成,厚3~5m,第二层为5~8m的高压缩性淤泥层,基岩离地表较近,起伏变化较大。

(3)表层约1m厚的黏性土,其下为超过30m的高压缩性淤泥层。

(4)表层为3~5m厚褐黄色粉质黏土,以下为淤泥及粉砂交互层。

(5)表层同(4),第二层为厚度变化很大,呈喇叭口状的高压缩性淤泥,第三层为较薄残积层,其下为基岩,多分布在山前沉积平原或河流两岸靠山地区。

(6)表层为浅黄色黏性土,其下为饱和软土或淤泥及泥炭,成因复杂,极大部分为坡洪积、湖沼沉积、冲积以及残积,分布面积不大,厚度变化悬殊的山地型软土。

二、湿陷性黄土地基

黄土是一种产生于第四纪地质历史时期干旱条件下的沉积物,其外观颜色较杂乱,主要是呈黄色或褐黄色,颗粒组成以粉粒(0.075~0.005mm)为主,同时含有砂粒和黏粒。它的内部物质成分和外部形态特征与同时期其他沉积物不同。一般认为不具层理的风成黄土为原生黄土,原生黄土经流水冲刷、搬运和重新沉积形成的黄土称为次生黄土,常具层理和砾石夹层。

具有天然含水率的黄土,如未受水浸湿,一般强度较高,压缩性较小,某些黄土在一定压力下受水浸湿,土结构迅速破坏,产生显著附加下沉,强度也迅速降低,称为湿陷性黄土,主要属于晚更新世(Q_3)的马兰黄土以及全新世(Q_4)的黄土状土。该类黄土形成年代较晚,土质均匀或较为均匀,结构疏松,大孔结构发育,有较强烈的湿陷性。在一定压力下受水浸湿,土结构不破坏,并无显著附加下沉的黄土称为非湿陷性黄土,一般属于中更新纪(Q_1)的午城黄土,其形成年代久远,土质密实,颗粒均匀,无大孔隙或略具大孔隙结构,一般不具有湿陷性或仅具轻微湿陷性。位于午城黄土层以上为中更新世(Q_2)的离石黄土,上部一般具有湿陷性,下部不具湿陷性。此上部土的湿陷性应根据建筑物的实际压力或上覆土的饱和自重压力进行浸水试验确定。非湿陷性黄土地基的设计和施工与一般黏性土地基无甚差异,故下面仅讨论与工程建设关系密切的湿陷性黄土。

湿陷性土为浸水后产生附加沉降,其湿陷系数大于或等于 0.015 的土。我国的湿陷性黄土一般呈黄色或褐黄色,粉土粒含量常占土重 60% 以上,含有大量的碳酸盐、硫酸盐和氯化物等可溶盐类,天然孔隙比约为 1.0,一般具有肉眼可见的大孔隙,竖直节理发育,能保持直立的天然边坡。湿陷性黄土又分为非自重湿陷性和自重湿陷性黄土两种。在土自重应力作用下受水浸湿后不发生湿陷者称为非湿陷性黄土;而在自重应力作用下受水浸湿后发生湿陷者称为自重湿陷性黄土。

黄土在世界上各地分布甚广,其面积达 1300 万 km^2,约占陆地总面积的 9.3%,主要分布于中纬度干旱、半干旱地区。如法国的中部和北部,东欧的罗马尼亚、保加利亚、俄罗斯、乌克兰等,美国沿密西西比河流域及西部不少地区。我国黄土分布亦非常广泛,面积约 64 万 km^2,其中湿陷性黄土约占 3/4。以黄河中游地区最为发育,多分布于甘肃、陕西、山西地区,青海、宁夏、河南也有部分分布,其他如河北、山东、辽宁、黑龙江、内蒙古和新疆等省(区)也有零星分布。

国标《湿陷性黄土地区建筑规范》(GB 50025—2004)(以下简称《黄土规范》)在调查和搜集各地区湿陷性黄土的物理力学性质指标、水文地质条件、湿陷性资料等基础上,综合考虑各区域的气候、地貌、地层等因素,给出了我国湿陷性黄土工程地质分区略图以供参考。

三、膨胀土地基

膨胀土为土中黏粒成分,主要由亲水性矿物组成,同时具有显著的吸水膨胀和失水收缩特性,其自由膨胀率大于或等于 40% 的黏性土。通常,任何黏性土都具有膨胀和收缩特性,但胀缩量不大,对工程无太多影响;而膨胀土的膨胀—收缩—再膨胀的周期性变化特性非常显著,常给工程带来危害。因此需将其与一般黏性土区别,作为特殊土处理。膨胀土亦可称为胀缩性土。

我国膨胀土除少数形成于全新世(Q_4)外,其地质年代多属第四纪晚更新世(Q_3)或更早一些,具黄、红、灰白等色,常呈斑状,并含有铁锰质或钙质结核,具有如下一些工程特征:

(1)多出露于二级及二级以上的河谷阶地、山前和盆地边缘及丘陵地带。地形坡度平缓,一般坡度小于 12°,无明显的天然陡坎。膨胀土在结构上多呈坚硬—硬塑状态,结构致密,呈菱形土块者常具有胀缩性,且菱形土块越小,胀缩性越强。

(2)裂隙发育是膨胀土的一个重要特征,常见光滑面或擦痕。裂隙有竖向、斜交和水平三种。裂隙间常充填灰绿、灰白色黏土。竖向裂隙常出露地表,裂隙宽度随深度的增加而逐渐尖灭;斜交剪切缝隙越发育,胀缩性越严重。此外,膨胀土地区旱季常出现地裂,上宽下窄,长可达数十米至百米,深数米,壁面陡立而粗糙,雨季则闭合。

(3)膨胀土的黏粒含量一般很高,粒径小于 0.002mm 的胶体颗粒含量一般超过 20%。液限大于 40%,塑性指数大于 17,且多在 22 ~ 35 之间。自由膨胀率一般超过 40%(红黏土除外）。其天然含水率接近或略小于塑限,液性指数常小于零,压缩性小,多属低压缩性土。

（4）膨胀土的含水率变化易产生胀缩变形。初始含水率与胀后含水率越接近,土的膨胀就越小,收缩的可能性和收缩值就越大。膨胀土地区多为上层滞水或裂隙水,水位随季节性变化,常引起地基的不均匀胀缩变形。

膨胀土在我国分布广泛,且常常呈岛状分布,以黄河以南地区较多,广西、云南、湖北、河南、安徽、四川、河北、山东、陕西、江苏、贵州和广东等省（区）均有不同范围的分布。国外也一样,美国 50 个州中有膨胀土的占 40 个州。此外在印度、澳大利亚、南美洲、非洲和中东广大地区,也常有不同程度的分布。目前,世界上已有 40 多个国家发现膨胀土造成的危害。据报道,每年给工程建设带来的经济损失已超过百亿美元,比洪水、飓风和地震所造成的损失总和的 2 倍还多。膨胀土的工程问题已成为世界性的研究课题。我国在总结大量勘察、设计、施工和维护等方面成套经验的基础上,已制订出《膨胀土地区建筑技术规范》（GBJ 112—87）,（以下简称《膨胀土规范》）。

四、冻 土 地 基

当温度≤0℃时,含有冰且与土颗粒呈胶结状态的各类土称为冻土。根据冻土的冻结延续时间又可分为季节冻土和多年冻土两大类。我国已于 1998 年制定出行业标准《冻土地区建筑地基基础设计规范》（JGJ 118—98）,（以下简称《冻土规范》,现已有 2011 版）。现行《公路桥涵地基与基础设计规范》（JTG D63—2007）也包含冻土分类、冻土地基设计计算有关规定。

季节性冻土是指地壳表层冬季冻结而在夏季又全部融化的土,在我国华北、西北和东北广大地区均有分布。因其周期性的冻结、融化,对地基的稳定性影响较大。

多年冻土是指冻结状态持续 2 年或 2 年以上的土。多年冻土常存在地面下的一定深度,每年寒季冻结,暖季融化,其年平均地温大于或小于 0℃的地壳地表分别称为季节冻结层和季节融化层。前者其下卧层为非冻结层或不衔接多年冻土层;后者其下卧层为多年冻土层,多年冻土层的顶面称为多年冻土上限。多年冻土主要分布在黑龙江的大、小兴安岭一带,内蒙古纬度较高地区,青藏高原和甘肃、新疆的高山区,其厚度从不足 1m 至几十米。

作为建筑地基的冻土,又根据多年冻土所含盐类与有机物的不同可分为盐渍化冻土与冻结泥炭化土;根据冻土的变形特性可分为坚硬冻土、塑性冻土与松散冻土;根据多年冻土的融沉性、季节性冻土与多年冻土季节融化层土的冻胀性,细分为若干亚类。有关冻土地基设计计算详见《冻土规范》和《公路桥梁涵地基基础规范》。

五、盐渍土地基

盐渍土系指含有较多易溶盐（含量 >0.3%）,且具有溶陷、盐胀、腐蚀等工程特性的土。

盐渍土分布很广,一般分布在地势较低且地下水位较高的地段,如内陆尘洼地、盐湖和河流两岸的漫滩、低阶地、牛轭湖以及三角洲洼地、山间洼地等。我国西北地区如青海、新疆有大面积的内陆盐渍土,沿海各省则有滨海盐渍土。此外,在俄罗斯、美国、伊拉克、埃及、沙特阿拉伯、阿尔及利亚、印度,以及非洲、欧洲等许多国家和地区均有分布。

盐渍土厚度一般不大,自地表向下约 1.5~4.0m,其厚度与地下水埋深、土的毛细作用上升高度及蒸发作用影响深度（蒸发强度）等有关。其形成受如下因素影响:①干旱半干旱地区,因蒸发量大、降雨量小、毛细作用强,极利于盐分在表面聚集;②内陆盆地因地势低洼,周围封闭、排水不畅、地下水位高,利于水分蒸发、盐类聚集;③农田洗盐、压盐、灌溉退水、渠道渗漏等进入某土层也将促使盐渍化。

六、红黏土地基

红黏土为碳酸盐岩系的岩石经红土化作用形成的高塑性黏土,其液限一般大于50。红黏土经再搬运后仍保留其基本特征,其液限大于45的土为次生红黏土。它的天然含水率几乎与塑限相等,但液性指数较小,说明红黏土以含结合水为主。红黏土的含水率虽高,但土体一般为硬塑或坚硬状态,具有较高的强度和较低的压缩性。其颜色呈褐红色、棕红色、紫红色及黄褐色。

红黏土是原岩化学风化剥蚀后的产物,因此其分布厚度主要受地形与下卧基岩面的起伏程度控制。地形平坦,下卧基岩起伏小,厚度变化不大,反之,在小范围内厚度变化较大,而引起地基不均匀沉降。在勘察阶段应查清岩面起伏状况,并进行必要的处理。

第四节　山区地基分类

一、山区地基的特点

山区建筑物地基,由于地质条件复杂,与平原地区相比,具有以下特点:一是地表坡度大,基础经常同时处于填方和挖方中;二是地基土层平面和竖向分布差异较大、层次较多,各土层的物理力学指标相差悬殊,地基呈现不均匀性。

(1)山区地表高差悬殊,使用该场地时,需平整场地后,使同一建筑物的部分基础落在挖方区,而另一部分落在填方区。

(2)山区岩层一般埋藏较浅,建筑物基础有可能部分落在基岩上,部分落在土层上,即使都落在同一土层上,但由于基岩表面倾斜,基础底部以下土层的厚度也不相同,厚薄不均。

(3)山区地基常会遇到大块孤石,以及个别岩石和局部软土等成因不同的土层。

(4)滑坡、泥石流、岩溶、土洞等不良地质现象常会给建筑物带来威胁。例如,岩溶地区由于有溶洞、溶蚀裂隙、暗河等存在,在岩体自重或建筑物重量作用下,会发生地面变形,地基塌陷。由于地下水的运动,建筑场地或地基有时会出现涌水、淹没等突然事故。

(5)特殊的水文地质条件。南方山区一般雨水丰富,施工时如需破坏天然排水系统,应考虑暴雨形成的洪水排泄问题。北方山区由于天然植被较差,雨水集中,在山麓地带汇水面积大,如风化物质丰富,就有可能产生泥石流。山区地下水常处于不稳定状态,受大气降水影响较大,设计施工均应考虑这一特点。在高山脚下,由于地下水补给来自山上,因而可能有较高水头,尤其在雨季可能会破坏某些地下设施的地坪,所以应考虑防水问题。

以上特点使得山区地基具有不均匀性,场地缺乏稳定性。因此,正确认识山区地基的特性和规律,对合理利用和正确处理不均匀地基以满足建筑物设计和施工的要求是很重要的。

二、山区地基主要类型

山区地基在主要受力层范围内由不同的岩土组成,可以分为:下卧基岩表面坡度较大(>10%)的地基、石芽密布并有局部出露的地基、大块孤石或个别石芽出露的地基三种基本类型。

1. 下卧基岩表面坡度较大的地基

这类地基在山区较为普遍,设计时除要考虑由于上覆土层厚薄不均使建筑物产生不均沉降外,还要考虑地基的稳定性,也就是上覆土层有无沿倾斜的基岩面产生滑动的可能。建筑物不均匀沉降的大小除与荷载的大小、岩土分布情况和建筑结构形式等有关外,主要取决于下列3个因素:岩层表面的倾斜方向和程度、上覆土层的力学性质以及岩层的风化程度和压缩性等。一般情况下又以前两个因素为主。当下卧基岩单向倾斜时,建筑物的主要危险是倾斜。评价这类地基主要是根据下卧基岩的埋藏条件和建筑物的性质而定。一般经验是,当单向倾斜的下卧基岩表面允许坡度值(表2-9),以及建筑物的结构类型和地质条件满足表中要求时,可不进行变形验算和地基处理。对于不能满足要求的地基,应验算变形。当计算变形值超过地基容许变形值时,宜选用调整基础宽度、埋藏或采用褥垫等方法进行处理。

斜坡上结构物基础的埋深与持力层土类关系　　　　　　　　　表 2-9

持力层土类	$h(\mathrm{m})$	$l(\mathrm{m})$	示　意　图
较完整的坚硬岩石	0.25	0.25 ~ 0.50	
一般岩石(如砂页岩互层等)	0.60	0.60 ~ 1.50	
松软岩石(如千枚岩等)	1.00	1.00 ~ 2.00	
砂类砾石及土层	≥1.00	1.50 ~ 2.50	

注:h 为基础底面至坡面的垂直距离,l 为基础底面至坡面的水平距离。

建造在这类地基上的建筑物基础产生不均匀沉降时,裂缝多出现在基岩出露或埋藏较浅的部分。为防止建筑物开裂,基础下土层的厚度应不小于 30cm,以便能和褥垫一样起到调整变形的作用。

当建筑物位于冲沟部位,下卧基岩往往相向倾斜,呈倒八字形。若岩层表面的倾斜平缓,且上覆土层的性质又较好时,对于中小型建筑物,可只采取某些结构措施以适当加强上部结构的刚度,而不必处理地基。

若下卧基岩的表面向两边倾斜时,地基的变形条件对建筑物最为不利,往往在双斜面交界部位出现裂缝,最简单的处理办法就是在这些部位用沉降缝隔开。

2. 石芽密布并有局部出露的地基

这种地基是岩溶现象的反映,在贵州、广西、云南等地最多,如图 2-1 所示。一般基岩起伏较大,石芽之间多被红黏土所填充。用一般勘探方法是不易查清基岩面的起伏变化情况的。因此,基础埋置深度要按基坑开挖后的地基实际情况确定。施工前最好用手摇麻花钻、洛阳铲或轻便钎探等小型钻探工具加密钻孔,进行浅孔密探;同时加强勘察、设计、施工三方面的协作,以便发现问题,及时解决。

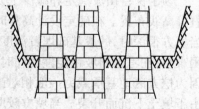

图 2-1　石芽密布地基

这种地基的变形问题,目前尚无法在理论上进行计算。实践表明:由于充填在石芽间的红黏土承载力特征值通常较高,压缩性较低,因而变形较小;由于石芽限制了岩间土的侧向膨胀,变形量总是小于同类土在无侧限压缩时的变形量。在岩溶地区,气候温湿多雨,土的饱和度多在85%以上,不易失水收缩。

《建筑地基基础设计规范》规定:如石芽间距小于2m,其间充填的是硬塑或坚硬状态的红黏土时,对于房屋为6层和6层以下的砌体承重结构、3层及3层以下的框架结构或具有150kN及150kN以下吊车的单层排架结构,其基底压力小于200kPa时,可不做地基处理。如不能满足上述条件,可利用经检验稳定性可靠的石芽做支墩式基础,也可在石芽出露部位(在基础底面范围以内)凿去30~50cm,回填可压缩性土作为褥垫。当石芽间有较厚软弱土层,可用碎石、土夹石等进行置换。

3. 大块孤石或个别石芽出露的地基

这类地基的变形条件对建筑物最为不利,如不妥善处理,极易造成建筑物开裂。例如贵阳某小学教学楼,地基内仅有个别石芽出露,荷载上去以后,石芽两侧的土层压缩,使石芽突出,房屋因此开裂。对于这种地基,如土的容许承载力大于150kPa,当房屋为单层排架结构或一、二层砖石承重结构时,宜在基础与岩石接触的部位采用厚度不小于50cm的褥垫进行处理。对于多层砖石承重结构,应根据土质情况、结合结构措施综合处理。

在处理地基时,应使局部部位的变形条件与其周围的变形条件相适应,否则就会造成不良后果。如周围柱基的沉降都很小,就应对个别石芽少处理,甚至不处理(仅把石芽打平);反之,就应该处理石芽。

大块孤石常出现在山前洪积层中或冰碛层中,在这类地层上勘探时,不要把孤石误认为基岩。孤石除可用褥垫处理外,有条件时可利用它作为柱子或基础梁的支墩。有时,在工艺布置合理的情况下,可在大块孤石中打洞,埋设螺栓,将设备直接安装在孤石上以省去基础。孤石的清除一般都需要爆破,应提前进行。爆破时,在它周围约100cm范围内都得暂行停工。还应注意到,如附近有已浇筑但未达到设计强度的混凝土,爆炸振动也将影响混凝土的质量。

三、山区建筑结构设计与施工应注意的问题

由于山区地基具有上述特点,在山区进行建筑物设计与施工时,应注意处理好以下几方面问题。

1. 处理好建筑物与地形、填方和挖方的关系

为了保持山坡稳定和减少土方开挖,建筑物一般应平行于山坡等高线方向布置,而不宜垂直等高线布置。在确定设计高程时,要按道路的起伏坡度来考虑,而不能只从土方平衡来看。当填方很深时,一般基础埋置深度较深,不仅施工困难,而且材料消耗较多,不经济。当挖方无困难时,在考虑斜坡稳定性的同时一般以多挖少填为宜。基础应浅埋,尽可能位于老土层上,因为挖方区地基承载力一般相对高于填方区地基承载力,基础可以做的小一些,室内地坪不致由于填土下沉而开裂。当填方较厚时,应考虑可能对地基引起的沉降,当填方厚薄不均时,亦应注意由此引起的不均匀沉降。

2. 处理好建筑物与软弱带、大块孤石的关系

对施工场地的软弱土层,必须查清其分布范围和埋藏深度。当土质变化较大时,必须在基坑开挖后进行复核,必要时在开挖至基底高程后再用轻型触探、洛阳铲等进行补探。对淤泥重

填的暗浜或承载力很低的泥炭土,当深度不大时,采用换填方法,先挖除,然后利用场地附近的砂夹石或平整场地时挖出的石碴回填夯实。如厚度较大,全部挖除不经济时,可采用振冲碎石桩、强夯、深层搅拌桩等人工地基或桩基处理。在遇到大块孤石、方便爆破时,可采用爆破技术,使基础尽可能放在相同的地基上;若采用爆破技术有困难,则应尽可能增大软弱地基的刚度,使其处理后的刚度与孤石的刚度相接近,以克服基础不均匀沉降。

3. 处理好山洪、排水与施工的关系

山区往往暴雨大,由于地形坡度陡,汇水集于冲沟,流速大、水量集中,极易形成山洪。当山区风化碎屑物质丰富时,山洪挟带大量泥沙甚至块石顺沟而下形成泥石流,常常造成灾害。如果建筑物邻近河流,要考虑50年或百年一遇的特大洪水,建筑物高程应定在最高洪水位以上。如果不可能或不经济时,应修筑拦洪坝。在建筑物背山一侧及两侧应修筑排洪沟,以保持山洪的畅通,如有泥石流发生的可能,排洪沟的设置应尽可能保持直线,曲率要小,以便泥石流顺利排泄。

山区地基的工程事故绝大部分是由水造成的。在长期自然状态下,大多数山区已形成天然排水系统和山地植被,使场地处于稳定状态。工程实践表明,充分利用和保护这些长期形成的排水系统和天然植被,不但节约投资,还可以保证施工场地和建筑物的安全。一般利用原有自然冲沟作为施工期间的排洪沟较经济,这样既不破坏原来天然排水系统,又可省去新建排洪沟的工程量。施工中如破坏原有天然排水系统而又未及时修建新的排水系统,一旦雨水不能顺利排泄,就有可能浸泡施工场地,造成施工困难,甚至引起工程事故。

总之,在山区建设中,必须充分重视地基基础问题,首先搞好工程地质勘察工作,查明底层构造、岩土性质以及地下水的埋藏条件,查明场地不良地质现象的成因、分布以及对场地稳定性的影响。建筑应选择在山区稳定地段,建设规划应结合山区特点合理布局。

四、山区不均匀岩土地基的处理

土岩组合地基的处理在山区建设中占有重要地位,处理好该环节,既能保证工程质量,又可节约建设投资。一般采用以下处理原则:

(1)充分利用上覆土层,尽量采用浅埋基础。尤其在上覆持力层稳定性较下卧层为好时,更应优先考虑。

(2)充分考虑地基、基础和上部结构的共同作用,采用地基处理和建筑措施相结合的综合办法来解决不均匀地基的变形问题。

(3)应从全局出发来考虑处理措施。如在基底下高程处即为不均匀岩土地基,既可以考虑在土质地基部分采取加固措施以适应岩质地基的要求,也可以在岩质地基部分凿去30~50cm,换填可压缩性土来适应土质地基部分变形,以减少沉降差。

(4)调整建筑物的基底压力以达到调整沉降差的目的。如在强风化层中采用较高的基底压力,使强风化岩层产生一定变形以适应土质地基的变形要求;反之,也可对土质地基采取较小的承载力,从而减少其变形。

对不均匀岩土地基的处理包括地基处理与结构措施两个部分,现分述如下:

1. 地基基础措施

不均匀岩土地基的处理方法可以概括为两类:一类是改造压缩性较高的地基,使其和压缩

性较低的地基相适应,多采用桩基、局部挖深、换土及梁、板、拱跨越等方法,这类基础承载力高,对周围结构物影响较小,一般应用于桥梁基等对沉降要求严格的结构物。

当采用桩基础时,一般采用灌注桩。钻孔灌注桩成孔时,当钻机钻进到有一定坡度的岩土交界面时应停止钻进,提出钻头,回填一定数量的碎石,然后继续钻进,防止发生斜孔。如果桩端坐落在基岩斜面上,需将斜面打平,以防桩尖滑移。当采用梁、板、拱等结构跨越时,应使该结构的基础坐落在稳定可靠的基岩上。

另一类是改造压缩性较低的地基。使低压缩性土与压缩性较高的地基相适应,具体方法的选用应从施工技术、工期、施工条件和经济等各方面综合考虑,应在保证结构物安全可靠和正常使用的前提下,尽量减少地基处理工程量,以降低造价、缩短工期。

褥垫在处理山区不均匀岩土地基中是简便易行而又较为可靠的方法。它主要用来处理有局部岩层出露而大部分为土层的地基。对条形基础效果较好,它能调整岩土交界部位地基的相对变形,避免由于该处应力集中而使墙体出现裂缝。

褥垫处理是把基底出露的岩石凿去一定厚度,如图2-2所示,然后填以炉渣、中砂、粗砂、土夹石或黏性土等,其中炉渣(颗粒级别相当于角砾)由于可以调整沉降的幅度较大,夯实密度较为稳定,不受水的影响,故效果最好。中砂、粗砂、土夹石等虽然水稳定性较好,但由于其压缩性较低,所以调整沉降不大。用黏性土作为褥垫材料调整沉降也比较灵活,但施工时要注意水的影响,不要使基坑被水浸泡,影响褥垫质量。当采用松散材料时,应防止浇筑混凝土基础时水泥浆的渗入,以免褥垫失效。

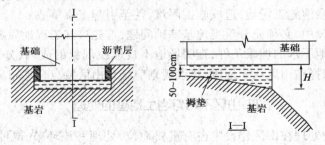

图2-2 褥垫构造示意图

褥垫的厚度视需要调整的沉降量大小而定,一般取 30~50cm,可不进行计算,但必须注意不使地基产生过大的变形。

采用褥垫时应特别注意施工质量。褥垫下的基岩应打成斜面,最好凿成凹槽,凹槽要稍大于基础的宽度。褥垫施工时用夯填度控制其质量,夯填度是指褥垫夯实后的厚度与虚铺厚度的比值,根据试验或当地经验确定,当缺乏资料时,对中砂、粗砂可取 0.87±0.05(虚铺 25cm,夯到 20.5~23cm),土夹石(其中碎石含量为 20%~30%)可取 0.70±0.05(虚铺 25cm,夯到 16.5~18.5cm),煤炉渣取 0.65。基础四周与岩石间要涂以沥青,以防水泥浆渗入胶结。

2. 结构措施

位于软硬相差比较悬殊地基上的结构物,为了防止不均匀沉降所产生的危害,可以采用沉降缝或加强结构物刚度等结构措施。当结构物体型较为复杂或长度较大时,宜用沉降缝将结构物分开。沉降缝的位置既要与结构物体形相适应,又要与地基条件相适应。因此,在确定结构物平面位置时,应尽量避免结构物两端或转角处落在局部软土上。

当有局部软土存在,可用调整基础埋深或基底面积的方法来调整不均匀沉降。必须指出,加强上部结构刚度的效果是有限的,当地基变形超过一定限度后,地基、基础和上部结构的共同作用也无法适应,结构物仍然可能产生裂缝。因此,必要时应同时处理地基以控制不均匀沉降。

采用装配式简支结构,较能适应地基的不均匀变形,如将简支结构的刚性接头放在施工后期完成,则可以减少不均匀沉降对结构物产生的附加应力。

第五节　地基物理力学模型及其参数

在基础设计中,对地基上的受弯构件——梁或板的受力分析,首要是确定基底反力与地基沉降之间的关系。即在考虑地基和基础共同工作的条件下,建立某种地基模型,使之既能较好地反映地基特性又能较准确地模拟不同条件下地基与基础相互作用所表现的主要力学性状。目前,随着人们认识的深入,这类地基模型已经很多,但由于问题的复杂性,无论哪一种模型都难以反映地基实际工作性状的全貌,因此各具有一定的局限性。本节只简单介绍目前较为常用的 3 种属于线性变形体的地基模型。

一、Winkler(文克尔)地基模型

1867 年 Winkler(文克尔)提出土体表面任一点的压力强度与该点的沉降成正比的假设。即

$$p = k \cdot s \tag{2-1}$$

式中:p——土体表面某点单位面积上的压力,kN/m^2;

　　　s——相应于某点的竖向位移,m;

　　　k——基床系数,kN/m^3。

当地基土软弱(如淤泥、软黏土地基)或当地基的压缩层较薄,与基础最大的水平尺寸相比成为很薄的"垫层"时,宜采用文克尔地基模型进行计算(图 2-3)。公式中的基床系数的确定有多种方法,如经验系数法、静载荷试验法及理论分析法等。国内外的学者与工程技术人员根据实验资料和工程实践对基床系数的确定积累的经验数值见表 2-10 所列,供参考。

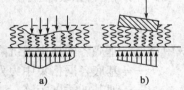

图 2-3　Winkler 地基模型
a)弹簧模型;b)绝对刚性基础

基 床 系 数 k 表　　　　　　　　　表 2-10

地基土种类与特征		$k(\times 10^4 kN/m^3)$	地基土种类与特征	$k(\times 10^4 kN/m^3)$
淤泥质土、有机质土或新填土		0.1 ~ 0.5	黄土及黄土类粉质黏土	4.0 ~ 5.0
软弱黏性土		0.5 ~ 1.0	紧密砾石	4.0 ~ 10
黏土及粉质黏土	软塑	1.0 ~ 2.0	硬黏土或人工夯实粉质黏土	10 ~ 20
	可塑	2.0 ~ 4.0	软质岩石和中、强风化的坚硬岩石	20 ~ 100
	硬塑	4.0 ~ 10	完好的坚硬岩石	100 ~ 1500
松砂		1.0 ~ 1.5	砖	400 ~ 500
中密砂或松散砾石		1.5 ~ 2.5	块石砌体	500 ~ 600
密砂或中密砾石		2.5 ~ 4.0	混凝土与钢筋混凝土	800 ~ 1500

二、弹性半空间地基模型

将地基土体视为均质弹性半空间体,当其表面作用一集中力 F 时,由布森涅斯克解,可得弹性半空间体表面任一点的竖向位移

$$y = \frac{F(1 - \nu^2)}{\pi E r} \tag{2-2}$$

式中:r——集中力到计算点的距离;

$\quad E$——土体变形模量,由静荷载试验法确定;

$\quad \nu$——弹性材料的泊桑比。

设矩形荷载面积 $b \times c$ 上作用均布荷载 p,如图 2-4 所示。将坐标原点置于矩形面积的中心点 j,利用式(2-2)对整个矩形面积积分,求得在 x 轴上 i 点竖向位移为

$$y_{ij} = 2p \int_{\xi = x - \frac{c}{2}}^{\xi = x + \frac{c}{2}} \int_{\eta = 0}^{\eta = \frac{b}{2}} \frac{1 - \nu^2}{\pi E} \cdot \frac{\mathrm{d}\xi \mathrm{d}\eta}{\sqrt{\xi^2 + \eta^2}} = \frac{1 - \nu^2}{\pi E} \cdot p \cdot b \cdot F_{ij} \tag{2-3}$$

式中:p——均布荷载;

$\quad b$——矩形的宽度;

$\quad c$——矩形的长度;

$\quad F_{ij}$——系数。

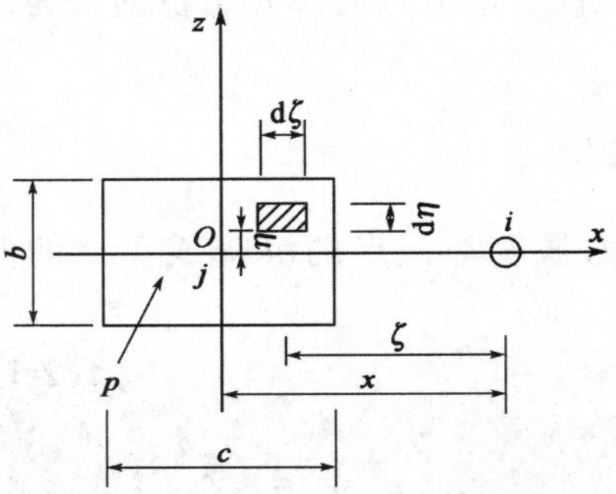

由于弹性半空间地基模型假设地基土体是各向均质的弹性体,因而往往导致该模型的扩散能力超过地基的实际情况,计算所得的基础位移和基础内力都偏大。但是该模型求解基底各点的沉降时不仅与该点的压力大小相关,而且与整个基底其他点的反力有关,因而它比文克尔地基模型进了一步。同时对基底的积分可以用数值方法求得近似解答。即

图 2-4 弹性半空间体表面的位移计算

$$S = F \cdot f \tag{2-4}$$

式中:S——基底各网格中点沉降列向量;

$\quad F$——基底各网格集中力列向量;

$\quad f$——地基的柔度矩阵。

地基柔度矩阵 f 中的各元素 f_{ij},当 $i \neq j$ 时,可近似按式(2-2)计算,当 $i = j$ 时,按式(2-3)计算。

三、分层地基模型

天然土体具有分层的特点,每层土的压缩特性不同。基底荷载作用下土层中应力扩散范围随深度增加而扩大,附加应力数值减小,由此数值引起的地基沉降值小于有关规定,该深度即为地基的有限压缩模型。它根据土力学中分层总和法求解基础沉降的基本原理求解地基的变形,使其结果更符合实际。用分层总和法计算基础沉降的公式为

$$s = \sum_{i=1}^{n} \frac{\overline{\sigma}_{zi} \cdot \Delta H_i}{E_{si}} \tag{2-5}$$

式中:$\overline{\sigma}_{zi}$——第 i 土层的平均附加应力,kN/m^2;

$\quad \Delta H_i$——第 i 土层的厚度,m;

$\quad E_{si}$——第 i 土层的压缩模量,kN/m^2;

$\quad n$——压缩层深度范围内的土层数。

采用数值方法计算时,可按图 2-5 将基础底面划分为 n 个单元,设基底 j 单元作用集中附加压力 $F_j = 1$ 时作用在 i 单元中点下第 k 土层中产生的附加应力 σ_{kij},由式(2-5)可得 i 单元中点沉降计算公式

$$f_{ij} = \sum_{k=1}^{m} \frac{\sigma_{kij} \cdot \Delta H_{ki}}{E_{ski}} \qquad (2-6)$$

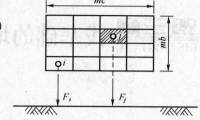

式中:f_{ij}——单位力作用下 i 单元中点沉降值,m;

$\quad E_{ski}$——i 单元第 k 土层的压缩模量,kN/m^2;

$\quad \Delta H_{ki}$——i 单元下第 k 土层的厚度,m;

$\quad m$——i 单元下的土层数。

根据叠加原理,i 单元中点的沉降 s_i 为基底各单元压力

图 2-5 基础底面计算单元划分

分别在该单元引起的沉降之和,即

$$s_i = \sum_{i=1}^{n} f_{ij} F_j \qquad (2-7)$$

或写成

$$S = F \cdot f$$

式中字母代表的定义与式(2-4)相同。

分层地基模型改进了弹性半空间地基模型地基土体均匀的假设,更符合工程实际情况,因而被广泛应用。模型参数可由压缩实验结果取值。

目前,共同工作概念与计算方法已有较大的进展,相信在不久的将来会在实际工程技术设计中得到广泛的应用。

四、应用地基模型分析结构物的基本条件和一般原理

地基模型实质上是描述了基底压力及地基沉降压力与地基沉降之间的相互关系。进行地基上梁和板的分析,其关键问题是选用哪种地基模型。因此,应根据地基的实际情况以及各个模型的适用条件综合加以考虑。

但是,无论选用何种地基模型,都要以下面两个条件为根本的出发点:

(1)地基与基础之间的变形协调条件(也可简称为接触条件)。计算中地基与基础始终保持接触,不得出现脱开的现象。

(2)基础在外荷载和基底反力的作用下必须满足静力平衡条件。

根据上述两个基本条件可以列出解答问题所需的微分方程式,然后结合必要的边界条件求解。

目前,应用电算技术,用有限元法或有限差分法也可求解出各种复杂的问题,并且可以考虑地基、基础和上部结构的共同作用以及地基土的非线性、大变形分析。详细方法请参阅有关专著。

思 考 题

2-1 地基有哪些类型? 它们的运用范围及条件有哪些?

2-2 天然地基的分类有哪些?

2-3 特殊土地基的分类有哪些?

2-4 山区地基的分类有哪些?

2-5 三种地基模型各有什么特点?

教学案例 I,山区地基问题。

第三章 浅基础的地基验算
DISANZHANG

第一节　概　　述

浅基础一般指基础埋深小于5m,或者埋深大于5m,但小于基础宽度时两侧(四周)的摩阻力可以忽略不计,所以浅基础不是简单的深浅概念。法国的埃菲尔铁塔的基础就是浅基础。浅基础根据结构形式可分为扩展基础、柱下条形基础、筏形基础、箱形基础等。基础的基本功能是:

(1)通过扩大基础底面积或深基础将上部结构荷载传递给地基土,满足地基土的承载力要求。

(2)根据地基土的变形特征及上部结构的特点,利用基础所具有的刚度,调整地基的不均匀沉降,使上部结构不致产生过大的次生应力。

(3)具有一定的抗滑、抗倾覆和减振的作用。

从基础的基本功能出发,对地基设计的基本步骤为:

(1)了解掌握拟建场地的工程地质条件、地基勘察资料(各层土的类别、厚度及工程特性指标)、水文调查报告。

(2)调查当地的工程材料、设备供应以及建设经验等。

(3)了解上部结构的特点和要求,基础所采用的材料,基础的结构类型及平面布置方案,以及与相邻基础、地下构筑物、地下管道的关系。

(4)在此基础上,选择地基的持力层和确定基础埋置深度。

(5)确定地基承载力。

(6)根据地基承载力确定基础底面的平面尺寸。

(7)进行变形验算和必要的稳定性验算。

第二节　地基基础设计的基本原则

一、设　计　等　级

《建筑地基基础设计规范》(GB 50007—2011)根据地基复杂程度、建筑物规模和功能特征以及由于地基问题可能造成建筑物破坏或影响正常使用的程度,将地基基础设计分为 3 个设计等级,设计时应根据具体情况,按表 3-1 选用。

地基基础设计等级表 表 3-1

设 计 等 级	建筑和地基类型
甲级	重要的工业与民用建筑物 30 层以上的高层建筑 体型复杂,层数相差超过 10 层的高低层连成一体建筑物 大面积的多层地下建筑物(如地下车库、商场、运动场等) 对地基变形有特殊要求的建筑物 复杂地质条件下的坡上建筑物(包括高边坡) 对原有工程影响较大的新建建筑物 场地和地基条件复杂的一般建筑物 位于复杂地质条件及软土地区的 2 层及 2 层以上地下室的基坑工程 挖深大于 15m 的基坑工程 基坑周边环境条件复杂、环境保护要求高的基坑工程
乙级	除甲级,丙级以外的工业与民用建筑物 除甲级、丙级以外的基坑工程
丙级	场地和地基条件简单,荷载分布均匀的 7 层及 7 层以下民用建筑及一般工业建筑物;次要的轻型建筑物 非软土地区且场地地质条件简单、基坑周边环境条件简单、环境保护要求不高且基坑开挖深度小于 5.0m 的基坑工程

二、作用荷载组合

地基基础设计时,所采用的荷载效应最不利组合与相应的抗力限值应按下列规定采用:

(1)按地基承载力确定基础底面积及埋深时,传至基础底面上的荷载效应应按正常使用极限状态下荷载效应的标准组合。相应的抗力应采用地基承载力特征值。

(2)计算地基变形时,传至基础底面上的荷载效应应按正常使用极限状态下荷载效应的准永久组合,不应计入风荷载和地震作用。相应的限值应为地基变形允许值。

(3)计算挡土墙土压力、地基和斜坡的稳定及滑坡推力时,荷载效应应按承载能力极限状态下荷载效应的基本组合,但其分项系数均为 1.0。

(4)在确定基础高度、支挡结构截面、计算基础或支挡结构内力、确定配筋和验算材料强度时,上部结构传来的荷载效应组合和相应的基底反力,应按承载能力极限状态下荷载效应的基本组合,采用相应的分项系数。

当需要验算基础裂缝宽度时,应按正常使用极限状态下荷载效应的标准组合。

(5)由永久荷载效应控制的基本组合值可取标准组合值的 1.35 倍。

三、基础设计的技术要求

根据建筑物地基基础设计等级及长期荷载作用下地基变形对上部结构的影响程度,地基基础设计应符合下列规定:

(1)所有建筑物的地基计算均应满足承载力计算的有关规定。

(2)设计等级为甲级、乙级的建筑物,均应按地基变形设计。

（3）表3-2所列范围内设计等级为丙级的建筑物可不作变形验算,如有下列情况之一时,仍应作变形验算:

①地基承载力特征值小于130kPa,且体型复杂的建筑。

②在基础上及其附近有地面堆载或相邻基础荷载差异较大,可能引起地基产生过大的不均匀沉降时。

③弱地基上的建筑物存在偏心荷载时。

④相邻建筑距离过近,可能发生倾斜时。

⑤地基内有厚度较大或厚薄不均的填土,其自重固结未完成时。

⑥对经常受水平荷载作用的高层建筑、高耸结构和挡土墙等,以及建造在斜坡上或边坡附近的建筑物和构筑物,尚应验算其稳定性。

⑦基坑工程应进行稳定性验算。

⑧当地下水埋藏较浅,建筑地下室或地下构筑物存在上浮问题时,尚应进行抗浮验算。

可不作地基变形计算、设计等级为丙级的建筑物范围   表3-2

地基主要受力层情况	地基承载力特征值 f_{ak}(kPa)		$60 \leq f_{ak}$ <80	$80 \leq f_{ak}$ <100	$100 \leq f_{ak}$ <130	$130 \leq f_{ak}$ <160	$160 \leq f_{ak}$ <200	$200 \leq f_{ak}$ <300
	各土层坡度(%)		≤5	≤5	≤10	≤10	≤10	≤10
建筑类型	砌体承重结构、框架结构(层数)		≤5	≤5	≤5	≤6	≤6	≤7
	单层排架结构(6m柱距)	单跨 吊车额定起重量(t)	5~10	10~15	15~20	20~30	30~50	50~100
		单跨 厂房跨度(m)	≤12	≤18	≤24	≤30	≤30	≤30
		多跨 吊车额定起重量(t)	3~5	5~10	10~15	15~20	20~30	30~75
		多跨 厂房跨度(m)	≤12	≤18	≤24	≤30	≤30	≤30
	烟囱	高度(m)	≤30	≤40	≤50	≤75		≤100
	水塔	高度(m)	≤15	≤20	≤30	≤30		≤30
		容积(m³)	≤50	50~100	100~200	200~300	300~500	500~1000

注:①地基主要受力层系指条形基础底面下深度为3b(b为基础底面宽度),独立基础下为1.5b,且厚度均不小于5m的范围(2层以下一般的民用建筑除外);

②地基主要受力层中如有承载力标准值小于130kPa的土层时,表中砌体承重结构的设计,应符合《建筑地基基础设计规范》第七章的有关要求;

③表中砌体承重结构和框架结构均指民用建筑,对于工业建筑可按厂房高度、荷载情况折合成与其相当的民用建筑层数;

④表中吊车额定起重量、烟囱高度和水塔容积的数值系指最大值。

第三节　基础埋置深度的确定

基础埋置深度(简称埋深)一般是指基础底面到室外设计地面之间的距离。选择基础的埋深是基础设计工作的重要一环,它关系到地基基础方案的优劣、施工的难易和造价的高低。确定基础埋深的原则是:在保证安全可靠的前提下,尽量浅埋。但考虑到基础的稳定性、基础大放脚的要求、动植物活动的影响、耕土层的厚度以及习惯作法等因素,基础埋置深度一般不宜小于0.5m。对于岩石地基,则可不受此限。另外,基础顶面距设计地面的距离宜大于100mm,尽量避免基础外露,遭受外界的侵蚀及破坏。

影响基础埋深的主要因素较多,对于一项具体的工程来说,往往只是其中一、两种因素起决定作用。所以设计时,必须从实际出发,抓住影响埋深的主要因素,综合确定合理的埋置深度。

一、与建筑物有关的条件

1. 建筑物的类型与用途

某些建筑物需要具备一定的使用功能或宜采用某种基础形式,这些要求常成为基础埋深的先决条件。例如必须设置地下室或设备层及人防设施时,往往要求建筑物基础局部加深或整体加深。当建筑物采用对不均匀沉降比较敏感的结构(如砖砌体混合结构和钢筋混凝土框架时),应将基础埋置在较好的土层上,以减少地基变形。

2. 基础的形式与构造

当采用刚性基础时,按其构造要求决定最小埋深,埋深较大;如果采用钢筋混凝土扩展基础,则可以"宽基浅埋",从而降低基础埋深。

3. 作用在地基上的荷载大小和性质

同一土层,对于荷载小的基础,可能能满足设计要求,是很好的持力层,而对荷载大的基础来说,则可能不宜作为持力层。对位于土质地基上的高层建筑,为了满足稳定性要求,其基础埋深应随建筑物高度适当增大。在抗震设防区,筏形和箱形的埋深不宜小于建筑物高度的1/15;桩筏或桩箱基础的埋深(不计桩长)不宜小于建筑物高度的1/18~1/20。对位于岩石地基上的高层建筑,基础埋深应满足抗滑要求。受有上拔力的基础,如输电塔基础,也要求有较大埋深,以满足抗拔要求。烟囱、水塔等高耸结构均应满足抗倾覆稳定性的要求。

二、工程地质条件

直接支承基础的土层称为持力层,其下的各土层称为下卧层。为了满足建筑物对地基变形的要求,基础应尽可能埋置在良好的持力层上。当地基受力层(或沉降计算深度)范围内存在软弱下卧层时,软弱下卧层的承载力和地基变形也应满足要求。

在选择持力层和基础埋深时,应通过工程地质勘察报告详细了解拟建场地的地层分布,各土层的物理力学性质和地基承载力等资料。当地基上部为软弱土层而下部为良好土层,这时,持力层的选择取决于上部软弱土层的厚度。一般来说,软弱土层厚度小于2m时,应将软弱土挖除,将基础置于下层坚实土上;若软弱土层较厚,可考虑采用宽基浅埋的办法,也可考虑人工加固处理,或桩基础方案。必要时,应从施工难易、材料用量等方面进行分析比较决定。

若地基表层土较好,下层土软弱,这种情况在我国沿海地区较为常见,地表普遍存在一层厚度为2~3m的所谓"硬壳层",硬壳层以下为空隙比大、压缩性高、强度低的软土层。对于一般中小型建筑物,或6层以下的住宅,宜选择这一硬壳层作为持力层,基础尽量浅埋,即采用宽基浅埋方案,以便加大基底至软弱土层的距离。此时,最好采用钢筋混凝土基础(基础截面高度较小)。

当地基在水平方向很不均匀时,或当建筑物各部分使用要求不同时,同一建筑物的基础可以采用不同的埋深,以调整基础的不均匀沉降。为保证基础的整体性,墙下无筋基础按台阶变化基础埋深,台阶的高宽比为1:2,每级台阶高度不超过0.5m,如图3-1所示。

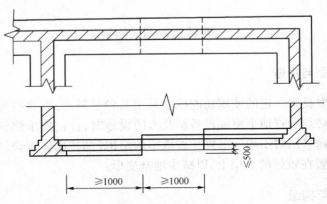

图3-1 墙基础埋深变化时台阶做法(尺寸单位:mm)

三、水文地质条件

选择基础埋深时应注意地下水的埋藏条件和动态以及地表水的情况。当有地下水存在时,基础底面应尽量埋置在地下水位以上。对底面低于地下水位的基础,应考虑施工期间的基坑降水,坑壁围护,是否可能产生流砂、涌土等问题,并采取保护地基土不受扰动的措施。对于具有侵蚀性的地下水,应采用抗侵蚀的水泥品种和相应的措施。此外,设计时还应考虑由于地下水的浮托力而引起的基础底板内力的变化、地下室或地下储罐上浮的可能性以及地下室的防渗问题。

当持力层下埋藏有承压含水层时,为防止坑底土被承压水冲破,引起突涌流砂现象,要求坑底土的总覆盖压力大于承压含水层顶部的静水压力(图3-2),即

$$\sum \gamma_i z_i > \gamma_w h \tag{3-1}$$

式中:γ_i——各层土的重度,对潜水位以下的土取饱和重度;

z_i——各覆盖层厚度;

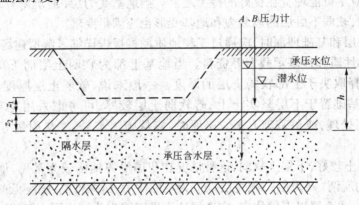

图3-2 基坑下埋藏有承压含水层的情况

γ_w——水的重度；

h——承压水位，可按预估的最高承压水位确定，或以孔隙压力计确定。

如式（3-1）无法得到满足，则应设法降低承压水头，或减少基础埋深。

四、地基冻融条件

当地基土的温度低于摄氏零度时，土中部分孔隙水将冻结而形成冻土。冻土可分为季节性冻土和多年冻土两类。季节性冻土在冬季冻结而夏季融化，每年冻融交替一次。我国东北、华北和西北地区的季节性冻土层厚度在 0.5m 以上，最大的可近 3m 左右。多年冻土是连续保持冻结状态 3 年以上的土层。

季节性冻土地区，土体出现冻胀和融沉。土体发生冻胀的机理主要是由于土层在冻结期周围未冻区土中的水分向冻结区迁移、积聚所致。当大气负温传入土中时，土中的自由水首先冻结成冰晶体，弱结合水的最外层也开始冻结，使冰晶体逐渐扩大，而且下面未冻结区水膜较厚处的弱结合水也被上吸到水膜较薄的冻结区，参与冻结，使冻结区的冰晶体不断扩大，土体随之发生隆起，出现冻胀现象。当土层解冻时，土层中积聚的冰晶体融化，含水率增加，土体变得十分松软，承载力降低，土体随之下陷，即出现融沉现象。位于冻胀区内的基础受到的冻胀力如大于基底压力，基础就有被抬起的可能，造成门窗不能开启，严重的甚至引起墙体的开裂。地基土的冻胀与融沉一般是不均匀的，容易导致建筑物开裂损坏。

土冻结后是否会产生冻胀现象，主要与土的情况、土中含水率的多少以及地下水的补给条件有关。对于结合水含量极少的粗粒土，孔隙集中，毛细作用极小，基本不存在冻胀问题。处于坚硬状态的黏性土，因为结合水含量很少，冻胀作用也很微弱。《建筑地基基础设计规范》（GB 50007—2011）根据冻胀对建筑物的危害程度，将地基土的冻胀性分为不冻胀、弱冻胀、冻胀、强冻胀和特强冻胀 5 类，见表 3-3。

不冻胀土的基础埋深可不考虑冻结深度。对于冻胀性地基，基础最小埋深应满足下式

$$d_{\min} = z_d - h_{\max} \tag{3-2}$$

$$z_d = z_0 \cdot \psi_{zs} \cdot \psi_{zw} \cdot \psi_{ze} \tag{3-3}$$

式中： z_d——设计冻深；

z_0——标准冻深，按《建筑地基基础设计规范》（GB 50007—2011）附录 F 采用；

ψ_{zs}、ψ_{zw}、ψ_{ze}——影响系数，分别按表 3-4 ~ 表 3-6 确定；

$h_{\max}$——基础底面下允许残留冻土层厚度，按表 3-7 采用。

地基土的冻胀性分类 表 3-3

土 的 名 称	冻前天然含水率 ω（%）	冻结期间地下水位距冻结面的最小距离 h_w（m）	平均冻胀率 η（%）	冻胀等级	冻胀类别
碎（卵）石、砾、粗、中砂（粒径小于 0.075mm 颗粒含量大于 15%），细砂（粒径小于 0.075mm 颗粒含量大于 10%）	$\omega \leqslant 12$	>1.0	$\eta \leqslant 1$	I	不冻胀
		$\leqslant 1.0$	$1 < \eta \leqslant 3.5$	II	弱冻胀
	$12 < \omega \leqslant 18$	>1.0			
		$\leqslant 1.0$	$3.5 < \eta \leqslant 6$	III	冻胀
	$\omega > 18$	>0.5			
		$\leqslant 0.5$	$6 < \eta \leqslant 12$	VI	强冻胀

土 的 名 称	冻前天然含水率 ω （%）	冻结期间地下水位距冻结面的最小距离 h_w （m）	平均冻胀率 η （%）	冻胀等级	冻胀类别
粉砂	$\omega \leq 14$	>1.0	$\eta \leq 1$	I	不冻胀
		≤1.0	$1 < \eta \leq 3.5$	II	弱冻胀
	$14 < \omega \leq 19$	>1.0			
		≤1.0	$3.5 < \eta \leq 6$	III	冻胀
	$19 < \omega \leq 23$	>1.0			
		≤1.0	$6 < \eta \leq 12$	IV	强冻胀
	$\omega > 23$	不考虑	$\eta > 12$	V	特强冻胀
粉土	$\omega \leq 19$	>1.5	$\eta \leq 1$	I	不冻胀
		≤1.5	$1 < \eta \leq 3.5$	II	弱冻胀
	$19 < \omega \leq 22$	>1.5	$1 < \eta \leq 3.5$	II	弱冻胀
粉土	$19 < \omega \leq 22$	≤1.5	$3.5 < \eta \leq 6$	III	冻胀
	$22 < \omega \leq 26$	>1.5			
		≤1.5	$6 < \eta \leq 12$	VI	强冻胀
	$26 < \omega \leq 30$	>1.5			
		≤1.5	$\eta \leq 12$	V	特强冻胀
	$\omega > 30$	不考虑			
黏性土	$\omega \leq \omega_p + 2$	>2.0	$\eta \leq 1$	I	不冻胀
		≤2.0	$1 < \eta \leq 3.5$	II	弱冻胀
	$\omega_p + 2 < \omega \leq \omega_p + 5$	>2.0			
		≤2.0	$3.5 < \eta \leq 6$	III	冻胀
	$\omega_p + 5 < \omega \leq \omega_p + 9$	>2.0			
		≤2.0	$6 < \eta \leq 12$	VI	强冻胀
	$\omega_p + 9 < \omega \leq \omega_{p+15}$	>2.0			
		≤2.0	$\eta > 12$	V	特强冻胀
	$\omega > \omega_p + 15$	不考虑			

注：①ω_p——塑限含水率（%）；

ω——在冻土层内冻前天然含水率的平均值；

②盐渍化冻土不在表列；

③塑性指数大于22时，冻胀性降低一级；

④粒径小于0.005mm的颗粒含量大于60%时，为不冻胀土；

⑤碎石类土当充填物大于全部质量的40%时，其冻胀性按充填物土的类别判断；

⑥碎石土、砾砂、粗砂、中砂（粒径小于0.075mm颗粒含量不大于15%），细砂（粒径小于0.075mm颗粒含量不大于10%）均按不冻胀考虑。

土的类别对冻深的影响系数　　表3-4

土 的 类 别	影响系数 ψ_{zs}	土 的 类 别	影响系数 ψ_{zs}
黏性土	1.00	中、粗、砾砂	1.30
细砂、粉砂、粉土	1.20	碎石土	1.40

土的冻胀性对冻深的影响系数　　　表 3-5

冻　胀　性	影响系数 ψ_{zw}	冻　胀　性	影响系数 ψ_{zw}
不冻胀	1.00	强冻胀	0.85
弱冻胀	0.95	特强冻胀	0.80
冻胀	0.90		

环境对冻深的影响系数　　　表 3-6

周　围　环　境	影响系数 ψ_{ze}	周　围　环　境	影响系数 ψ_{ze}
村、镇、旷野	1.00	城市市区	0.90
城市近郊	0.95		

注:环境影响系数一项,当城市市区人口为 20~50 万人时,按城市近郊取值;当城市市区人口大于 50 万人小于或等于 100 万人时,按城市市区取值;当城市市区人口超过 100 万人时,按城市市区取值,5km 以内的郊区应按城市近郊取值。

建筑基底下允许残留冻土层厚度 h_{max}(m)　　　表 3-7

冻胀性	基础形式	采暖情况	90	110	130	150	170	190	210
			基底平均压力(kPa)						
弱冻胀土	方形基础	采暖	—	0.94	0.99	1.04	1.11	1.15	1.20
		不采暖	0.78	0.84	0.91	0.97	1.04	1.10	
	条形基础	采暖	—	>2.50	>2.50	>2.50	>2.50	>2.50	>2.50
		不采暖	—	2.20	2.50	>2.50	>2.50	>2.50	>2.50
冻胀土	方形基础	采暖	—	0.64	0.70	0.75	0.81	0.86	—
		不采暖	—	0.55	0.60	0.65	0.69	0.74	—
	条形基础	采暖	—	1.55	1.79	2.03	2.26	2.50	—
		不采暖	—	1.15	1.35	1.55	1.75	1.95	—
强冻胀土	方形基础	采暖	—	0.42	0.47	0.51	0.56	—	—
		不采暖	—	0.36	0.40	0.43	0.47	—	—
	条形基础	采暖	—	0.74	0.88	1.00	1.13	—	—
		不采暖	—	0.56	0.66	0.75	0.84	—	—
特强冻胀土	方形基础	采暖	0.30	0.34	0.38	0.41	—	—	—
		不采暖	0.24	0.27	0.31	0.34	—	—	—
	条形基础	采暖	0.43	0.52	0.61	0.70	—	—	—
		不采暖	0.33	0.40	0.47	0.53	—	—	—

注:①本表只计算法向冻胀力,如果基侧存在切向冻胀力,应采取防切向力措施;
　　②本表不适用于宽度小于 0.6m 的基础,矩形基础可取短边尺寸按方形基础计算;
　　③表中数据不适用于淤泥、淤泥质土和欠固结土;
　　④表中基底平均压力数值为永久荷载标准值乘以 0.9,可以内插。

五、场地环境条件

靠近原有建筑物修建新基础,如基坑深度超过原有基础的埋深,则可能引起原有基础下沉或倾斜。因此,当存在相邻建筑物时,新建建筑物的基础埋深不宜大于原有建筑物基础埋深。当埋深大于原有建筑基础时,两基础间应保持一定净距,其数值应根据原有建筑荷载大小、基础形式和土质情况确定。当上述要求不能满足时,应采取分段施工,基坑壁设置临时加固支撑,事先打入板桩或设置其他挡土结构,或加固原有建筑物地基。

如果在基础影响范围内有管道或沟、坑等地下设施通过时,基础底面一般应低于这些设施的底面,否则应采取有效措施,消除基础对地下设施的不利影响。

在河流、湖泊等水体旁建造的建筑物基础,如可能受到流水冲刷的影响,其底面应位于流水冲刷线之下。

第四节　地基承载力特征值的确定

一、地基土承载力特征值——荷载试验法

地基土荷载试验是工程地质勘察工作中的一项原位测试。荷载试验包括浅层平板荷载试验、深层平板荷载试验及螺旋板荷载试验,前者适用于浅层地基,后两者适用于深层地基。

下面讨论根据荷载试验成果 p-s 曲线确定地基承载力特征值的方法。

对于密实砂土、硬塑黏土等低压缩性土,其 p-s 曲线通常有比较明显的起始直线段和极限值,即呈急进破坏的"陡降形",如图3-3a)所示。考虑到低压缩性土的承载力特征值一般由强度安全控制,故规范规定以直线段末点所对应的压力 p_1(比例界限荷载)作为承载力特征值。此时,地基的沉降量很小,能为一般建筑物所允许,强度安全储备也足够,因为从 p_1 发展到破坏还有很长的过程。但是对于少数呈"脆性"破坏的土,p_1 与极限荷载 p_u 很接近,故当 $p_u < 2.0p_1$ 时,取 $p_u/2$ 作为承载力特征值。

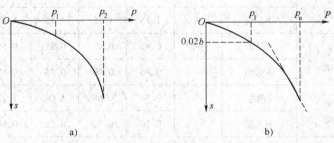

图3-3　荷载试验法确定地基承载力
a)低压缩性土;b)高压缩性土

对于松砂、填土、较软的黏性土,其 p-s 曲线往往无明显的转折点,呈现渐进破坏的"缓变形",如图3-3b)所示。此时,极限荷载可取曲线斜率开始到达最大值时所对应的荷载。但此时要取得 p_u 值,必须把荷载试验进行到荷载板有很大的沉降,而实践中往往因受加荷设备的限制,或出于对试验安全的考虑,不便使沉降过大,因而无法取得 p_u 值;此外,由于中、高压缩性土的沉降较大,故其承载力特征值一般受允许沉降量控制。因此,当压板面积为 $0.25 \sim 0.50m^2$ 时,规范规定可取沉降 $s = (0.01 \sim 0.015)b$(b 为承压板宽度或直径)所对应的荷载作

为承载力特征值,但其值不应大于最大加载量的 1/2。

对同一土层,宜选取 3 个以上的试验点。当各试验点所得的承载力特征值的极差(最大值与最小值之差)不超过其平均值的 30% 时,取其平均值作为该土层的地基承载力特征值 f_{ak}。

荷载试验的优点是压力的影响深度可达 1.5 ~ 2 倍承压板宽度,故能较好地反映天然土体的压缩性。对于成分或结构很不均匀的土层,如杂填土、裂隙土、风化岩等,无法取得原状土样,荷载试验则显示出其他方法所难以代替的作用。其缺点是试验工作量和费用较大、时间较长。

二、理论公式法

根据地基极限承载力计算地基承载力特征值的公式如下

$$f_{ak} = p_u / K \tag{3-4}$$

式中:p_u——地基土极限承载力;

   K——安全系数,其取值与地基基础设计等级、荷载的性质、土的抗剪强度指标的可靠程度以及地基条件等因素有关,对长期承载力一般取 $K = 2 \sim 3$。

确定地基极限承载力的理论公式有多种,如汉森(Hansen)公式、魏锡克(Vesic)公式、太沙基公式、斯肯普顿(Skempton)公式等,其中魏锡克公式(或汉森公式)可以考虑的影响因素最多,如基础底面的形状、偏心和倾斜荷载、基础两侧覆盖层的抗剪强度、基底和地面倾斜、土的压缩性影响等。

三、容许地基承载力

《公路桥涵地基与基础设计规范》(JTG D63—2007)采用容许承载力的概念,根据土的物理、力学参数给出了一系列承载力基本值表,供设计时查阅。

对软土地基,推荐用下列公式确定

$$[\sigma] = \frac{5.14}{m} k_p \cdot c_u + \gamma_2 h \tag{3-5}$$

式中:$[\sigma]$——基底土的容许承载力;

   m——安全系数,可视软土灵敏度及基础长宽比等因素选用 1.5 ~ 2.5;

   c_u——不排水抗剪强度,可用三轴仪、十字板剪力仪或无侧限抗压试验测得;

   γ_2——基底以上土的重度,水位以下采用浮重度;

   h——基础埋置深度。当受水流冲刷时,由一般冲刷线算起;

$$k_p = \left(1 + 0.2 \frac{b}{l}\right)\left(1 - \frac{0.4}{bl}\frac{Q}{c_u}\right)$$

   Q——荷载的水平分力;

   b——基础宽度;

   l——垂直于 b 边的基础长度;当有偏心荷载时,b 与 l 分别由 b' 与 l' 代替:$b' = b - 2e_b$,$l' = l - 2e_l$;e_b、e_l 荷载在基础宽度方向、长度方向的偏心距。

对小桥、涵洞基础,也可由下式计算容许承载力

$$[\sigma] = [\sigma_0] + \gamma_2(h - 3) \tag{3-6}$$

式中：$[\sigma_0]$——可根据软土的天然含水率,查表确定。

第五节　地基承载力设计值的确定

一、经深宽修正后的地基承载力特征值

当基础宽度大于 3m 或埋深大于 0.5m 时,从荷载试验或其他原位测试等方法确定的地基承载力特征值,按《建筑地基基础设计规范》(GB 50007—2011)的规定应按下式进行深宽修正：

$$f_a = f_{ak} + \eta_b\gamma(b - 3) + \eta_d\gamma_m(d - 0.5) \tag{3-7}$$

式中：f_a——修正后的地基承载力特征值；

　　　f_{ak}——地基承载力特征值；

　η_b、η_d——基础宽度和埋深的地基承载力修正系数,按基底下土的类别查表3-8；

　　　γ——基础底面以下土的重度,地下水位以下取浮重度；

　　　b——基础底面宽度,当基底宽度小于 3m 按 3m 取值,大于 6m 按 6m 取值；

　　　γ_m——基础底面以上土的加权平均重度,地下水位以下取浮重度；

　　　d——基础埋置深度,一般自室外地面高程算起。在填方整平地区,可自填土地面高程算起,但填土在上部结构施工后完成任务时,应从天然地面高程算起。对于地下室,如采用箱形基础或筏形基础时,基础埋置深度自室外地面高程算起；当采用独立基础或条形基础时,应从室内地面高程算起。

承载力修正系数　　　　　　　　　　　　　　　　　　　　表 3-8

土 的 类 别		η_b	η_d
淤泥和淤泥质土		0	1.0
人工填土 e 或 I_L 大于等于 0.85 的黏性土		0	1.0
红黏土	含水比 $\alpha_w > 0.8$	0	1.2
	含水比 $\alpha_w \leqslant 0.8$	0.15	1.4
大面积 压实填土	压实系数大于 0.95,黏粒含量 $\rho_c \geqslant 10\%$ 的粉土	0	1.5
	最大干密度大于 2.1t/m³ 的级配砂石		2.0
粉土	黏粒含量 $\rho_c \geqslant 10\%$ 的粉土	0.3	1.5
	黏粒含量 $\rho_c < 10\%$ 的粉土	0.5	2.0
e 及 I_L 均小于 0.85 的黏性土		0.3	1.6
粉砂、细砂(不包括很湿与饱和时的稍密状态)		2.0	3.0
中砂、粗砂、砾砂和碎石土		3.0	4.4

　　注：①强风化和全风化的岩石,可参照所风化成的相应土类取值,其他状态下的岩石不修正；
　　　　②地基承载力特征值按《建筑地基基础设计规范》附录 D 深层平板载荷试验确定时,η_d 取 0。

二、由抗剪强度指标计算地基承载力特征值

当荷载偏心距 $e \leqslant 0.033b$ (b 为偏心方向基础边长)时,可以采用《建筑地基基础设计规

范》(GB 50007—2011)推荐的以浅基础地基的临界荷载为基础的理论公式计算地基承载力特征值,计算公式为

$$f_a = M_b \gamma b + M_d \gamma_m d + M_c c_k \tag{3-8}$$

式中：　f_a——由土的抗剪强度指标确定的地基承载力特征值;

M_b、M_d、M_c——承载力系数,按 φ_k 值查表3-9;

φ_k、c_k——基底下1倍短边宽深度内土的内摩擦角和黏聚力标准值;

b——基础底面宽度;

γ——基础底面以下土的重度,地下水位以下取浮重度;

γ_m——基础底面以上土的加权平均重度,地下水位以下取浮重度;

d——基础埋置深度。

上式与 $p_{1/4}$ 公式稍有差别。根据砂土地基的荷载试验资料,按 $p_{1/4}$ 公式计算的结果偏小较多,所以对砂土地基,当 b 小于 3m 时按 3m 计算。此外,当 $\varphi_k \geqslant 24°$ 时,采用比 M_b 的理论值大的经验值。

若建筑物施工速度较快,而地基持力层的透水性和排水条件不良时(例如厚度较大的饱和软黏土),地基土可能在施工期间或施工完工后不久因未充分排水固结而破坏,此时应采用土的不排水抗剪强度计算短期承载力。取不排水内摩擦角 $\varphi_u = 0$,由表3-9知 $M_b = 0$ 、$M_d = 1$ 、$M_c = 3.14$,将 c_k 改为 c_u（ c_u 为土的不排水抗剪强度）,由式(3-8)得短期承载力公式为

$$f_a = 3.14 c_u + \gamma_m d \tag{3-9}$$

承载力系数 M_b、M_d、M_c　　　　　　　　　　表3-9

土的内摩擦角标准值 φ_k(°)	M_b	M_d	M_c
0	0	1.00	3.14
2	0.03	1.12	3.32
4	0.06	1.25	3.51
6	0.10	1.39	3.71
8	0.41	1.55	3.93
10	0.18	1.73	4.17
12	0.23	1.94	4.42
14	0.29	2.17	4.69
16	0.36	2.43	5.00
18	0.43	2.72	5.31
20	0.51	3.06	5.66
22	0.61	3.44	6.04
24	0.80	3.87	6.45
26	1.10	4.37	6.90
28	1.40	4.93	7.40
30	1.90	5.59	7.95
32	2.60	6.35	8.55
34	3.40	7.21	9.22
36	4.20	8.25	9.97
38	5.00	9.44	10.80
40	5.80	10.84	11.73

三、岩石地基承载力特征值

岩石地基承载力特征值可按《建筑地基基础设计规范》(GB 50007—2011)附录 H 岩基载荷试验方法确定。对完整、较完整和较破碎的岩石地基承载力特征值,可根据室内饱和单轴抗压强度按下式计算

$$f_a = \psi_r \cdot f_{rk} \tag{3-10}$$

式中:f_a——岩石地基承载力特征值,kPa;

f_{rk}——岩石饱和单轴抗压强度标准值,kPa,可按《建筑地基基础设计规范》附录 J 确定;

ψ_r——折减系数。根据岩体完整程度以及结构面的间距、宽度、产状和组合,由地区经验确定。无经验时,对完整岩体可取 0.5;对较完整岩体可取 0.2 ~ 0.5;对较破碎岩体可取 0.1 ~ 0.2。

对破碎、极破碎的岩石地基承载力特征值,可根据地区经验取值,无地区经验时,可根据平板载荷试验确定。

四、容许地基承载力设计值

《公路桥涵地基与基础设计规范》(JTG D63—2007)采用容许承载力的概念,当基础宽度 b 超过 2m,基础埋置深度超过 3m,且 $h/b \leq 4$ 时,地基的容许承载力基本值按下式进行深宽修正计算

$$[\sigma] = [\sigma_0] + k_1\gamma_1(b-2) + k_2\gamma_2(h-3) \tag{3-11}$$

式中:$[\sigma]$——地基土修正后的容许承载力;

$[\sigma_0]$——根据土的物理、力学指标查表得的地基土的容许承载力基本值;

b——基础底面的最小边长度(或直径),当 $b < 2m$ 时,取 2m;$b > 10m$ 时,按 10m 计;

h——基础底面的埋置深度,对于受水流冲刷的基础,由一般冲刷线算起;不受水流冲刷者,由天然地面算起,对于挖方内的基础,由开挖后地面算起;当 $h < 3m$ 时,取 3m 计算;

γ_1——基底下持力层土的天然重度,水位以下采用浮重度;

γ_2——基底以上土的重度,或不同土层的加权平均重度,如持力层在水面以下,且为不透水者,不论基底以上土的透水性质如何,应一律采用饱和重度;如持力层为透水者,应一律采用浮重度;

k_1、k_2——地基土容许承载力随基础宽度、深度的修正系数,按持力层土决定。

第六节　基础底面积尺寸的确定

在初步选择基础类型和埋深后,就可以根据持力层承载力特征值计算基础底面的尺寸。如果持力层较薄,且其下存在着承载力显著低于持力层的下卧层时,尚需对软弱下卧层进行承载力验算。根据地基承载力确定基础底面积尺寸后,必要时应对地基变形或稳定性进行验算。

一、中心荷载作用下的基础底面积尺寸的确定

如图3-4所示,在荷载效应标准组合的中心荷载 F_k、G_k 作用下,按基底压力的简化计算方法,p_k 为均匀分布,可按下式计算

$$p_k = \frac{F_k + G_k}{A} \tag{3-12}$$

式中:p_k ——基础底面处的平均压力值,kPa;

F_k ——上部结构传至基础顶面的竖向力值,kN;

G_k ——基础自重和基础上回填土重,对一般实体基础,可近似地取 $G_k = \gamma_G A d$(γ_G 为基础及回填土的平均重度,可取 $\gamma_G = 20 \text{kN/m}^3$,水位以下取 $\gamma_G = 10 \text{kN/m}^3$,$d$ 为基础埋深);

A ——基础底面面积。

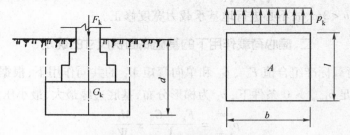

图3-4 中心荷载作用下的基础

在中心荷载作用下,按地基持力层承载力计算基底尺寸时,要求基础底面压力满足下式

$$p_k \leqslant f_a \tag{3-13}$$

式中:f_a ——修正后的地基承载力特征值。

将式(3-12)及 $G_k = \gamma_G A d$ 代入上式后,即可得基础底面积计算公式

$$A \geqslant \frac{F_k}{f_a - \gamma_G d} \tag{3-14}$$

对于柱下独立基础,一般采用方形,其边长为

$$b = \sqrt{A} \geqslant \sqrt{\frac{F_k}{f_a - \gamma_G d}} \tag{3-15}$$

对于条形基础,可沿基础长边方向取1m作为计算单元,荷载也为相应的线荷载(kN/m),则条形基础宽度为

$$b \geqslant \frac{F_k}{f_a - \gamma_G d} \tag{3-16}$$

对于矩形基础

$$b \cdot l = A \geqslant \frac{F_k}{f_a - \gamma_G d} \tag{3-17}$$

按上式计算出 A 后,先选定 b 或 l,再计算出另一边长。一般取 $b/l \leqslant 2$。

在上面的计算中,需要先确定地基承载力特征值 f_a,但 f_a 与基础底面宽度 b 有关,计算时可先对地基承载力特征值仅按基础埋深进行修正,然后计算出所需基底面积和宽度 b,再考虑是否需要对 f_a 进行宽度修正。如需要(即 $b > 3.0 \text{m}$),修正后重新计算基底宽度。最后确定的基底尺寸 b 和 l 均应为 100mm 的倍数。

例 3-1 现修建一柱下独立基础(图 3-5),作用在基础顶面的轴心荷载(标准组合值)F_k = 830kN,基础埋深(自室外地面算起)为 1.0m,室内地面高出室外地面 0.3m,持力层土为黏性土,重度 γ_m = 18.2kN/m³,孔隙比 e = 0.7,液性指数 I_L = 0.75,地基承载力特征值 f_{ak} 为 220kPa,试确定方形基础底面宽度。

解:查地基承载力深宽修正系数,由表 3-9 得 η_b = 0.3,η_d = 1.6。

由于是柱下独立基础,基础的埋深(取自室内地面)为 1.3m。

先试算,计算由深度修正后的地基承载力特征值:由式(3-7)得

$$f_a = f_{ak} + \eta_d \gamma_m (d - 0.5)$$

$$= 220 + 1.6 \times 18.2 \times (1.3 - 0.5) = 243.3 \text{kPa}$$

由式(3-15)得基础底面宽度为

$$b = \sqrt{A} \geqslant \sqrt{\frac{F_k}{f_a - \gamma_G d}} = \sqrt{\frac{830}{243.3 - 20 \times 1.3}} = 1.95 \text{m}$$

取 b = 2m,因 b < 3m,故不必进行地基承载力宽度修正。

二、偏心荷载作用下的基础底面积尺寸的确定

如图 3-6 在荷载标准组合值 F_k、G_k 和单向弯矩 M_k 的共同作用下,根据基底压力呈直线分布的假定,在满足 p_{kmin} > 0 条件下,p_k 为梯形分布,基底边缘最大、最小压力为

$$p_{kmin}^{kmax} = \frac{F_k + G_k}{A} \pm \frac{M_k}{W} \qquad (3\text{-}18a)$$

对于矩形基础,当偏心距 $e \leqslant \dfrac{l}{6}$ 时,

$$p_{kmin}^{kmax} = \frac{F_k + G_k}{A}\left(1 \pm \frac{6e}{l}\right) \qquad (3\text{-}18b)$$

式中:M_k ——相应于荷载效应标准组合时,基础所有荷载对基底形心的合力矩;

e ——偏心距,$e = \dfrac{M_k}{F_k + G_k}$;

l ——基础底面偏心方向边长,一般为基础长边边长;

W——基础底面的抵抗矩;

其他符号意义同前。

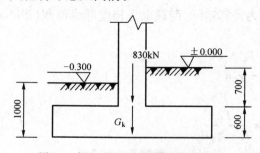

图 3-5 例 3-1 基础剖面(尺寸单位:mm)　　　　图 3-6 偏心荷载作用下的基础

当偏心距 $e > \dfrac{l}{6}$ 时

$$p_{kmax} = \frac{2(F_k + G_k)}{3la} \qquad (3\text{-}19)$$

式中：a——合力作用点至基础底面最大压力边缘的距离。

偏心荷载作用下，除需要满足 $p_k \leq f_a$ 外，尚应符合下式要求

$$p_{kmax} \leq 1.2f_a \tag{3-20}$$

根据上述按承载力计算的要求，在计算偏心荷载作用下的基础底面尺寸时，通常通过试算确定，可按下述步骤进行：

（1）先按中心荷载作用的公式求基础底面积 A_0。

（2）根据荷载偏心情况，将按中心荷载作用计算得到的基底面积 A_0 增大 $10\% \sim 40\%$，即取

$$A = (1.1 \sim 1.4)A_0 = (1.1 \sim 1.4)\frac{F_k}{f_a - \gamma_G d} \tag{3-21}$$

（3）按式（3-18）计算基底压力 p_{kmax}。

（4）验算持力层承载力，是否满足式 $p_k \leq f_a$ 和 $p_{kmax} \leq 1.2f_a$ 的要求，如果不满足，则调整 A，再行验算。

例 3-2　有一单层厂房柱基（图 3-7），上部结构传到基础顶面的荷载为：$F_{k2} = 450\text{kN}$，$M_k = 70\text{kN} \cdot \text{m}$，$F_{kH} = 20\text{kN}$，基础埋深 1.6m，基础梁传到基础顶面的荷载 $F_{k1} = 60\text{kN}$，设计此基础底面积。

解：（1）求修正后的地基承载力特征值（仅作深度修正）：

$e > 0.85$，查得 $\eta_b = 0$，$\eta_d = 1.0$

$f_a = f_{ak} + \eta_d \gamma_m (d - 0.5)$

$\quad = 195 + 1.0 \times 18.6 \times (1.6 - 0.5)$

$\quad = 215.5\text{kPa}$

（2）估计 A：

先按中心荷载作用计算基础底面积 A_0

$$A_0 \geq \frac{F_k}{f_a - \gamma_G d} = \frac{450 + 60}{215.5 - 20 \times 1.6} = 2.78\text{m}^2$$

考虑偏心作用，将基底面积增大 20%，则

$$A = 1.2A_0 = 1.2 \times 2.78 = 3.3\text{m}^2$$

设基础长宽比 $n = \dfrac{l}{b} = 1.5$ 则

基础宽度 $b = \sqrt{\dfrac{A}{n}} = \sqrt{\dfrac{3.3}{1.5}} = 1.48\text{m}$　取 $b = 1.5\text{m}$

基础长度　$l = nb = 1.5 \times 1.5 = 2.25\text{m}$　取 $l = 2.3\text{m}$

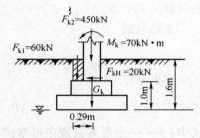

黏性土　$\gamma_{sat} = 19.8\text{kN/m}^3$

$\gamma = 18.6\text{kN/m}^3$

$e = 0.90$

$f_{ak} = 195\text{kPa}$

图 3-7　例 3-2 基础剖面图

（3）计算基底压力并验算：

基底处的总竖向荷载为

$$F_k + G_k = F_{k1} + F_{k2} + G_k = 450 + 60 + 20 \times 1.5 \times 2.3 \times 1.6 = 620.4\text{kN}$$

基底总弯矩为

$$M_k = 70 + 20 \times 1.0 + 60 \times 0.29 = 107.4\text{kN/m}$$

偏心距为

$$e = \frac{M_k}{F_k + G_k} = \frac{107.4}{620.4} = 0.174\text{m} < \frac{l}{6} = 0.38\text{m}$$

基底最大（最小）压力为

$$p_{kmin}^{kmax} = p_k\left(1 \pm \frac{6e}{l}\right) = 179.8\left(1 \pm \frac{6 \times 0.174}{2.3}\right) = \begin{matrix} 261.0 \\ 98.6 \end{matrix} \text{ kPa}$$

验算

$$p_{kmax} = 261.0\text{kPa} \leqslant 1.2f_a = 261\text{kPa} \quad (\text{满足要求})$$

$$p_k = \frac{p_{kmax} + p_{kmin}}{2} = \frac{261.0 + 98.6}{2} = 179.8\text{kPa} < f_a = 215.5\text{kPa} \quad (\text{满足要求})$$

第七节 软弱下卧层验算

当地基受力层范围内存在软弱下卧层(承载力显著低于持力层的高压缩性土)时,除按持力层承载力确定基底尺寸外,还必须对软弱下卧层进行验算,要求作用在软弱下卧层顶面处的总应力(附加应力与自重应力之和)不超过它的承载力特征值,即

$$p_z + p_{cz} \leqslant f_{az} \tag{3-22}$$

式中: p_z ——相应于荷载效应标准组合时,软弱下卧层顶面处的附加压力值;

p_{cz} ——软弱下卧层顶面处土的自重压力值;

f_{az} ——软弱下卧层顶面处经深度修正后地基承载力特征值。

计算附加压力 p_z 时,一般采用简化方法,即参照双层地基中附加应力分布的理论解答,按压力扩散角的概念计算(图3-8)。假设基底处的附加应力 p_0 往下传递时按压力扩散角 θ 向外扩散至软弱下卧层表面,根据基底与扩散面积上的总附加压力相等的条件,可得附加应力 p_z 的计算公式如下

条形基础

$$p_z = \frac{b(p_k - p_c)}{b + 2z\tan\theta} \tag{3-23}$$

矩形基础

$$p_z = \frac{lb(p_k - p_c)}{(b + 2z\tan\theta)(l + 2z\tan\theta)} \tag{3-24}$$

式中: b ——矩形基础或条形基础底边的宽度;

l ——矩形基础底边的长度;

p_c ——基础底面处土的自重压力值;

z ——基础底面至软弱下卧层顶面的距离;

θ ——地基压力扩散线与垂直线的夹角,可按表3-10采用。

	地基压力扩散角 θ	表3-10
	z/b	
E_{s1}/E_{s2}	0.25	0.50
3	6°	23°
5	10°	25°
10	20°	30°

注:① E_{s1} 为上层土压缩模量; E_{s2} 为下层土压缩模量;
② z/b <0.25 时取 θ =0°,必要时,宜由试验确定;
z/b >0.50 时, θ 值不变。

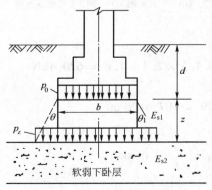

图3-8 附加应力简化计算图

如果下卧层承载力验算不满足式(3-22)要求,基础的沉降可能较大,或地基土可能产生剪切破坏,这时应考虑增大基础底面积(使扩散面积加大),或减小基础埋深(使 z 值加大)。如果这样处理仍未能符合要求,则应考虑另拟地基基础方案。

例3-3 图3-9 中的柱下矩形基础底面尺寸为 $2.0\text{m} \times 3.0\text{m}$,试根据图中各项资料验算所选基础底面尺寸是否合适。

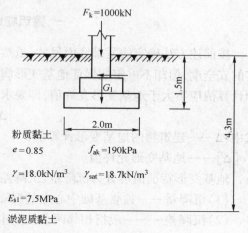

解:(1)验算持力层承载力:

先对持力层承载力特征值 f_a 进行修正,查表得 $\eta_b = 0$,$\eta_d = 1.0$,则

$$f_a = f_{ak} + \eta_b \gamma (b - 3) + \eta_d \gamma_m (d - 0.5)$$
$$= 190 + 0 + 1.0 \times 18 \times (1.5 - 0.5)$$
$$= 208\text{kPa}$$

基础及回填土重为

$$G_k = \gamma_G \cdot A \cdot d = 20 \times 2 \times 3 \times 1.5 = 180\text{kN}$$

基底压力平均值为

图3-9 例3-3 基础剖面图

$$p_k = \frac{F_k + G_k}{A} = \frac{1000 + 180}{2 \times 3} = 196.7\text{kPa} < f_a = 208\text{kPa}$$

故持力层承载力满足要求。

(2)验算软弱下卧层承载力:

下卧层顶面处的附加应力为

$$p_z = \frac{lb(p_k - p_c)}{(b + 2z\tan\theta)(l + 2z\tan\theta)}$$

$$= \frac{3.0 \times 2.0 \times (196.7 - 18.0 \times 1.5)}{(2.0 + 2 \times 2.8 \times 0.424) \times (3.0 + 2 \times 2.8 \times 0.424)} = 43.3\text{kPa}$$

下卧层顶面处的自重应力为

$$p_{cz} = 18.0 \times 1.5 + (18.7 - 10) \times 2.8 = 51.4\text{kPa}$$

下卧层承载力特征值为

$$f_{az} = f_{azk} + \eta_d \gamma_m (d + z - 0.5)$$

$$= 75 + 1.0 \times \frac{51.4}{1.5 + 2.8}(4.3 - 0.5) = 120.4\text{kPa}$$

$$p_z + p_{cz} = 43.3 + 51.4 = 94.7\text{kPa} < f_{az} = 120.4\text{kPa}$$

故软弱下卧层承载力满足要求。

第八节 地基变形计算

地基基础设计中,除了保证地基的强度、稳定要求外,还需保证地基的变形控制在允许的范围内,以保证上部结构不因地基变形过大而丧失其使用功能。调查研究表明,很多工程事故

是因为地基基础的不恰当设计、施工以及不合理的使用而导致的,在这些工程事故中,又以地基变形过大而超过了相应允许值引起的事故居多。因此地基变形验算是地基基础设计中一项十分重要的内容。

一、建筑物地基变形的容许值

按前述方法确定的基础底面尺寸,虽然已可保证建筑物在防止地基剪切破坏方面具有足够的安全度,但却不一定能保证地基变形满足要求。地基变形验算的要求是:建筑物的地基变形计算值应不大于地基变形允许值,即要求满足下列条件:

$$\Delta \leqslant [\Delta] \tag{3-25}$$

式中:Δ——建筑物的地基变形计算值;

[Δ]——地基变形允许值。

地基变形特征值可分为沉降量、沉降差、倾斜和局部倾斜 4 种:

(1)沉降量——独立基础中心点的沉降值或整幢建筑物基础的平均沉降值。

(2)沉降差——一般指相邻两个柱基中心的沉降量之差。

(3)倾斜——基础倾斜方向两端点的沉降差与其距离的比值。

(4)局部倾斜——砌体承重结构沿纵墙 6 ~ 10m 内基础两点的沉降差与其距离的比值。

由于不同建筑物的结构类型、整体刚度、使用要求的差异,对地基变形的敏感程度、危害、变形要求也不同。因此,对不同的建筑结构类型应按不同的变形特征进行控制,使其不超过变形允许值。《建筑地基基础设计规范》(GB 50007—2011)通过对各类建筑物的实际沉降观测资料的分析和综合,提出了地基变形允许值,见表 3-11。对表中未包括的建筑物,其地基变形允许值应根据上部结构对地基变形的适应能力和使用上的要求确定。

建筑物的地基变形允许值　　　　　　　　　　　表 3-11

变 形 特 征	地基土类别	
	中、低压缩性土	高压缩性土
砌体承重结构基础的局部倾斜	0.002	0.003
工业与民用建筑相邻柱基的沉降差		
(1)框架结构	0.0021	0.0031
(2)砌体墙填充的边排柱	0.00071	0.0011
(3)当基础不均匀沉降时不产生附加应力的结构	0.0051	0.0051
单层排架结构(柱距为 6m)柱基的沉降量(mm)	(120)	200
桥式吊车轨面的倾斜(按不调整轨道考虑)		
纵向	0.004	
横向	0.003	
多层和高层建筑的整体倾斜 $H_g \leqslant 24$	0.004	
$24 < H_g \leqslant 60$	0.003	
$60 < H_g \leqslant 100$	0.0025	
$H_g > 100$	0.002	
体型简单的高层建筑基础的平均沉降量(mm)	200	

变 形 特 征	地基土类别	
	中、低压缩性土	高压缩性土
高耸结构基础的倾斜 $H_g \leqslant 20$	0.008	
$20 < H_g \leqslant 50$	0.006	
$50 < H_g \leqslant 100$	0.005	
$100 < H_g \leqslant 150$	0.004	
$150 < H_g \leqslant 200$	0.003	
$200 < H_g \leqslant 250$	0.002	
高耸结构基础的沉降量（mm）$H_g \leqslant 100$	400	
$100 < H_g \leqslant 200$	300	
$200 < H_g \leqslant 250$	200	

注:①本表数值为建筑物地基实际最终变形允许值;

②有括号者仅适用于中压缩性土;

③l 为相邻柱基的中心距离(mm);H_g 为自室外地面起算的建筑物高度(m);

④倾斜指基础倾斜方向两端点的沉降差与其距离的比值;

⑤局部倾斜指砌体承重结构沿纵向 6~10m 内基础两点的沉降差与其距离的比值。

一般来说,如果建筑物均匀下沉,那么即使沉降量较大,也不会对结构本身造成损坏,但可能会影响到建筑物的正常使用,或使邻近建筑物倾斜,或导致与建筑物有联系的其他设施的损坏。例如,单层排架结构的沉降量过大会造成桥式吊车净空不够而影响使用;高耸结构(如烟囱、水塔等)沉降量过大会将烟道(或管道)拉裂。

对于砌体承重结构的地基变形应由局部倾斜控制,因为砌体承重结构房屋的损坏主要是由于墙体挠曲引起局部弯曲,从而出现斜裂缝。

对于框架结构和单层排架结构应由相邻柱基的沉降差控制,并要求沉降量不宜过大。如果框架结构相邻两基础的沉降差过大,将引起结构中梁、柱产生较大的次应力,而在常规设计中,梁、柱的截面确定及配筋是没有考虑这种应力影响的。

对于多层或高层建筑和高耸结构应由倾斜值控制,必要时应控制平均沉降量。地基土层的不均匀分布以及邻近建筑物的影响是高层建筑和高耸结构产生倾斜的重要原因。这类结构物重心高,基础倾斜使重心侧向移动引起的附加偏心矩,不仅使基底边缘压力增加而影响其倾覆稳定性,而且还会导致结构物本身的附加弯矩。另一方面,高层建筑横向整体倾斜允许值主要取决于人们视觉的敏感程度,倾斜值到达明显可见的程度时大致为 1/250(0.004),而结构损坏则大致当倾斜达到 1/150 时开始。

如果地基变形计算值 Δ 大于地基变形允许值[Δ],一般可以先考虑适当调整基础底面尺寸(如增大基底面积或调整基底形心位置)或埋深,如仍未满足要求,再考虑是否可从建筑、结构、施工诸方面采取有效措施,以防止不均匀沉降对建筑物的损害,或改用其他地基基础方案。

二、建筑地基变形计算

计算地基变形时,地基内的应力分布,可采用各向同性均质线性变形体理论。《建筑地基基础设计规范》推荐的沉降计算公式为

$$s = \psi_s s' = \psi_s \sum_{i=1}^{n} \frac{p_0}{E_{si}} (z_i \overline{\alpha}_i - z_{i-1} \overline{\alpha}_{i-1}) \tag{3-26}$$

式中: s ——地基最终变形量;

s'——按分层总和法计算出的地基变形量；

ψ_s——沉降计算经验系数，根据地区沉降观测资料及经验确定，无地区经验时可采用表 3-12 的数值。

n——地基变形计算深度范围内所划分的土层数（图 3-10）；

p_0——对应于荷载效应准永久组合时的基础底面处的附加压力；

E_{si}——基础底面下第 i 层土的压缩模量，应取土的自重压力至土的自重压力与附加压力之和的压力段计算；

z_i、z_{i-1}——基础底面至第 i 层土、第 $i-1$ 层土底面的距离；

$\bar{\alpha}_i$、$\bar{\alpha}_{i-1}$——基础底面计算点至第 i 层土、第 $i-1$ 层土底面范围内平均附加应力系数，可按《建筑地基基础设计规范》附录 K 采用。

沉降计算经验系数 ψ_s　　　　　表 3-12

$\bar{E}_s$（MPa） 基底附加压力	2.5	4.0	7.0	15.0	20.0
$p_0 \geq f_{ak}$	1.4	1.3	1.0	0.4	0.2
$p_0 \leq 0.75 f_{ak}$	1.1	1.0	0.7	0.4	0.2

注：$\bar{E}_s$ 为变形计算深度范围内压缩模量的当量值，应按下式计算：

$$\bar{E}_s = \frac{\sum A_i}{\sum \dfrac{A_i}{E_{si}}}$$

式中：A_i——第 i 层土附加应力系数沿土层厚度的积分值。

按规范方法计算地基变形时，变形计算深度 z_n 应符合下式要求

$$\Delta s'_n \leq 0.025 \sum_{i=1}^{n} \Delta s'_i \tag{3-27}$$

式中：$\Delta s'_i$——在计算深度范围内，第 i 层土的计算变形值；

$\Delta s'_n$——在由计算深度向上取厚度为 Δz 的土层计算变形值，Δz 见图 3-10 并按表 3-13 确定。

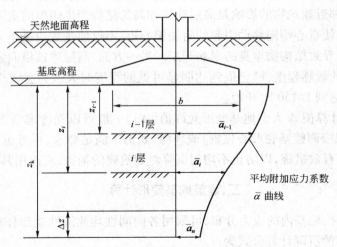

图 3-10　基础沉降计算分层示意图

如确定的计算深度下部仍有较软土层时，应继续计算。

$b(\mathrm{m})$	$b \leqslant 2$	$2 < b \leqslant 4$	$4 < b \leqslant 8$	$8 < b$
$\Delta z(\mathrm{m})$	0.3	0.6	0.8	1.0

当无相邻荷载影响,基础宽度在 1～30m 范围内时,基础中点的地基变形计算深度也可按下列简化公式计算

$$z_n = b(2.5 - 0.4\ln b) \tag{3-28}$$

式中:b——基础宽度。

在计算深度范围内存在基岩时,z_n 可取至基岩表面;当存在较厚的坚硬黏性土层,其孔隙比小于 0.5、压缩模量大于 50MPa,或存在较厚的密实砂卵石层,其压缩模量大于 80MPa 时,z_n 可取至该层土表面。

当建筑物地下室基础埋置较深时,需要考虑开挖基坑地基土的回弹,该部分回弹变形量可按下式计算:

$$s_c = \psi_c \sum_{i=1}^{n} \frac{p_c}{E_{ci}} (z_i \overline{\alpha_i} - z_{i-1} \overline{\alpha_{i-1}}) \tag{3-29}$$

式中:s_c——地基的回弹变形量;

    ψ_c——考虑回弹影响的沉降计算经验系数,ψ_c 取 1.0;

    p_c——基坑底面以上土的自重应力,地下水位以下应扣除浮力;

    E_{ci}——土的回弹模量,按《土工试验方法标准》(GB/T 50123—1999)中土的固结试验回弹曲线的不同压力段计算。

第九节 地基稳定性验算

对于经常承受水平荷载作用的高层建筑、高耸结构和挡土墙等,以及建造在斜坡上或边坡附近的建筑物和构筑物,应对地基进行稳定性验算。

在水平荷载和竖向荷载的共同作用下,基础可能和深层土层一起发生整体滑动破坏。实际观察表明,地基整体滑动形成的滑裂面在空间上通常形成一个弧形面,对于均质土体可简化为平面问题的圆弧面。稳定计算通常采用土力学中介绍的圆弧滑动法,滑动稳定安全系数是指最危险滑动面上诸力对滑动中心所产生的抗滑力矩与滑动力矩之比值,即

$$K = \frac{M_R}{M_S} \geqslant 1.2 \tag{3-30}$$

位于稳定土坡坡顶上的建筑,当垂直于坡顶边缘线的基础底面边长小于或等于 3m 时,其基础底面外边缘线至坡顶的水平距离(图 3-11)应符合下式要求,但不得小于 2.5m

条形基础

$$a \geqslant 3.5b - \frac{d}{\tan\beta} \tag{3-31}$$

矩形基础

$$a \geqslant 2.5b - \frac{d}{\tan\beta} \tag{3-32}$$

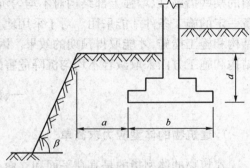
图 3-11 基础底面外边缘线至坡顶的水平距离示意图

式中：a——基础底面外边缘线至坡顶的水平距离；

b——垂直于坡顶边缘线的基础底面边长；

d——基础埋置深度；

β——边坡坡角。

当基础底面外边缘线至坡顶的水平距离不满足式(3-31)、式(3-32)的要求时，可根据基底平均压力按圆弧滑动面法进行土坡稳定验算，以确定基础距坡顶边缘的距离和基础埋深。

当边坡坡角大于45°、坡高大于8m时，应按式(3-30)验算坡体稳定性。

第十节　减少不均匀沉降的措施

建筑物总会产生一定的沉降和不均匀沉降。均匀沉降对建筑物不会带来大的危害，但过大的沉降也会影响正常使用，而不均匀沉降往往导致建筑物开裂、破坏或严重影响使用。特别是软弱地基上的建筑物，沉降往往很大，而且不均匀，沉降稳定历时很长，如处理不好，造成的工程事故是很常见的。所以为减少建筑物的不均匀沉降，采取各种必要的措施，是地基设计中的一个重要课题。

不均匀沉降常引起砌体承重结构开裂，尤其是在墙体窗口门洞的角位处。裂缝的位置和方向与不均匀沉降的状况有关。图3-12表示不均匀沉降引起墙体开裂的一般规律：凡建筑物的沉降中部大、两端小，则墙体发生正向挠曲，产生正"八"字裂缝；反之，若建筑物的沉降两端大、中间小，则墙体发生反向挠曲，产生倒"八"字裂缝。了解了上述这些规律，将有助于事前采取措施和事后分析裂缝产生的原因。

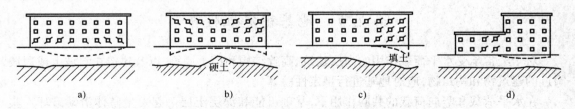

图3-12　不均匀沉降引起砖墙开裂

a)土层分布较均匀；b)中部硬土层凸起；c)松散土层(如填土)厚度变化较大；d)上部结构荷载差别较大

如何防止或减轻不均匀沉降造成的损害，是设计中必须认真考虑的问题。具体的消除或减轻不均匀沉降危害的途径通常有：采用桩基或其他深基础；对地基某一深度范围或局部进行人工处理；从地基、基础、上部结构相互作用的观点出发，在建筑、结构和施工方面采取本节介绍的某些措施，以增强上部结构对不均匀沉降的适应能力。前两类措施造价偏高，有的需要具备一定的施工条件才能采用。对于采用地基处理方案的建筑物往往还需同时辅以某些建筑、结构和施工措施，才能取得预期的效果。因此，对于一般的中小型建筑物，应首先考虑在建筑、结构和施工方面采取减轻不均匀沉降危害的措施，必要时才采用其他的地基基础方案。

一、建　筑　措　施

1.建筑物的体型应力求简单

建筑物的体型指的是其在平面和立面上的轮廓形状。体型简单的建筑物，其整体刚度大，抵抗变形的能力强。因此，在满足使用要求的前提下，软弱地基上的建筑物应尽量采用简单的体型,如等高的"一"字形。平面形状复杂的建筑物(如"L"、"T"、"H"形等),由于基础密集,地基附加应力相互重叠,在建筑物转折处的沉降必然比别处大。加之这类建筑物的整体性差,各部分的刚度不对称,因而很容易因地基不均匀沉降而开裂。图 3-13 是软土地基上一幢"L"形平面的建筑物开裂的实例。

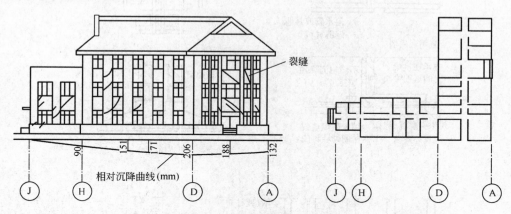

图 3-13　"L"形建筑物—翼墙身开裂

立面上有高差(或荷载差)的建筑物,由于作用在地基上荷载的突变,使建筑物高低相接处出现过大的差异沉降,常造成建筑物的轻、低部分倾斜或开裂损坏,裂缝向重、高部分倾斜(图 3-14)。软土地区由于层数差别引起的损坏现象很普遍,一般高差二层及二层以上者,常有轻重不同的裂缝。当地基特别软弱时,即使仅一层之差,也会导致开裂或损坏。此外,如在建筑平面转折部位有高差或荷载差,则对建筑物更为不利,应尽量避免这种现象。

2. 设置沉降缝

当建筑体型比较复杂时,宜根据其平面形状和高度差异情况,在适当部位用沉降缝将其划分成若干个刚度较好的单元。用沉降缝将建筑物由基础到屋顶分割成若干个独立单元,使分割成的每个单元体型简单,长高比减小,从而提高建筑物的抗裂能力。建筑物的下列部位宜设置沉降缝:

(1)建筑物平面的转折处。

(2)建筑物高度或荷载差异较大处。

(3)长高比过大的砌体承重结构或钢筋混凝土框架结构适当部位。

(4)地基土的压缩性有显著差异处。

(5)建筑结构或基础类型不同处。

(6)分期建造房屋的交界处。

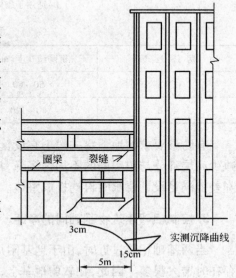

图 3-14　具有高差建筑物的裂缝示意图

沉降缝两侧的地基基础设计和处理是一个难点。如地基土的压缩性明显不同或土层变化处,单纯设缝难以达到预期效果,往往结合地基处理进行设缝。缝两侧基础常通过改变基础类型、交错布置或采取基础后退悬挑作法进行处理,如图 3-15 所示。另外,为避免沉降缝两侧单元相向倾斜挤压,要求沉降缝有足够的宽度,可按表3-14确定。

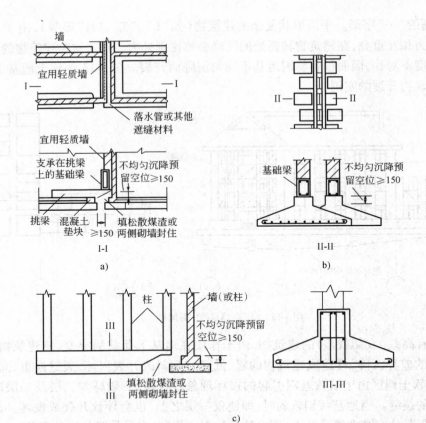

图 3-15　沉降缝构造示意图(尺寸单位:mm)
a)、b)适用于砌体结构房屋;c)适用于框架结构房屋

房屋沉降缝的宽度　　　　　　　　　　表 3-14

房 屋 层 数	沉降缝宽度(mm)	房 屋 层 数	沉降缝宽度(mm)
2～3	50～80	5 层以上	不小于 120
4～5	80～120		

　　有防渗要求的地下室一般不宜设置沉降缝。因此,对于具有地下室和裙房的高层建筑,为减少高层部分与裙房间的不均匀沉降,常在施工时采用后浇带将两者断开,待两者间的后期沉降差能满足设计要求时再连接成整体。

3. 控制相邻建筑物基础间的净距

　　当两基础相邻过近时,由于地基附加应力扩散和叠加影响,会使两基础的沉降比各自单独存在时增大很多。因此,在软弱地基上,两建筑物的距离太近时,相邻影响产生的附加不均匀沉降可能造成建筑物的开裂或互倾。这种相邻影响主要表现为:

　　(1)同期建造的两相邻建筑物之间会彼此影响,特别是当两建筑物轻(低)重(高)差别较大时,轻者受重者的影响较大。

　　(2)原有建筑物受邻近新建重型或高层建筑物的影响。

　　图 3-16 是原有的一幢 2 层房屋,在新建五层大楼影响下开裂的实例。

相邻建筑物基础之间所需的净距，可按表 3-15 选用。从该表中可见，决定基础间的净距的主要指标是受影响建筑（被影响者）的刚度（用长高比来衡量）和影响建筑（产生影响者）的预估平均沉降量，后者综合反映了地基的压缩性、影响建筑的规模和重量等因素的影响。

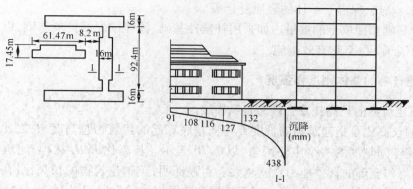

图 3-16　相邻建筑物影响实例

相邻建筑物基础间的净距　　　　　　　　表 3-15

影响建筑物的预估平均沉降值 $t(m)$	受影响建筑的最高化	
	$2.0 \leq L/H_g < 3.0$	$3.0 \leq L/H_f < 5.0$
70 ~ 150	2 ~ 3	3 ~ 6
160 ~ 250	3 ~ 6	6 ~ 9
260 ~ 400	6 ~ 9	9 ~ 12
>400	9 ~ 12	≥12

注：①表中 L 为房屋长度或沉降缝分隔的单元长度（m）；H_f 为自基础而算出的房屋高度（m）；
　　②当受影响建筑的最高比为 $1.5 < L/H_f < 2.0$ 时，净距可适当缩小。

相邻高耸结构（或对倾斜要求严格的构筑物）的外墙间隔距离，可根据倾斜允许值计算确定。

4. 调整建筑物的某些高程

沉降改变了建筑物原有的高程，严重时将影响建筑物的使用功能，如会引起管道破损、雨水倒漏、设备运行受阻等情况。根据具体情况，可采取如下相应措施：

（1）根据预估的沉降量，适当提高室内地坪或地下设施的高程。

（2）建筑物各部分（或设备之间）有联系时，可将沉降较大者的高程适当提高。

（3）在建筑物与设备之间，应留有足够的净空。

（4）有管道穿过建筑物时，应预留足够尺寸的孔洞，或采用柔性管道接头等。

二、结 构 措 施

1. 减轻建筑物的自重

通常建筑物自重在总荷载中所占比例很大，民用建筑约占 60% ~ 70%，工业建筑约占 40% ~ 50%，为减轻建筑物自重，达到减少不均匀沉降的目的，在软弱地基上可采用下列一些措施。

（1）减少墙体重量。大力发展和应用轻质高强的墙体材料，严格控制使用自重大、又耗农田的黏土砖。

（2）选用轻型结构。如采用预应力钢筋混凝土结构、轻刚结构、轻型空间结构等，屋面板可采用具防水、隔热、保温于一体的轻质复合板。

（3）减少基础和回填土的重量。如采用补偿性基础、浅埋的配筋扩展基础，以及架空地板减少室内回填土厚度，都是有效措施。

2.增强建筑物的整体刚度和强度

（1）控制建筑物的长高比及合理布置纵横墙。

建筑物的长高比是指建筑物的长度 L 与从基底算起的建筑物总高度 H_f 之比。它是决定砖石结构房屋空间刚度的一个主要因素，以 L/H_f 表示。长高比 L/H_f 越小，建筑物的刚度越好，对地基不均匀变形的调整能力也就越大。实践证明，控制建筑物的长高比，在一定范围内能有效地减少建筑物的不均匀沉降。对于 3 层和 3 层以上的房屋，其长高比 L/H_f 宜小于或等于 2.5；当房屋的长高比为 $2.5 < L/H_f \leqslant 3.0$ 时，宜做到纵墙不转折或少转折，并应控制其内横墙间距或增强基础刚度和强度。当房屋的预估最大沉降量小于或等于 120mm 时，其长高比可不受限制。

合理布置纵横墙是增强砌体承重结构房屋整体刚度的重要措施之一。因此，当地基不良时，应尽量使内外纵墙不转折或少转折，内横墙间距不宜过大，且与纵墙之间的连接应牢靠，必要时还应增强基础的刚度和强度。

（2）设置圈梁。

在建筑物的墙体内设置钢筋混凝土圈梁（或钢筋砖圈梁），其作用是增强建筑物的整体性，提高砖石砌体的抗剪、抗拉能力，在一定程度上能防止或减少裂缝的出现，即使出现了裂缝，也能阻止其发展。

圈梁一般配置在外墙内，应根据建筑物可能弯曲的方向而确定配置于建筑物的底部或是顶部。当建筑物产生碟形沉降时，墙体产生正向挠曲，下层的圈梁将起作用；反之，墙体产生反向挠曲时，上层的圈梁则起作用。当难以判断建筑物的弯曲方向时，对于 4 层或 4 层以下的建筑物，应在墙的上部及基础大放脚处各设置一道圈梁。对于重要的、高大的建筑物或地基特别软弱时，可以隔层设置一道或甚至层层设置。圈梁一般设在楼板下面或窗过梁处（用圈梁代替窗过梁），顶层圈梁上应有足够重量的砌体，以使圈梁和砌体能整体作用。除在外墙内设置圈梁外，在主要的内横墙上也可适当设置。圈梁要求在平面上能够闭合，当墙体开洞而圈梁不得不中断时，可在孔洞上方另行设置加强圈梁以弥补连续性的不足。

（3）设置基础梁。

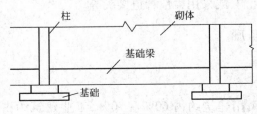

图 3-17　支承围护墙的基础梁

钢筋混凝土框架结构对不均匀沉降很敏感，很小的沉降差异就足以引起可观的附加应力。对于采用单独柱基的框架结构，在基础间设置基础梁（图 3-17）是加大结构刚度、减少不均匀沉降的有效措施之一。基础梁的设置常带有一定的经验性（仅起承墙作用时例外），其底面一般置于基础表面（或略高些），过高则作用下降，过低则施工不便。基础梁的截面高度可取柱距的 1/14 ~ 1/8,上下均匀通长配筋,每侧配筋率为 0.4% ~ 1.0%。

(4)加强基础的刚度和强度。

基础在建筑物的最下面,对建筑物的整体刚度影响很大,特别是当建筑物产生正向挠曲时,受拉区在其下部,所以保证基础有足够的刚度和强度就显得特别重要。根据地基软弱程度和上部结构的不同情况,可以采用钢筋混凝土十字交叉条形基础或筏片基础,有时甚至采用箱形基础。采用这种基础后,基础的挠曲变形基本上被消除。当建筑物场地内有局部软弱土层分布时,为增加基础刚度,跨越软土部分的基础可以做成钢筋混凝土基础墙形式。为增加筏片基础的刚度,也可做成带肋式的。

3. 减小或调整基底附加压力

(1)设置地下室(或半地下室)。其作用是以挖除的土重去抵消(补偿)一部分甚至全部的建筑物重量,从而达到减小基底附加压力和沉降的目的。

(2)调整基底尺寸。加大基础的底面积可以减小沉降量,因此,为了减小沉降差异,可以将荷载大的基础的底面积适当加大。

4. 采用对不均匀沉降欠敏感的结构形式

砌体承重结构、钢筋混凝土框架结构对不均匀沉降很敏感,而排架、三铰拱等铰接结构则对不均匀沉降有很大的顺从性,支座发生相对位移时不会引起很大的附加应力,故可以避免不均匀沉降的危害。铰接结构的这类结构形式通常只适用于单层的工业厂房、仓库和某些公共建筑。必须注意的是,严重的不均匀沉降仍会对这类结构的屋盖系统、围护结构、吊车梁及各种纵横联系构件造成损害,因此应采取相应的防范措施,例如避免用连续吊车梁及刚性屋面防水层、墙面加设圈梁等。

三、施 工 措 施

在软弱地基上进行工程建设时,采用合理的施工顺序和施工方法至关重要,这是减小或调整不均匀沉降的有效措施之一。

1. 保持地基土的原状结构

黏性土具有一定的结构强度,尤其是高灵敏度土,施工时要注意不要扰动其原状结构。可以在开挖基槽时,暂不挖到基底高程,保留一定厚度的原土(约20cm),待基础施工时才挖除。如槽底土已遭扰动,一般先铺一层中粗砂,然后再铺碎砖、片石、块石等进行处理,有时还要视破坏程度,适当降低地基原来的承载力。

2. 合理安排施工顺序

当建筑物各部分存在荷载差异时,适当安排施工顺序也能调整一部分沉降差,先盖重、高部分,后盖轻、低部分。在重、高建筑物附近的附属建筑物,如锅炉房、连接廊等,尽可能慢一点施工,如能间隔一个时期后施工更好。但应指出,在软土地基上的建筑物,在正常施工速度下,施工期间完成的沉降量仅为总沉降量的 10% ~ 20%,因此用这个方法只能调整一部分沉降差异。

思 考 题

3-1 基础为何要有一定的埋深？确定基础埋深应考虑哪些因素？

3-2 地基基础的设计有哪些要求和基本规定？

3-3 何谓地基承载力特征值？有哪几种确定方法？

3-4 对地基承载力特征值 f_{ak} 为何要进行基础宽度与埋深的修正？

3-5 如何按地基承载力确定基础底面尺寸？

3-6 为何要验算软弱下卧层的承载力？其具体要求是什么？

3-7 地基变形特征值有哪些？

3-8 减轻不均匀沉降的危害应采取哪些有效的措施？

习 题

3-1 某建筑物采用独立基础,基础底面尺寸为 $3.0m \times 3.0m$,基础埋深为 $2m$,地基表层为杂填土,厚度 $2m$,$\gamma = 18.0kN/m^3$,杂填土之下为粉质黏土,$\gamma = 18.2kN/m^3$,$e = 0.80$,$I_L = 0.75$,地基承载力特征值 $f_{ak} = 190kPa$,确定修正后的地基承载力特征值(答案:$f_a = 233.2kPa$)。

3-2 某 5 层建筑物柱截面尺寸为 $300mm \times 400mm$,已知该柱传至地表高程处的荷载 $F_k = 800kN$,$M_k = 100kN \cdot m$。地基土为均质粉土,$\gamma = 18.0kN/m^3$,$f_{ak} = 160kPa$;若取基础埋深 d 为 $1.2m$,试确定该基础的底面积及尺寸(承载力修正系数 $\eta_d = 1.1$,$\eta_b = 0$)。

3-3 某场地土层分布为:上层为黏性土,厚度 $2.5m$,重度 $\gamma = 18.0kN/m^3$,压缩模量 $E_{s1} = 9MPa$,承载力特征值 $f_{ak} = 190kPa$。下层为淤泥质土,压缩模量 $E_{s2} = 1.8MPa$,$f_{akz} = 90kPa$。作用在条形基础顶面的中心荷载值 $F_k = 300kN/m$。暂取基础埋深 d 为 $0.5m$,基底宽度 $2.0m$,承载力修正系数 $\eta_d = 1.6$、$\eta_b = 0.3$,试验算所选基础底面宽度是否合适。

教学案例 Ⅱ,基础埋深、承载力确定问题。

第四章 浅基础的结构设计

基础是建筑结构很重要的一个组成部分,基础设计的好坏,直接影响到建筑物的安全和正常使用。在设计过程中不仅需要考虑建筑物的上部结构条件,如上部结构的形式、规模、用途、荷载大小和性质,结构的整体刚度等;还需要考虑下部场地条件,如场地的工程地质及水文地质条件等;再同时考虑施工方法及工期、造价等因素,确定一个合理的地基基础方案,使基础工程安全可靠、经济合理、技术先进和便于施工。

地基基础的方案从总的来说有 3 种:天然地基上的浅基础、人工地基上的浅基础和天然地基上的深基础。其中,天然地基上的浅基础具有技术简单、工程量小、施工方便、造价较低的优点,所以应尽可能优先选用。只有当在天然地基上的浅基础无法满足工程安全或正常使用要求时,才考虑其他方案。

基础在上部结构传来的荷载以及地基反力的作用下产生内力,同时地基在基底压力作用下产生附加应力及变形,所以基础设计既要使基础本身具有足够的强度、刚度和耐久性,还要使地基具有足够的稳定性,并且不产生过大的沉降和不均匀沉降,所以在设计过程中要充分考虑到地基和基础共同工作的关系,应满足承载力极限状态和正常使用状态,能使设计的地基基础方案安全、合理。

第一节 浅基础的类型

浅基础根据结构形式可分为扩展基础、柱下条形基础、筏形基础、箱形基础等。根据基础所用材料的性能可分为无筋扩展基础(刚性基础)和钢筋混凝土扩展基础。

一、扩 展 基 础

墙下条形基础和柱下独立基础统称为扩展基础。扩展基础的作用是把墙或柱的荷载侧向扩展到土中,使之满足地基承载力和变形的要求。扩展基础包括无筋扩展基础和钢筋混凝土扩展基础。

1. 无筋扩展基础

无筋扩展基础系指由砖、毛石、混凝土或毛石混凝土、灰土和三合土等材料组成的无需配置钢筋的墙下条形基础或柱下单独基础(图4-1)。无筋扩展基础适用于多层民用建筑和轻型厂房。无筋基础的材料都具有较好的抗压性能,但抗拉、抗剪强度都不高,为了使基础内产生的拉应力和剪应力不超过相应的材料强度设计值,设计时需要加大基础的高度。因此,这种基础几乎不发生挠曲变形,故习惯上把无筋基础称为刚性基础。无筋扩展基础技术简单、材料充足、造价低廉、施工方便,多层砌体结构应优先采用这种形式。

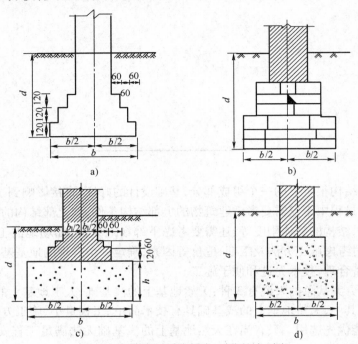

注:图中 d 为基础埋深, b 为基础宽度, h 为基础厚度(高度)。

图4-1 无筋扩展基础(尺寸单位:mm)

a)砖基础;b)毛石基础;c)灰土基础;d)混凝土基础

采用砖或毛石砌筑无筋基础时,在地下水位以上可用混合砂浆,在水下或地基土潮湿时则应用水泥砂浆。当荷载较大,或要减小基础高度时,可采用混凝土基础,也可以在混凝土中掺入体积占25%~30%的毛石(石块尺寸不宜超过300mm),即做成毛石混凝土基础,以节约水泥。灰土基础宜在比较干燥的土层中使用,多用于我国华北和西北地区。灰土由石灰和土配制而成,石灰以块状为宜,经熟化1~2天后过5mm筛立即使用;土料用塑性指数较低的粉土和黏性土,土料团粒应过筛,粒径不得大于15mm。石灰和土料按体积比为3:7或2:8拌和均匀,在基槽内分层夯实(每层虚铺220~250mm,夯实至150mm)。在我国南方则常用三合土基础。三合土是由石灰、砂和骨料(矿渣、碎砖或碎石)加水泥混合而成的。

2.钢筋混凝土扩展基础

钢筋混凝土扩展基础常简称为扩展基础,系指墙下钢筋混凝土条形基础和柱下钢筋混凝土单独基础。这类基础的抗弯和抗剪性能良好,可在竖向荷载较大、地基承载力不高以及承受水平力和力矩荷载等情况下使用。与无筋基础相比,其基础高度较小,因此更适宜在基础埋置深度较小时使用。

(1)墙下钢筋混凝土条形基础。

墙下钢筋混凝土条形基础的构造如图4-2所示。一般情况下可采用无肋的墙基础,如地基不均匀,为了增强基础的整体性和抗弯能力,可以采用有肋的墙基础[图4-2b)],肋部配置足够的纵向钢筋和箍筋,以承受由不均匀沉降引起的弯曲应力。

(2)柱下钢筋混凝土独立基础。

柱下钢筋混凝土独立基础的构造如图4-3所示。现浇柱的独立基础可做成锥形或阶梯形;预制柱则采用杯口基础。杯口基础常用于装配式单层工业厂房。

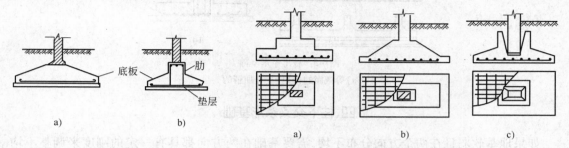

图4-2　墙下钢筋混凝土条形基础
a)无肋的;b)有肋的

图4-3　柱下钢筋混凝土扩展基础
a)阶梯形基础;b)锥形基础;c)杯口基础

砖基础、毛石基础和钢筋混凝土基础在施工前常在基坑底面敷设强度等级为C10的混凝土垫层,其厚度一般为100mm。垫层的作用在于保护坑底土体不被人为扰动和雨水浸泡,同时改善基础的施工条件。

二、联 合 基 础

联合基础主要指同列相邻两柱公共的钢筋混凝土基础,即双柱联合基础(图4-4),但其设计原则可供其他形式的联合基础参考。

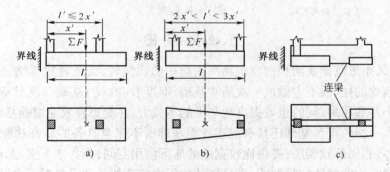

图4-4　双柱联合基础
a)矩形联合基础;b)梯形联合基础;c)连梁式联合基础

在为相邻两柱分别配置独立基础时,常因其中一柱靠近建筑界线或因两柱间距较小,而出现基底面积不足或荷载偏心过大等情况,此时可考虑采用联合基础。联合基础也可用于调整相邻两柱的沉降差,或防止两者之间的相向倾斜等。

三、柱下条形基础

当地基较为软弱、柱荷载或地基压缩性分布不均匀,以致采用扩展基础可能产生较大的不均匀沉降时,常将同一方向(或同一轴线)上若干柱子的基础连成一体而形成柱下条形基础(图4-5)。这种基础的抗弯刚度较大,因而具有调整不均匀沉降的能力,并能将所承受的集中柱荷载较均匀地分布到整个基底面积上。柱下条形基础是常用于软弱地基上框架或排架结构的一种基础形式。

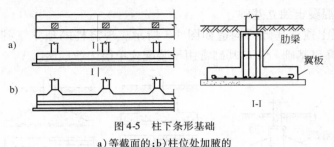

图 4-5　柱下条形基础

a）等截面的；b）柱位处加腋的

四、柱下交叉条形基础

如果地基软弱且在两个方向分布不均,需要基础在两方向都具有一定的刚度来调整不均匀沉降,则可在柱网下沿纵横两向分别设置钢筋混凝土条形基础,从而形成柱下交叉条形基础（图 4-6）。

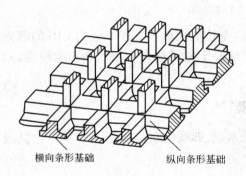

横向条形基础　　纵向条形基础

图 4-6　柱下交叉条形基础

如果单向条形基础的底面积已能满足地基承载力的要求,则为了减少基础之间的沉降差,可在另一方向加设连梁,组成连梁式交叉条形基础。为了使基础受力明确,连梁不宜着地。这样,交叉条形基础的设计就可按单向条形基础来考虑。连梁的配置通常是带经验性的,但需要有一定的承载力和刚度,否则作用不大。

五、筏 形 基 础

当柱下交叉条形基础底面积占建筑物平面面积的比例较大,或者建筑物在使用上有要求时,可以在建筑物的柱、墙下方做成一块满堂基础,即筏形（片筏）基础。筏形基础由于其底面积大,故可减小基底压力,同时也可提高地基土的承载力,并能更有效地增强基础的整体性,调整不均匀沉降。此外,筏形基础还具有前述各类基础所不完全具备的良好功能,例如,能跨越地下浅层小洞穴和局部软弱层;提供比较宽敞的地下使用空间;作为地下室、水池、油库等的防渗底板;增强建筑物的整体抗震性能;满足自动化程度较高的工艺设备对不允许有差异沉降的要求,以及工艺连续作业和设备重新布置的要求等。

但是,当地基有显著的软硬不均情况,例如地基中岩石与软土同时出现时,应首先对地基进行处理,单纯依靠筏形基础来解决这类问题是不经济的,甚至是不可行的。筏形基础的板面与板底均配置有受力钢筋,因此经济指标较高。

按所支承的上部结构类型分,有用于砌体承重结构的墙下筏形基础和用于框架、剪力墙结构的柱下筏形基础。前者是一块厚度为 200～300mm 的钢筋混凝土平板,埋深较浅,适用于具有硬壳持力层、比较均匀的软弱地基上 6 层及 6 层以下承重横墙较密的民用建筑。柱下筏形基础分为平板式和梁板式两种类型（图 4-7）。平板式筏板基础的厚度不应小于 400mm,一般为 0.5～2.5m。其特点是施工方便、建造快,但混凝土用量大。当柱荷载较大时,可将柱位下板厚局部加大或设柱墩[图 4-7a)]，以防止基础发生冲切破坏。若柱距较大，为了减小板厚，可在柱轴两个方向设置肋梁，形成梁板式筏形基础[图 4-7b)]。

六、箱 形 基 础

箱形基础是由钢筋混凝土底板、顶板、纵横墙体组成的整体空间结构（图 4-8），适用于软弱地基上的高层、重型或对不均匀沉降有严格要求的建筑物。与筏形基础相比，箱形基础具有更大的抗弯刚度，只能产生大致均匀的沉降或整体倾斜，从而基本上消除了因地基变形而使建筑物开裂的可能性。箱形基础埋深较大，基础中空，从而使开挖卸去的土重部分抵消了上部结构传来的荷载。因此，与一般实体基础相比，它能显著减小基底压力、降低基础沉降量。此外，箱基的抗震性能较好。

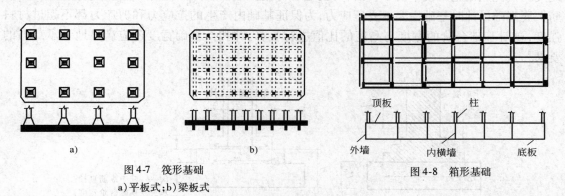

图 4-7 筏形基础
a)平板式;b)梁板式

图 4-8 箱形基础

高层建筑的箱基往往与地下室结合考虑，其地下空间可作为人防、设备间、库房等。冷藏库和高温炉体下的箱基有隔断热传导的作用，以防地基土产生冻胀或干缩。但由于内墙分隔，箱基地下室的用途不如筏基地下室广泛，例如不能用作地下停车场等。

箱基的钢筋水泥用量很大，工期长，造价高，施工技术比较复杂，在进行深基坑开挖时，还需考虑降低地下水位、坑壁支护及对周边环境的影响等问题。因此，箱基的采用与否，应在与其他可能的地基基础方案做技术经济比较之后再确定。

七、壳 体 基 础

为了发挥混凝土抗压性能好的特性，可以将基础的形式做成壳体。常见的壳体基础形式有 3 种，即正圆锥壳、M 形组合壳和内球外锥组合壳（图 4-9）。壳体基础可用作柱基础和筒形构筑物（如烟囱、水塔、料仓、中小型高炉等）的基础。

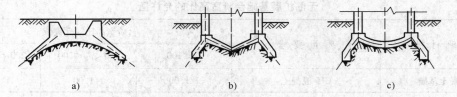

图 4-9 壳体基础的结构形式
a)正圆锥壳;b)M 形组合壳;c)内球外锥组合壳

壳体基础的优点是材料省、造价低。据统计，中小型筒形构筑物的壳体基础，可比一般梁、板式的钢筋混凝土基础少用混凝土 30% ~ 50%，节约钢筋 30% 以上。此外，一般情况下施工时不必支模,土方挖运量也较少。不过,由于较难实行机械化施工,因此施工工期长,同时施工工作量大,技术要求高。

第二节 无筋扩展基础

一、设计原则

无筋扩展基础是由抗压性能较好,而抗拉、抗剪性能较差的材料建造的基础,如图4-10所示,通常用砖、毛石、素混凝土、灰土和三合土等材料组成的墙下条形基础或柱下独立基础均属此类。其优点是施工技术简单,材料可就地取材,适用于多层民用建筑和轻型厂房。在进行无筋扩展基础设计时基础主要承受压应力,为保证基础内产生的拉应力和剪应力都不超过材料强度,要对基础台阶的宽度与高度的比值进行验算。同时,基础宽度还应满足地基承载力的要求。

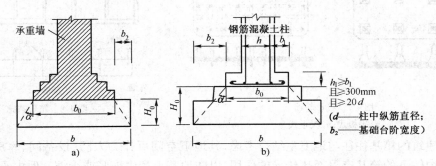

图4-10 无筋基础构造示意图
a)墙下条形基础图;b)柱下独立基础图

无筋扩展基础的台阶宽高比要求一般可表示为

$$H_0 \geq \frac{b - b_0}{2\tan\alpha} \tag{4-1}$$

式中:b——基础底面宽度,m;

b_0——基础顶面的墙体宽度或柱脚宽度,m;

H_0——基础高度,m;

$\tan\alpha$——基础台阶宽高比$b_2 : H_0$,其允许值按表4-1选用。

无筋扩展基础台阶宽高比的允许值   表4-1

基础材料	质量要求	台阶宽高比的允许值		
		$p_k \leq 100$	$100 < p_k \leq 200$	$200 < p_k \leq 300$
混凝土基础	C15 混凝土	1:1.00	1:1.00	1:1.25
毛石混凝土基础	C15 混凝土	1:1.00	1:1.25	1:1.50
砖基础	砖不低于 MU10、砂浆不低于 M5	1:1.50	1:1.50	1:1.50
毛石基础	砂浆不低于 M5	1:1.25	1:1.50	—

基础材料	质量要求	台阶宽高比的允许值		
		$p_k \leq 100$	$100 < p_k \leq 200$	$200 < p_k \leq 300$
灰土基础	体积比为3:7或2:8的灰土,其最小干密度:粉土1.55t/m³,粉质黏土1.50t/m³,黏土1.45t/m³	1:1.25	1:1.50	—
三合土基础	体积比为1:2:4~1:3:6(石灰:砂:骨料),每层约虚铺220mm夯至150mm	1:1.50	1:2.00	—

注:①p_k为荷载效应标准组合时基础底面处的平均压力值(kPa);
②阶梯形毛石基础的每阶伸出宽度,不宜大于200mm;
③当基础由不同材料叠合组成时,应对接触部分作抗压验算;
④混凝土基础单侧扩展范围内基础底面处的平均压力值超过300kPa时,应进行该侧抗剪验算;对基底反力集中于立柱附近的岩石地基,基础的抗剪验算应根据具体条件确定。

二、构 造 要 求

在设计刚性基础时,应按其材料特点满足相应的构造要求。

1.砖基础

砖的强度等级应不低于Mu7.5,砂浆强度等级应不低于M2.5,在地下水位以下或地基土比较潮湿时,应采用水泥砂浆砌筑。砖基础一般做成台阶式,俗称"大放脚",如图4-11所示。其砌筑方式有两种:等高砌法和二一间隔法。

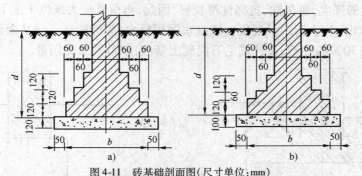

图4-11 砖基础剖面图(尺寸单位:mm)
a)"两皮一收"砌法;b)"二一间隔"砌法

等高砌法是"两皮一收",即每层为两皮砖,高度为120mm,挑出1/4砖长,即60mm。二一间隔砌法是"两皮一收"与"一皮一收"相间,即"大放脚"形状为每层台阶面宽均为60mm,底层起一层高度120mm,上一层高度60mm,以上各层高度以此类推。相比较而言,在基底宽度相同的情况下,二一间隔砌法可减小基础高度,并节省用砖量。

基础底面以下一般先做100mm厚的灰土垫层或强度等级不低于C15的素混凝土垫层。

2.毛石基础

采用未加工未风化的硬质岩石砌筑而成,如图4-12所示。每一台阶宜砌3皮或3皮以上的毛石,每一阶伸出宽度不宜大于200mm。

3.三合土基础

由石灰、砂和骨料(矿渣、碎砖或碎石)加适量的水充分搅拌均匀后,铺在基槽内分层夯实而成。三合土体积比一般为1:2:4或1:3:6,在基槽内每层虚铺220mm,夯实至150mm。三合土基础常用于我国南方地区,地下水位较低的4层及4层以下的民用建筑,参见图4-13。

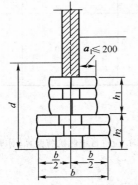

图4-12 毛石基础(尺寸单位:mm)

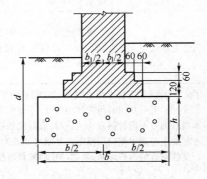

图4-13 三合土基础(尺寸单位:mm)

4.灰土基础

用石灰和土料按比例拌和并夯实而成。其体积比常用3:7和2:8,铺在基槽内分层夯实,每层虚铺220～250mm,夯实至150mm为一步,一般可铺2～3步,如图4-14所示。压实后的灰土最小干密度:粉土1.55t/m³,粉质黏土1.5t/m³,黏土1.45t/m³。

5.混凝土和毛石混凝土基础

混凝土基础的强度、耐久性、抗冻性都较好,因此,当荷载较大或位于地下水位以下时常采用混凝土基础,如图4-15所示。混凝土基础水泥用量大,造价稍高。当基础体积较大时,可掺入少于基础体积30%的毛石,设计成毛石混凝土基础,以节约水泥用量。

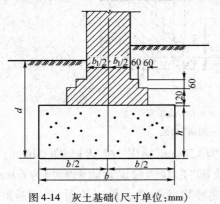

图4-14 灰土基础(尺寸单位:mm)

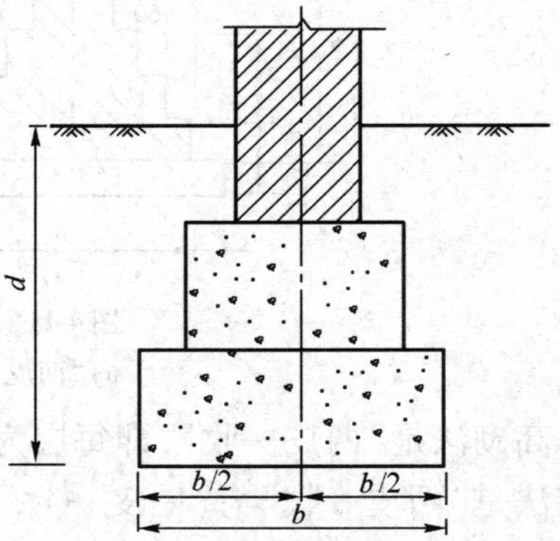

图4-15 混凝土基础

三、设 计 步 骤

1.初步选定基础高度 H

混凝土基础的高度不宜小于200mm;三合土基础和灰土基础的高度应为150mm的倍数;

砖基础的高度应符合砖的模数,在设计基础剖面时,大放脚的每皮宽度和高度均应满足要求。

2. 基础宽度 b 的确定

根据地基承载力要求初步确定基础宽度,再根据允许宽高比按式(4-1)验算。

3. 局部抗压强度验算

当基础由不同材料组成时,应对接触部分作局部抗压强度验算。

例 4-1 某住宅楼,承重墙厚 240mm,地基土为中砂,重力密度 19kN/m³,承载力特征值 200kPa,地下水位在地表下 0.8m 处。若已知上部墙体传来的竖向荷载标准值为 240kN/m,试设计该承重墙下的条形基础。

解: (1)确定基底宽度 b。

为了便于施工,基础宜建在地下水位以上,故初选基础埋深 $d = 0.8$m。

地基土为中砂,查表得承载力修正系数 $\eta_b = 3.0$,$\eta_d = 4.4$。

先假定 $b < 3$m,则持力层土修正的承载力特征值初定为

$$f_a = f_{ak} + \eta_d \gamma_0 (d - 0.5) = 200 + 4.4 \times 19 \times (0.8 - 0.5) = 225\text{kPa}$$

条形基础宽度为

$$b \geqslant \frac{F_k}{f_a - \gamma_G d} = \frac{240}{225 - 20 \times 0.8} = 1.15\text{m}$$

故取基础宽度 $b = 1200$mm。

(2)选择基础材料,并确定基础剖面尺寸。

方案 I:采用 MU10 砖、M5 砂浆"二一间隔收"砖基础,基底下做 100mm 厚 C15 素混凝土垫层,则砖基础所需台阶数为

$$n = \frac{b - b_0}{2b_1} = \frac{1200 - 240}{2 \times 60} = 8$$

故基础高度 $\qquad H_0 = 120 \times 4 + 60 \times 4 = 720$mm

假定基础顶面距离地表 100mm,则基坑最小开挖深度 $D_{\min} = 720 + 100 + 100 = 920$mm,已进入地下水位下,给施工带来困难,且基础埋深 $d = 720 + 100 = 820$mm 已超过初选时的深度 800mm,可见方案 I 不合理。

方案 II:基础下层采用 400mm 厚的 C15 素混凝土层,其上采用"二一间隔收"砌砖基础。

混凝土垫层设计:基底压力

$$p_k = \frac{F_k + G_k}{A} = \frac{240 + 20 \times 0.8 \times 1.0 \times 1.2}{1.2 \times 1.0} = 216 \text{ kPa}$$

由表 4-1 查得 C15 素混凝土层的宽高比允许值 $\tan\alpha = 1.25$,所以混凝土垫层收进 300mm。

砖基础所需台阶数为

$$n \geqslant \frac{1200 - 240 - 2 \times 300}{2 \times 60} = 3$$

基础高度为

$$H_0 = 120 \times 2 + 60 \times 1 + 400 = 700\text{mm}$$

基础顶面至地表的距离假定为 100mm,则基础埋深 $d = 0.8$m,与初选基础埋深吻合,可见方案 II 合理。

（3）绘制基础剖面图。

基础剖面形状及尺寸如图4-16所示。

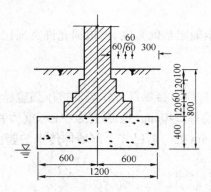

图4-16　基础剖面(尺寸单位:mm)

第三节　扩展基础(柔性基础)

扩展基础系指柱下钢筋混凝土独立基础和墙下钢筋混凝土条形基础。

一、墙下条形基础

条形基础是指基础长度远大于宽度的一种基础形式,其断面形状有矩形、锥形和阶梯形三种。墙下钢筋混凝土条形基础一般做成无肋式。当基础延伸方向的墙上荷载及地基土的压缩性不均匀时,为了增强基础的整体性和纵向抗弯能力,减少不均匀沉降,常采用带肋的墙下钢筋混凝土条形基础,如图4-17所示。

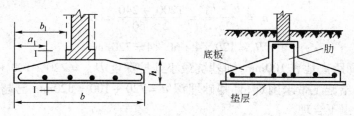

图4-17　墙下钢筋混凝土条形基础

1.墙下条形基础设计内容

墙下条形基础设计的主要内容包括确定基础台阶或基础底板高度和基础底板配筋。

（1）中心荷载作用。

墙下钢筋混凝土条形基础在均布线荷载 F(kN/m)作用下的受力情况如图4-18所示。基础底板有如受力 p_n 作用的倒置悬臂梁, p_n 是指由上部结构设计荷载 F 在基底产生的净反力(不包括基础自重和基础台阶上回填土重所引起的反力)。若沿墙长度方向取 $l = 1m$ 分析,则基底处地基净反力为

$$p_n = \frac{F}{b \cdot l} = \frac{F}{b} \tag{4-2}$$

式中: p_n ——地基净反力设计值,kPa;

F——上部结构传至地面高程处的荷载设计值,kN;

b——墙下钢筋混凝土条形基础宽度,m。

在 p_n 作用下,将在基础底板内产生弯矩 M 和剪力 V,其值在图 4-18 中 I-I 截面(悬臂板根部)最大。

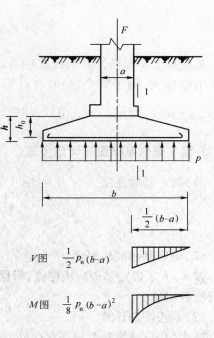

$$V = \frac{1}{2} p_n (b - a) \qquad (4-3)$$

$$M = \frac{1}{8} p_n (b - a)^2 \qquad (4-4)$$

式中:V——基础底板根部剪力设计值,kN;

M——基础底板根部弯矩设计值,kN·m;

a——砖墙厚,m。

为了防止因 V、M 作用而使基础底板发生剪切破坏和弯曲破坏,基础底板应有足够的厚度并配置足够的钢筋。

①基础底板厚度。墙下钢筋混凝土条形基础底板不配置箍筋和弯起钢筋,应满足混凝土的剪切条件:

图 4-18 墙下钢筋混凝土条形基础受力分析

$$V \leqslant 0.7 \beta_h f_t h_0 \qquad (4\text{-}5a)$$

$$h_0 \leqslant \frac{V}{0.7 \beta_h f_t} \qquad (4\text{-}5b)$$

式中:f_t——混凝土轴心抗拉强度设计值;

h_0——基础底板有效高度,mm;

β_h——截面高度影响系数,$\beta_h = (800/h_0)^{1/4}$;当 $h_0 < 800\text{mm}$ 时,取 $h_0 = 800\text{mm}$;当 $h_0 > 2000\text{mm}$ 时,取 $h_0 = 2000\text{mm}$。

②基础底板配筋。应符合《混凝土结构设计规范》(GB 50010—2010),通常按下式计算:

$$A_s = \frac{M}{0.9 h_0 f_y} \qquad (4\text{-}6)$$

式中:A_s——每米长基础底板受力钢筋截面积;

f_y——钢筋抗拉强度设计值。

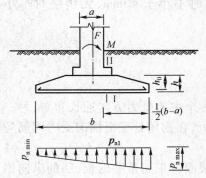

图 4-19 墙下条形基础偏心荷载作用

注意:实际计算时,将各数值代入上式时的单位应统一,即 M 取 N·mm/m,h_0 取 mm,f_y 取 N/mm^2,A_s 取 mm^2/m。

(2)偏心荷载作用。

如图 4-19 所示,先计算基底净反力的偏心距 e_0

$$e_0 \leqslant \frac{M}{F} \left(\leqslant \frac{b}{6} \right) \qquad (4\text{-}7)$$

基础边缘处的最大和最小净反力为

$$\left. \begin{array}{l} P_{n\max} \\ P_{n\min} \end{array} \right\} = \frac{F}{b} \left(1 \pm \frac{6e_0}{b} \right) \qquad (4\text{-}8)$$

悬臂根部截面 I-I 处的净反力为

$$p_{n1} = p_{nmin} + \frac{b + a}{2b}(p_{nmax} - p_{nmin}) \qquad (4\text{-}9)$$

基础高度和配筋计算仍按式(4-5)和式(4-6)进行。一般考虑 p_n 按 p_{nmax} 取值,计算结果 M、V 值略偏大,偏于安全;也有在计算剪力 V 和弯矩 M 将式(4-3)和式(4-4)中的 p_n 改为 $\frac{1}{2}(p_{nmax} + p_{n1})$,当 p_{nmax}/p_{nmin} 值较大时,计算的剪力 V 和弯矩值略小,结果偏于经济和不安全。

2. 墙下条形基础设计计算步骤

(1)确定基础宽度。

$$b \geq \frac{F_k}{f_a - \gamma_G d}$$

(2)确定基础底板厚度。

按 $h = b/8$ 确定基础底板厚度,根据构造要求,初步绘制基础剖面图,按式(4-3)和式(4-5)进行抗剪切验算。

(3)底板配筋计算。

按式(4-4)计算悬臂根部截面处的弯矩,再按式(4-6)进行配筋计算。

3. 墙下条形基础的构造要求

(1)基础边缘高度。

锥形基础的边缘高度一般不宜小于200mm,当基础高度小于等于250mm时,可做成等厚度板;阶梯形基础的每阶高度,宜为300~500mm。当翼板厚度大于250mm时,宜采用变厚度翼板,其顶面坡度宜小于或等于1:3。

(2)基础垫层。

垫层厚度一般为100mm,不宜小于70mm,每边伸出基础50~100mm,垫层混凝土强度等级应为不宜小于C15。

(3)钢筋。

底板受力钢筋的最小直径不宜小于10mm,间距不宜大于200mm,也不宜小于100mm;当基础宽度大于或等于2.5m时,底板受力钢筋的长度可取基础宽度的0.9倍,并交错布置。纵向分布筋直径不小于8mm,间距不大于300mm,每延米分布钢筋的面积应不小于受力钢筋面积的15%。底板钢筋的保护层厚度,当有垫层时不小于40mm,无垫层时不小于70mm。

(4)混凝土。

混凝土强度等级不应低于C20。

(5)基础底板交接处配筋

在T形及十字形底板交接处,底板横向受力钢筋仅沿一个主要受力方向通长布置,另一方向的横向受力钢筋可布置到主要受力方向底板宽度1/4处,在拐角处底板横向受力钢筋应沿两个方向布置,如图4-20所示,b 为底板宽度。

(6)当地基软弱时,为了减少不均匀沉降的影响,基础截面可采用带肋的板,肋的纵向钢筋按经验确定。

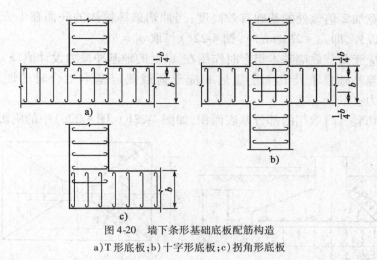

图 4-20　墙下条形基础底板配筋构造

a)T 形底板；b)十字形底板；c)拐角形底板

二、柱下独立基础

1. 柱下独立基础的设计计算

钢筋混凝土独立基础设计的主要内容包括确定基础底面积和基础底板配筋。

（1）中心荷载作用。

①基础底板高度。

基础高度由混凝土受冲切承载力确定。在柱中心荷载 F 作用下，如果基础高度（或阶梯高度）不足，则将沿柱周边（或阶梯高度变化处）产生冲切破坏，形成 45°斜裂面的角锥体，如图 4-21 所示。

因此，由冲切破坏锥体以外（A_1）的地基净反力所产生的冲切力 F_1 应小于冲切面处混凝土的抗冲切能力。矩形基础一般沿柱短边一侧先产生冲切破坏，所以只需根据短边一侧的冲切破坏条件确定基础高度，即要求对矩形截面柱的矩形基础，应验算柱与基础交接处[图 4-22a)]以及基础变阶处的受冲切承载力，即

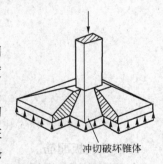

冲切破坏锥体

图 4-21　冲切破坏

$$F_1 \leqslant 0.7\beta_{hp}f_t a_m h_0$$

$$p_n A_1 \leqslant 0.7\beta_{hp}f_t A_m \qquad A_m = \frac{a_t + a_b}{2}h_0 \qquad (4\text{-}10)$$

式中：β_{hp}——受冲切承载力截面高度影响系数，当 $h \leqslant 800$mm 时，β_{hp} 取 1.0；当 $h \geqslant 1200$m 时，β_{hp} 取 0.9；其间按线性内插法取用；

　　f_t——混凝土轴心抗拉强度设计值；

　　h_0——基础冲切破坏锥体的有效高度；

　　a_m——基础冲切破坏锥体最不利一侧计算长度，$a_m = (a_t + a_b)/2$；

　　a_t——基础冲切破坏锥体最不利一侧截面的上边长，当计算柱与基础交接处的受冲切承载力时，取柱宽 a_c；当计算基础变阶处的受冲切承载力时，取上阶宽；

　　a_b——基础冲切破坏锥体最不利一侧斜面在基础底面积范围内的下边长，当冲切破坏锥体的底面落在基础底面以内[图 4-22b)]，计算柱与基础交接处的受冲切承载力时，取柱宽加 2 倍基础有效高度；当计算基础变阶处的受冲切承载力时，取上

阶宽加 2 倍该处的基础有效高度;当冲切破坏锥体的底面在 b 方向落在基础底面以外,即 $a_t + 2h_0 \geq b$ 时[图4-22c)],取 $a_b = b$;

F_1——相应于荷载效应基本组合时作用在 A_1 上的地基净反力设计值,$F_1 = p_n A_1$;

p_n——扣除基础自重及其上土重后相应于荷载效应基本组合时的地基单位面积净反力;

A_1——冲切验算时取用的部分基底面积,如图4-22b)、图4-22c)中的阴影面积。

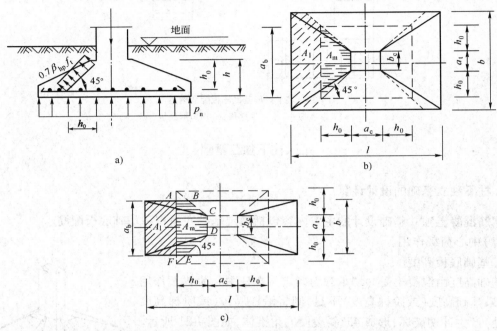

图4-22　中心受压柱基础底板厚度的确定

a)柱与基础交接处;b)当 $b \geq a_t + 2h_0$ 时;c)当 $b < a_t + 2h_0$ 时

②基础底板配筋。

由于单独基础底板在地基净反力作用下,在两个方向均发生弯曲,所以两个方向都要配受力钢筋,钢筋面积按两个方向的最大弯矩分别计算。计算时应符合《混凝土结构设计规范》(GB 50010—2010),也可按式(4-6)计算。

图4-23 各截面的最大弯矩计算公式如下:

柱边Ⅰ-Ⅰ截面

$$M_{\rm I} = \frac{p_n}{24}(l - a_c)^2(2b + b_c)$$ (4-11)

柱边Ⅱ-Ⅱ截面

$$M_{\rm II} = \frac{p_n}{24}(b - b_c)^2(2l + a_c)$$ (4-12)

阶梯高度变化处Ⅲ-Ⅲ截面

$$M_{\rm III} = \frac{p_n}{24}(l - a_1)^2(2b + b_1)$$ (4-13)

阶梯高度变化处Ⅳ-Ⅳ截面

$$M_{\text{IV}} = \frac{p_n}{24}(b - b_1)^2(2l + a_1) \tag{4-14}$$

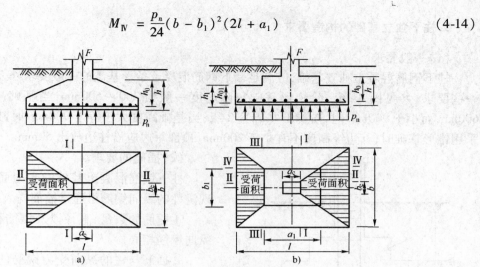

图 4-23　中心受压柱基础底板配筋计算

a)柱边截面;b)阶梯高度变化处截面

（2）偏心荷载作用。

偏心受压基础底板厚度计算方法与中心受压相同。仅需将式（4-10）中的 p_n 换成偏心受压时基础边缘处最大设计净反力 $p_{n\max}$ 代替即可（图 4-24）。

$$p_{\text{nmax}} = \frac{F}{lb}\left(1 + \frac{6e_{n0}}{l}\right) \tag{4-15}$$

式中：e_{n0}——净偏心距，$e_{n0} = \dfrac{M}{F}$。

偏心受压基础底板配筋计算与中心受压基本相同。只需将式（4-11）～式（4-14）中的 p_n 换成偏心受压时柱边处（或变阶面处）基底设计反力 $p_{n\text{I}}$（或 $p_{n\text{II}}$）的平均值 $\dfrac{1}{2}(p_{\text{nmax}} + p_{n\text{I}})$ 或 $\dfrac{1}{2}(p_{\text{nmax}} + p_{n\text{II}})$ 即可（图 4-25）。

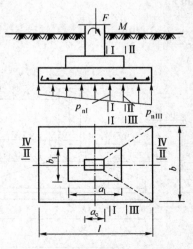

图 4-24　偏心受压柱基础底板净反力计算一

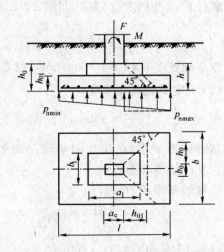

图 4-25　偏心受压柱基础底板净反力计算二

2. 柱下独立基础的构造要求

（1）一般要求。

柱下钢筋混凝土独立基础,应满足墙下钢筋混凝土条形基础的一般要求外,还应满足其他一些要求,参见图 4-26。阶梯形基础每阶高度一般为 300～500mm,当基础高度大于等于 600mm 而小于 900mm 时,阶梯形基础分 2 级;当基础高度大于等于 900mm 时,则分 3 级。当采用锥形基础时,其边缘高度不宜小于 200mm,顶部每边应沿柱边放出 50mm。

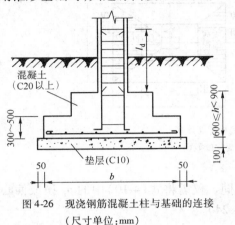

图 4-26 现浇钢筋混凝土柱与基础的连接
（尺寸单位:mm）

（2）插筋的要求。

柱下钢筋混凝土基础的受力筋应双向配置,现浇柱的纵向钢筋可通过插筋锚入基础内。

①插筋的数量、直径以及钢筋种类应与柱内纵向钢筋相同。

②插筋与柱的纵向受力钢筋的连接方法,应按现行的《混凝土结构设计规范》规定执行。

③插筋锚入基础的长度应满足:

a. 基础高度较小时,轴心受压和小偏心受压柱 $h < 1200mm$,大偏心受压柱 $h < 1400mm$;所有插筋的下端宜做成直钩放在基础底板钢筋网上,并满足锚入基础长度应大于锚固长度的要求。

b. 基础高度较大时,轴心受压和小偏心受压柱 $h \geqslant 1200mm$,大偏心受压柱 $h \geqslant 1400mm$;可仅将四角插筋伸至基础底板钢筋网上,其余插筋满足锚固长度的要求。

c. 基础中插筋需分别在基础顶面下 100mm 和插筋下端设置箍筋,间距不大于 800mm,基础中箍筋直径与柱中相同。

例 4-2 已知某教学楼外墙厚 370mm,传至基础顶面的荷载设计值 $F = 360kN/m$,标准组合值 $F_k = 276.9kN/m$,室内外高差 0.9m,基础至室外地面为 1.30m,地基承载力设计值 $f_a = 165kPa$。试设计该墙下钢筋混凝土条形基础。

解:（1）求基础宽度（基础埋深 $d = 1.30 + 0.9 = 2.2m$）。

$$b \geqslant \frac{F_k}{f_a - 20d} = \frac{276.9}{165 - 20 \times 2.2} = 2.29m$$

取基础宽度 $b = 2.8m = 2800mm$（或 2.3m、2.5m 等）

（2）确定基础底板厚度。

按 $h = \dfrac{b}{8} = \dfrac{2800}{8} = 350mm$,根据墙下钢筋混凝土基础构造要求,初步绘制基础剖面如图 4-27 所示。基础抗剪切验算如下:

计算地基净反力设计值为

$$p_n = \frac{F}{b} = \frac{360}{2.8} = 129kPa$$

计算 I-I 截面的剪力设计值为

$$V = P_n a_1 = 129 \times (2.8/2 - 0.37/2)$$

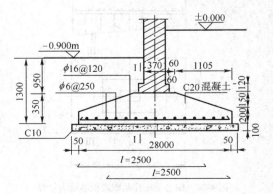

图 4-27 例 4-2 图（尺寸单位:mm）

$$= 129 \times (1.4 - 0.185)$$

$$= 157 \text{kN/m}$$

选用 C25 混凝土，$f_t = 1.27 \text{N/mm}^2$。

计算基础应满足的有效高度为

$$h_0 = \frac{V}{0.7\beta_h f_t} = \frac{157 \times 10^3}{0.7 \times 1.0 \times 1.27} = 176.6 \text{mm}$$

实际上基础有效高度 $h_0 = 350 - 40 - 20/2 = 300 \text{mm} > 176.6 \text{mm}$（按有垫层并暂按 $\phi 20$ 底板筋直径计），可以。

（3）底板配筋计算。

计算 I-I 截面弯矩为

$$M = \frac{1}{2}p_n a_1^2 = \frac{1}{2} \times 129 \times 1.215^2 = 95.2 \text{ kN} \cdot \text{m}$$

选用 HPB300 钢筋，$f_y = 270 \text{N/mm}^2$。则

$$A_s = \frac{M}{0.9 h_0 f_y} = \frac{95.2 \times 10^6}{0.9 \times 300 \times 270} = 1306 \text{mm}$$

选用 $\phi 14@110$，分布钢筋选用 $\phi 6@250$。

例 4-3　设计某框架柱下单独基础，已知柱截面尺寸为 $300 \text{mm} \times 400 \text{mm}$。修正后的地基承载力特征值 230kPa，基础底面尺寸 $b(x) \times l(y) = 1.6 \text{mm} \times 2.4 \text{mm}$，距室外地坪及柱底分别为 1.0m 和 0.6m。作用在柱底的荷载效应基本组合设计值：$F = 950 \text{kN}$，$M_x = 108 \text{kN} \cdot \text{m}$，$V_y = -18 \text{kN}$。材料选用：C25 混凝土，HPB300 钢筋。

解：（1）计算基底净反力。

偏心距为

$$e_{n0} = \frac{M}{F} = \frac{108 + 18 \times 0.6}{950} = 0.125 \text{mm}$$

基础边缘处的最大和最小净反力为

$$p_{nmin}^{nmax} = \frac{F}{lb}\left(1 \pm \frac{6e_{n,0}}{l}\right) = \frac{950}{2.4 \times 1.6} \times \left(1 \pm \frac{6 \times 0.125}{2.4}\right) = \frac{324.7 \text{kPa}}{170.1 \text{kPa}}$$

（2）基础高度（采用阶梯形基础）。

①柱边基础截面抗冲切验算。

$$l = 2.4 \text{m}, b = 1.6 \text{m}, a_t = a_c = 0.3 \text{m}, b_c = 0.4 \text{m}$$

初步选择基础高度 $h = 600 \text{mm}$，从下至上分 350mm 和 250mm 两个台阶，$h_0 = 550 \text{mm}$（有垫层）。

$$a_t + 2h_0 = 0.3 + 2 \times 0.55 = 1.40 \text{m} < b = 1.6 \text{m}, 取 a_b = 1.40 \text{m}$$

$$a_m = \frac{a_t + a_b}{2} = \frac{300 + 1400}{2} = 850 \text{mm}$$

因偏心受压，p_n 取 p_{nmax}。

冲切力为

$$F_1 = p_{nmax}\left[\left(\frac{l}{2} - \frac{a_c}{2} - h_0\right)b - \left(\frac{b}{2} - \frac{b_c}{2} - h_0\right)^2\right]$$

$$= 324.7 \times \left[\left(\frac{2.4}{2} - \frac{0.4}{2} - 0.55\right) \times 1.6 - \left(\frac{1.6}{2} - \frac{0.3}{2} - 0.55\right)^2\right]$$

$$= 203.54 \text{kN}$$

抗冲切力为

$$0.7\beta_{\mathrm{hp}}f_{\mathrm{t}}a_{\mathrm{m}}h_0 = 0.7 \times 1.0 \times 1.27 \times 10^3 \times 0.85 \times 0.55$$
$$= 415.6\mathrm{kN} > 203.54\mathrm{kN}$$

②变阶处抗冲切验算。

$$a_{\mathrm{t}} = b_1 = 0.8\mathrm{m}, a_1 = 1.2\mathrm{m}, h_{01} = 350 - 50 = 300\mathrm{mm}$$
$$a_{\mathrm{t}} + 2h_{01} = 0.8 + 2 \times 0.30 = 1.40\mathrm{m} < 1.60\mathrm{m}(可以)$$

$$a_{\mathrm{m}} = \frac{a_{\mathrm{t}} + a_{\mathrm{b}}}{2} = \frac{0.8 + 1.4}{2} = 1.1\mathrm{m}$$

冲切力为

$$F_1 = p_{\mathrm{nmax}}\left[\left(\frac{l}{2} - \frac{a_1}{2} - h_{01}\right)b - \left(\frac{b}{2} - \frac{b_1}{2} - h_{01}\right)^2\right]$$

$$= 324.7 \times \left[\left(\frac{2.4}{2} - \frac{1.2}{2} - 0.3\right) \times 1.6 - \left(\frac{1.6}{2} - \frac{0.8}{2} - 0.3\right)^2\right]$$

$$= 152.61\mathrm{kN}$$

抗冲切力为

$$0.7\beta_{\mathrm{hp}}f_{\mathrm{t}}a_{\mathrm{m}}h_{01} = 0.7 \times 1.0 \times 1.27 \times 10^3 \times 1.1 \times 0.3$$
$$= 293.37\mathrm{kN} > 152.61\mathrm{kN}(可以)$$

（3）配筋计算。

选用 HPB300 钢筋，$f_{\mathrm{y}} = 270\mathrm{N/mm}^2$。

①基础长边方向。

Ⅰ-Ⅰ截面（柱边）

柱边净反力为

$$p_{\mathrm{n}\,\mathrm{I}} = p_{\mathrm{nmin}} + \frac{l + a_{\mathrm{c}}}{2l}(p_{\mathrm{nmax}} - p_{\mathrm{nmin}})$$

$$= 170.1 + \frac{2.4 + 0.4}{2 \times 2.4} \times (324.7 - 170.1)$$

$$= 260.3\mathrm{kPa}$$

悬臂部分净反力平均值为

$$\frac{1}{2}(p_{\mathrm{nmax}} + p_{\mathrm{n}\,\mathrm{I}}) = \frac{1}{2} \times (327.4 + 260.3) = 292.5\mathrm{kPa}$$

弯矩为

$$M = \frac{1}{24}\left(\frac{p_{\mathrm{nmax}} + p_{\mathrm{n}\,\mathrm{I}}}{2}\right)(l - a_{\mathrm{c}})^2(2b + b_{\mathrm{c}})$$

$$= \frac{1}{24} \times 292.5 \times (2.4 - 0.4)^2 \times (2 \times 1.6 + 0.3)$$

$$= 170.6\mathrm{kN} \cdot \mathrm{m}$$

$$A_{\mathrm{s}\,\mathrm{I}} = \frac{M}{0.9f_{\mathrm{y}}h_0} = \frac{170.6 \times 10^6}{0.9 \times 270 \times 550} = 1276.5\mathrm{mm}^2$$

Ⅲ-Ⅲ截面（变阶处）

$$p_{\mathrm{n}\,\mathrm{III}} = p_{\mathrm{nmin}} + \frac{l + a_1}{2l}(p_{\mathrm{nmax}} - p_{\mathrm{nmin}})$$

$$= 170.1 + \frac{2.4 + 1.2}{2 \times 2.4} \times (324.7 - 170.1) = 286.1\text{kPa}$$

$$M_{\text{III}} = \frac{1}{24}\left(\frac{p_{\text{nmax}} + p_{\text{nIII}}}{2}\right)(l - l_1)^2 (2b + b_1)$$

$$= \frac{1}{24} \times \left(\frac{324.7 + 286.1}{2}\right) \times (2.4 - 1.2)^2 \times (2 \times 1.6 + 0.8)$$

$$= 73.3\text{kN} \cdot \text{m}$$

$$A_{\text{sIII}} = \frac{M_{\text{III}}}{0.9 f_y h_{01}} = \frac{73.3 \times 10^6}{0.9 \times 270 \times 310} = 973\text{mm}^2$$

比较 A_{sI} 和 A_{sIII}，应按 A_{sI} 配筋，实际配 $\phi12/\phi14@120$，$A_s = 1448.1\text{mm}^2 > 1276.5\text{mm}^2$。

②基础短边方向。

因该基础受单向偏心荷载作用，所以，在基础短边方向的基底反力可按均匀分布计算，取 $p_n = \frac{1}{2}(p_{\text{nmax}} + p_{\text{nmin}})$ 计算。

$$p_n = \frac{1}{2}(p_{\text{nmax}} + p_{\text{nmin}}) = \frac{1}{2} \times (324.7 + 170.1) = 247.4\text{kPa}$$

与长边方向的配筋计算方法相同，可得 II-II 截面（柱边）的计算配筋值 $A_{\text{sII}} = 871.5\text{mm}^2$；IV-IV 截面（变阶处）的计算配筋值 $A_{\text{sIV}} = 689\text{mm}^2$，因此按 A_{sII} 在短边方向（2.4m 宽内）配筋。但是，不满足构造要求，实际按构造配筋 $\phi10@200$（即 $13\phi10$），$A_s = 1020.5\text{mm}^2$。基础配筋如图 4-28 所示。

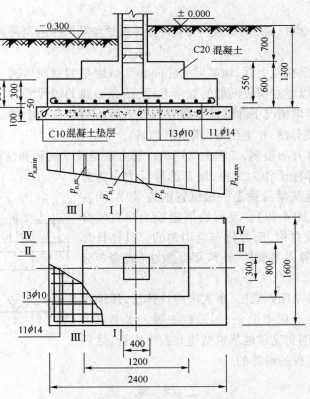

图 4-28　基础配筋示意图（尺寸单位：mm）

第四节 柱下条形基础

一、概　述

一般情况下,柱下应首先考虑设置独立基础。当柱荷载较大或各柱荷载差过大、地基承载力低或地基土质变化较大时,则考虑采用柱下条形基础。柱下条形基础承受柱子传下的集中荷载,其基底反力的分布受基础和上部结构刚度的影响。主要用于柱距较小的框架结构,也可用于排架结构。

柱下条形基础的内力计算原则上应同时满足静力平衡和变形协调的共同作用条件,在地基模型选定之后,不论采用何种计算方法,都必须以这两个条件作为根本的出发点。

1. 静力平衡条件

作用在基础上的竖向载荷必须与地基反力相平衡。

$$\sum F = \sum P \quad \sum M = 0$$

式中:$\sum F$——上部结构传来的竖向荷载及基础自重的总和;

　　$\sum P$——地基反力的总和;

　　$\sum M$——外荷及地基反力对任一点力矩之和。

2. 变形协调条件

地基梁底面任一点(i点)的挠度W_i,要等于i点处地基的竖向沉降量S_i,即

$$W_i = S_i \tag{4-16}$$

这就是说,地基梁在受力后,地基梁的底面必须与地基的顶面保持接触,不能脱开。根据这两个基本条件,可以建立解决问题的数学方程,结合必要的边界条件,找出问题的解答。但是这种方法只有在简单情况下才能获得微分方程的解析解。在一般情况下,只能用数值分析方法(如有限元法、差分法、松弛法等)求得近似解。

条形基础的计算方法很多,工程上常用的计算方法是反梁法和弹性地基梁法。

反梁法是将上部柱子作为支座,地基的静反力作为基础梁的荷载。它将地基梁看做是一根倒置的连续梁,而柱子看成倒置的支座(图4-29)。反梁法假定反力是直线分布的。若结构和荷载对称,反力分布是均匀的。具体计算有以下 3 种方法,即静力平衡法、连续梁系数法(或弯矩分配法)和经验系数法。

弹性地基梁法有基床系数法、半无限弹性体法、压缩层地基梁法、有限元法、有限差分法、初差数法等。本书只讲述基床系数法,它是用文克尔地基模型建立数学方程,然后借助边界条件求得方程的解答的。

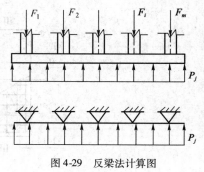

图4-29　反梁法计算图

二、反　梁　法

反梁法是将上部结构视为绝对刚性,如图 4-30 所示,同时假定地基为弹性体,变形后基础

底面仍为平面。实践证明,当地基较为均匀、建筑物的长度较短、柱距较小、上部结构刚度较大时,这样的条形基础能迫使地基梁均匀下沉。

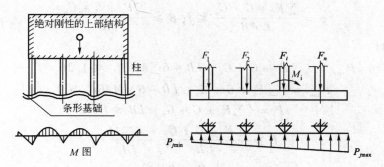

图 4-30 反梁法计算图

反梁法由于计算方便,在设计中被广泛应用,对于建造在软弱地基上的建筑物,条形基础下地基的反力采用直线分布的假定。

(1)将地基反力作为地基梁的荷载,柱子看成铰支座,基础梁看成倒置的连续梁。

(2)作用在地基梁上的荷载为直线分布。

(3)竖向荷载合力的作用点必须与基础梁形心相重合,若不能满足,两者偏心距以不超过基础梁长的3%为宜。

(4)结构和荷载对称时或合力的作用点与基础形心相重合时,地基反力为均匀分布。

(5)基础梁底板悬挑部分,按悬壁板计算,如横向有弯矩(对肋梁是扭矩),取最大静反力一边的悬臂外伸部分进行计算,并配置横向钢筋。

1. 地基反力计算步骤

(1)绘出条形基础的计算草图,包括荷载、尺寸等。

(2)求合力 $R = \sum F_i$ 作用点的位置。目的是尽可能将偏心的地基反力化成均匀的地基反力,然后确定基础梁的长度 L。

设荷载合力($R = \sum F_i$)作用点离边柱的距离为 x_c,用合力矩定理,以 A 点为参考点(图 4-31),则有

$$x_c = \frac{\sum F_i a_i + \sum M_i}{R} = \frac{\sum F_i + \sum M_i}{\sum F_i} \tag{4-17}$$

基础梁两端外伸的长度设为 a_1、a_2,两边柱之间的轴线距离为 a。在基础平面布置允许的情况下,基础梁两端应有适当长度伸出边柱外,目的是增大底板的面积及调整底板形心的位置,使其合力作用点与底面形心相重合或接近。但伸出的长度 a_1 或 a_2 也不宜太大,一般宜取第一跨距的 $0.25 \sim 0.3$ 倍。悬挑部分,依具体情况可采用一端悬挑或两端悬挑。

(3)确定基础梁底面尺寸 L、B。

当 x_c 确定之后,按合力作用点与底面形心相重合的原则可以定出基础的长度 L,在图 4-31 中,若 a_1 已知,则应有

$$L = 2(x_c + a_1) = a_1 + a + a_2 ; a_2 = 2x_c + a_1 - a \tag{4-18}$$

若 a_2 已知,则

$$a_1 = a + a_2 - 2x_c \tag{4-19}$$

L 确定之后,宽度 B 按地基承载力 f 确定。

中心受压时

$$p = \frac{\sum F_i + G + G_{\mathrm{w}}}{L \cdot B} \leqslant f; \ B \geqslant \frac{\sum F_i + G + G_{\mathrm{w}}}{fL} \qquad (4\text{-}20)$$

偏心受压时

$$P_{\max} = (\sum F_i + G + G_{\mathrm{w}})/LB + 6\sum M/BL^2 \leqslant 1.2f = f_1$$

$$P_{\min} = (\sum F_i + G + G_{\mathrm{w}})/LB - 6\sum M/BL^2 > 0$$

$$P = (\sum F_i + G + G_{\mathrm{w}})/LB \leqslant f$$

$$B \geqslant \frac{\sum F_i + G + G_{\mathrm{w}}}{f_1 L} + \frac{6\sum M}{f_1 L^2} \qquad (4\text{-}21\mathrm{a})$$

或

$$B \geqslant \frac{\sum F_i + G + G_{\mathrm{w}}}{f_1 L} \qquad (4\text{-}21\mathrm{b})$$

式中：$\sum F_i$——各柱传来的轴力设计值之和,kN;

$\quad G$——基础及其以上覆土的重量,kN;

$\quad G_{\mathrm{w}}$——作用在基础梁上墙梁自重及墙体重量之和,kN,若无墙梁则 $G_{\mathrm{w}} = 0$;

$\quad \sum M$——弯矩之和, $\sum M = \sum M_0 + \sum T \cdot H + G_{\mathrm{w}} \cdot e_{\mathrm{w}}$;

$\quad \sum M_0$——上部结构传给基础梁顶面的弯矩,kN·m;

$\quad T$——上部结构传给基础梁顶面的横向力,kN;

$\quad e_{\mathrm{w}}$——墙梁中梁线到形心轴的距离,m;

$\quad H$——基础梁高度,m;

$\quad f$——地基修正后承载力设计值,kN/m²。

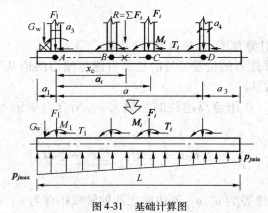

图 4-31 基础计算图

(4)基础底板净反力 $p_{j\max}$ 及 $p_{j\min}$ 计算

$$p_{j\max} = (\sum N_i + G_{\mathrm{w}})/LB + 6\sum M/BL^2 \qquad (4\text{-}22\mathrm{a})$$

$$p_{j\min} = (\sum N_i + G_{\mathrm{w}})/LB - 6\sum M/BL^2 \qquad (4\text{-}22\mathrm{b})$$

若无墙梁,则 $G_{\mathrm{w}} = 0$。

2. 经验系数法

当条形基础为等跨或跨度相差不超过 10%,且除边柱之外各柱荷载相差不大,柱距较小、荷载作用点与基础纵向形心相重合时,可近似按经验系数法求基础梁的纵向内力 M、Q。

(1)内力计算公式。

经验系数法计算简图如图 4-32 所示,支座及跨中弯矩以及支座两边的剪力可用下式计算

$$M_A = p_j l_0^2 / 2 \tag{4-23a}$$

$$M_B = p_j l_1^2 / 10 \tag{4-23b}$$

$$M_c = p_j l_1^2 / 12 \tag{4-23c}$$

$$M_1 = -p_j(13l_1^2 - 35l_0^2)/140 \tag{4-23d}$$

$$M_2 = -43p_j l_1^2 / 840 \tag{4-23e}$$

$$M_3 = -5p_j l_1^2 / 84 \tag{4-23f}$$

$$Q_A^{左} = p_j l_0 \tag{4-24a}$$

$$Q_A^{右} = -\frac{2}{5} p_j l_1 \left[1 + \frac{5}{4} \left(\frac{l_0}{l_1} \right)^2 \right] \tag{4-24b}$$

$$Q_B^{左} = \frac{3}{5} p_j l_1 \left[1 - \frac{5}{6} \left(\frac{l_0}{l_1} \right)^2 \right] \tag{4-24c}$$

$$Q_B^{右} = -31 p_j l_1 / 60 \tag{4-24d}$$

$$Q_C^{左} = 29 p_j l_1 / 60 \tag{4-24e}$$

$$Q_C^{右} = -p_j l_1 / 2 \tag{4-24f}$$

(2)计算例题。

例 4-4 如图 4-33 所示,有一结构对称、荷载对称、合力作用与基础纵向形心相重合。试求内力 M、Q。

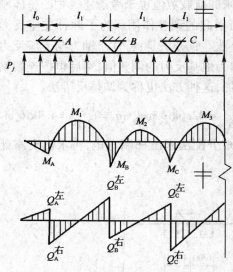

图 4-32 地基梁内力图

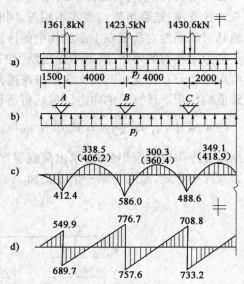

图 4-33 例 4-4 计算图(尺寸单位:mm)

a)结构简图;b)计算简图;c)M 图(kN·m);d)Q 图(kN)

解:①求净反力 p_j。

$$p_j = \frac{\sum F_i}{L} = \frac{2 \times (1361.8 + 1423.5 + 1430.6)}{23}$$

$$= 366.6 \text{kN/m}$$

②求内力 M、Q。

将 $p_j = 366.6 \text{kN/m}, l_0 = 1.5\text{m}, l_1 = 4.0\text{m}$ 代入内力计算公式可得

$$M_A = p_j l_0^2 / 2 = 412.4 \text{kN} \cdot \text{m}$$

$$M_B = p_j l_1^2 / 10 = 586.6 \text{kN} \cdot \text{m}$$

$$M_c = p_j l_1^2 / 12 = 488.6 \text{kN} \cdot \text{m}$$

$$M_1 = -p_j (13 l_1^2 - 35 l_0^2) / 140 = -338.5 \text{kN} \cdot \text{m}$$

$$M_2 = -43 p_j l_1^2 / 840 = -300.3 \text{kN} \cdot \text{m}$$

$$M_3 = -5 p_j l_1^2 / 84 = -349.1 \text{kN} \cdot \text{m}$$

$$Q_A^{左} = p_j l_0 = 549.9 \text{kN} \qquad Q_A^{右} = -\frac{2}{5} p_j l_1 \left[1 + \frac{5}{4} \left(\frac{l_0}{l_1} \right)^2 \right] = -689.7 \text{kN}$$

$$Q_B^{左} = \frac{3}{5} p_j l_1 \left[1 - \frac{5}{6} \left(\frac{l_0}{l_1} \right)^2 \right] = 776.7 \text{kN} \qquad Q_B^{右} = -31 p_j l_1 / 60 = -757.6 \text{kN}$$

$$Q_C^{左} = 29 p_j l_1 / 60 = 708.8 \text{kN} \qquad Q_C^{右} = -p_j l_1 / 2 = -733.2 \text{kN}$$

按经验系数法所得的跨中弯矩 M_1、M_2、M_3 偏小，所以将跨中弯矩乘以 1.2 的系数作为配筋的设计弯矩，图 4-33c) 中括号内的数值便是将 M_1、M_2、M_3 乘上 1.2 系数后的结果。

还要注意一点，根据经验公式计算所得的支座反力与柱子的作用力是不相等的。由图 4-33d) 可知，$R_A = 1239.6 \text{kN}; R_B = 1534.3 \text{kN}; R_C = 1442 \text{kN}$。

各支座反力 R_i 与各柱传来的作用力不相等，这是因为地基梁的反力假定为直线分布且柱子视为铰支座，这都可能与事实不相符，同时柱子传来的荷载数值也未考虑建筑物的整体刚度及地基可压缩性对荷载在上部结构中的传递、分配所引起的调整作用。为了弥补支座反力与柱子轴力不相符的矛盾，实践中提出反力的局部调整法。其办法是：将柱子轴力与支座反力的差值均匀地分布在支座两侧 1/3 左右跨度范围内，作为地基反力的调整值，然后再按连续梁在调整值的作用下计算梁的内力。最后将所得结果叠加，这种方法也称为调整反梁法。

图 4-34 中：$q_1 = \frac{122.2}{2.8} = 43.6 \text{kN/m} \uparrow$ ；$q_2 = \frac{110.8}{2.6} = 42.6 \text{kN/m} \downarrow$ ；$q_3 = \frac{11.4}{2.6} = 4.4 \text{kN/m} \downarrow$。

根据超静定梁杆端弯矩公式，求出荷载端弯矩，用弯矩分配法求出杆端弯矩，再求出支座处的剪力及跨中弯矩，然后与第一情况叠加。

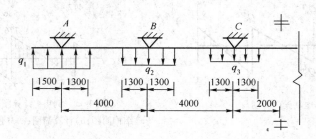

图 4-34 调整反梁法 (尺寸单位：mm)

3. 静力平衡法

当条形基础上各柱的荷载及间距各不相同、柱距较小、基础梁又较短、上部结构和基础梁的刚度较大、地基又较均匀时，可近似地用静力平衡法分析条形基础的内力。

此方法是将柱子的作用力作为基础梁的反力，要求基础梁上柱子合力作用点与基础梁形心相重合，因此要先求出合力作用点的位置并由此确定基础梁的长度 L。由地基承载力 f 确定基础梁底板的宽度 B。求解方法和步骤以例子说明，为了比较不同计算方法计算所得结果的差异，仍以例 4-4 的结构和荷载为例计算其结果。

例 4-5 用静力平衡法计算例 4-4 所示结构的内力，结构受力图如图 4-35 所示。

解： 由于结构及荷载对称，合力作用点与基础梁形心相重合位于梁的中点，现分段写出其内力方程

$$a_i \leq x_i \leq a_{i+1}$$

$$M(x_i) = \frac{1}{2} p_j x_i^2 - \sum F_i(x_i - a_i)$$

$$Q(x_i) = p_j x_i - \sum F_i$$

按上式分别写出各段的 M、Q 方程并绘出内力图，最后结果标在图 4-35 中。可以看出，它和图 4-33 的结果差异较大。

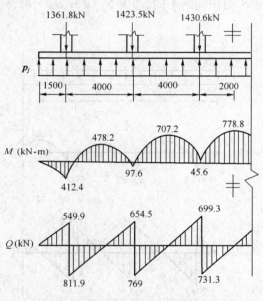

图 4-35 结构受力图（尺寸单位：mm）

4. 连续梁法

对连续梁可用弯矩分配法或连续梁系数法求解。由于柱下条形基础一般两端都有向外延伸的部分，因此若用连续梁系数法，则对悬臂端要进行处理。处理有两种方法：

（1）悬臂端在净反力作用下的弯矩，全由悬臂端承担，不再传给其他支座，其他跨按连续梁系数法计算。

（2）悬臂端弯矩对其他跨有影响，此弯矩要传给其他支座，因此悬臂端用弯矩分配法求出各支座及跨中弯矩。其他跨用连续梁系数法求出各支座及跨中弯矩，然后将所得结果叠加；或全梁用弯矩分配法求出支座弯矩。图 4-36b）用弯矩分配法，图 4-36c）用连续梁系数法。

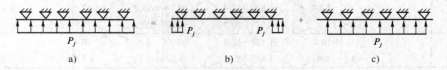

图 4-36 荷载叠加图

a）倒置连续悬臂架；b）悬臂端按弯矩分配法；c）中间跨按连续梁系数法

例 4-6 用弯矩分配法求例 4-4 结构的内力。

解： 由例 4-4 已知 $p_j = 366.6\text{kN/m}$，杆端弯矩为

$$M_{\text{A}}^{\text{F}} = -\frac{1}{2}p_j l_0^2 = -\frac{1}{2} \times 366.6 \times 1.5^2 = -412.4\text{kN} \cdot \text{m}$$

$$M_{\text{AB}}^{\text{F}} = 0$$

$$M_{\text{BA}}^{\text{F}} = -\frac{1}{8}p_j l^2 = -\frac{1}{8} \times 366.6 \times 4^2 = -733.2\text{kN} \cdot \text{m}$$

$$M_{\text{BC}}^{\text{F}} = \frac{1}{12}p_j l^2 = \frac{1}{12} \times 366.6 \times 4^2 = 488.8\text{kN} \cdot \text{m}$$

$$M_{\text{CB}}^{\text{F}} = -\frac{1}{12}p_j l^2 = -488.8\text{kN} \cdot \text{m}$$

分配系数:因为各跨 EI 及 l 相同,所以单位刚度 $i = EI/l$ 也相同,但两边跨的相对抗弯刚度 S_{ij} 与中间跨不同,边跨 $S_{\text{AB}} = 3i$,$S_{\text{BC}} = 4i$,$S_{\text{CC}} = 4i$

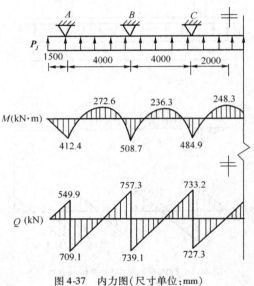

图 4-37 内力图(尺寸单位:mm)

由此得分配系数为

$$\mu_{\text{BA}} = \frac{3i}{3i + 4i} = \frac{3}{7} = 0.43$$

$$\mu_{\text{BC}} = \frac{4i}{3i + 4i} = \frac{4}{7} = 0.57$$

$$\mu_{\text{CB}} = \frac{4i}{4i + 4i} = 0.5$$

$$\mu_{\text{CC}} = \frac{4i}{4i + 4i} = 0.5$$

根据分配后支座弯矩及净反力,可以求出支座反力及跨中弯矩如下

$$R_{\text{A}} = R_{\text{A}}^{\text{左}} + R_{\text{A}}^{\text{右}} = 549.9 + 709.1 = 1259\text{kN}$$

$$R_{\text{B}} = R_{\text{B}}^{\text{左}} + R_{\text{B}}^{\text{右}} = 757.3 + 739.1 = 1496.4\text{kN}$$

$$R_{\text{C}} = R_{\text{C}}^{\text{左}} + R_{\text{C}}^{\text{右}} = 727.3 + 733.2 = 1460.5\text{kN}$$

跨中弯矩 $M_1 = -272.6\text{kN} \cdot \text{m}$,$M_2 = -236.3\text{kN} \cdot \text{m}$,$M_3 = -248.3\text{kN} \cdot \text{m}$,$M$、$Q$ 图如图 4-37 所示。弯矩分配计算表见表 4-2。

例 4-6 弯矩分配计算表　　　　　　　　　　　　　　　　　　　　　　　　表 4-2

	A		B		C		C		B		A
μ			0.43	0.57	0.5	0.5	0.5	0.5	0.57	0.43	
M^F	−412.4		−733.2	+488.8	−488.8	+488.8	+488.8	−488.8	+488.8	−488.8	+733.2	+412.4
		+412.4	+105.1	+139.3	0	0	0	0	−139.3	−105.1	−412.4
			+206.2	0	+69.6	0	0	−69.6	0	−206.2	
		−88.7	−117.5	−34.8	−34.8	+34.8	+34.8	+117.5	+88.7	
			−17.4	−58.8	+17.4	−17.4	+58.8	+17.4		
		+7.5	+9.9	+20.7	+20.7	−20.7	−20.7	9.9	−7.5	
			+10.4	+5.0	−10.4	+10.4	−5.0	−10.4		
		−4.5	−5.9	+2.7	+2.7	−2.7	−2.7	+5.9	+4.5	
			+1.4	−3.0	−1.4	+1.4	+3.0	−1.4		
		−0.6	−0.8	+2.2	+2.2	−2.2	−2.2	+0.8	+0.6	
			+1.1	−0.4	−1.1	+1.1	+0.4	−1.1		
		−0.5	−0.6	+0.75	+0.75	−0.75	−0.75	+0.6	+0.5	
Σ	−412.4	+412.4	−508.7	+508.7	−484.9	484.9	−484.9	+484.9	−508.7	+508.7	−412.4	+412.4

76

从上面计算可以看出,同一结构在同一外力作用下用不同的计算方法计算内力,所得结果相差较大,但连续梁法与经验系数法所得结果其内力图形基本相似,数值也较为接近。现将3个不同方法的结果列于表4-3。

不同方法计算结果比较表

表4-3

$M_i(\text{kN} \cdot \text{m})$ 计算方法	M_A	M_B	M_C	M_1	M_2	M_3
经验系数法(例4-4)	412.4	586.6	488.8	-338.5 (-406.2)	-300.3 (-360.4)	-349.1 (-418.9)
静力平衡法(例4-5)	412.4	92.7	-45.6	-478.2	-707.2	-778.8
连续梁弯矩分配法 (例4-6)	412.4	508.7	484.9	-272.6	-236.3	-248.3

三、弹性地基梁法——Winkler 模型

当柱下条形基础不符合简化计算条件时,可采用地基上梁的计算方法。如果选择文克尔地基作为地基计算模型,即为文克尔地基上的梁。文克尔地基梁可用解析法和数值方法求解。本节介绍文克尔地基上梁的解析法计算。

1.地基上梁的解析法计算

①地基梁在分布荷载 $q(x)$、集中荷载 F、M 与基底反力 $R(x)$ 的共同作用下发生挠曲[图4-38a)],挠曲曲线 $y(x)$ 应符合材料力学的挠曲微分方程式如下

$$EI\frac{\mathrm{d}^4 y(x)}{\mathrm{d}x^4} = q(x) - R(x) \tag{4-25}$$

②在 $R(x)$ 的作用下地基发生变形 $s(x)$,如图4-38b)所示,$s(x)$ 与 $R(x)$ 间具有函数关系 $R(x) = f[s(x)]$,这种接触界面上力与位移的关系就是前述地基计算模型。

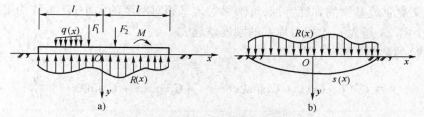

图4-38 地基上的梁的计算

a)地基上梁的计算简图;b)基底压力下的地基变形

③基础梁和地基的变形应该协调,即

$$y(x) = s(x)$$

所以

$$EI\frac{\mathrm{d}^4 y(x)}{\mathrm{d}x^4} = q(x) - f[y(x)] \tag{4-26}$$

可以根据边界条件和平衡条件求解以上方程,得到基础梁的挠曲曲线 $y(x)$,然后利用材料力学方法求得基础梁的转角、弯矩和剪力的分布。

④作用在基础梁上的力应满足平衡条件,即

$$\int_{-l}^{l} R(x)\,\mathrm{d}x = \int_{-l}^{l} q(x)\,\mathrm{d}x + \sum F$$

$$\int_{-l}^{l} R(x)x\,\mathrm{d}x = \int_{-l}^{l} q(x)x\,\mathrm{d}x + \sum M$$

式中:$\sum F$、$\sum M$——作用在基础梁上的竖向集中力之和以及除分布荷载外所有外力对原点的力矩之和。

⑤梁的边界条件应该得到满足。例如对两端均为自由端的梁,应满足

$$M\big|_{x=\pm1} = 0\ ,或\quad \frac{\mathrm{d}^2 y}{\mathrm{d}x^2}\bigg|_{x=\pm1} = 0$$

$$V\big|_{x=\pm1} = 0\ ,或\quad \frac{\mathrm{d}^3 y}{\mathrm{d}x^3}\bigg|_{x=\pm1} = 0$$

⑥由于式(4-26)中的 $f[y(x)] = Bky(x)$,则式(4-26)成为

$$EI\frac{\mathrm{d}^4 y(x)}{\mathrm{d}x^4} = q(x) - Bky(x) \tag{4-27}$$

或

$$\frac{\mathrm{d}^4 y(x)}{\mathrm{d}x^4} + \frac{Bk}{EI}y(x) = \frac{q(x)}{EI}$$

式中:B——地基梁的宽度;

k——文克尔地基的基床系数。

令

$$\lambda = \sqrt[4]{\frac{Bk}{4EI}} \tag{4-28}$$

则

$$\frac{\mathrm{d}^4 y}{\mathrm{d}x^4} + 4\lambda^4 y = \frac{q}{EI} \tag{4-29}$$

λ 称为文克尔地基梁的弹性特征,反映梁对地基相对刚度的大小;$1/\lambda$ 称为梁的弹性特征长度。λ 越小($1/\lambda$ 越大),梁相对地基的刚度就越大。

式(4-29)的解为

$$y = e^{\lambda x}(C_1\cos\lambda x + C_2\sin\lambda x) + e^{-\lambda x}(C_3\cos\lambda x + C_4\sin\lambda x) + \frac{q}{Bk}$$

当无分布线荷载时($q=0$),则为

$$y = e^{\lambda x}(C_1\cos\lambda x + C_2\sin\lambda x) + e^{-\lambda x}(C_3\cos\lambda x + C_4\sin\lambda x)$$

式中:C_1、C_2、C_3、C_4——待定常数,在梁的挠曲曲线及其各阶导数连续的梁段中是不变的,可根据梁的边界条件确定。

(1)无限长梁受集中力的解。

如图 4-39a)为受集中力的无限长梁,取集中力 P_0 的作用点为坐标原点,求待定常数 C_1、C_2、C_3、C_4 的方法如下:

远端边界条件 $\lim\limits_{x\to\infty} y = 0$,则有 $C_1 = C_2 = 0$,$y = e^{-\lambda x}(C_3\cos\lambda x + C_4\sin\lambda x)$

梁的对称条件 $\dfrac{\mathrm{d}y}{\mathrm{d}x}\Big|_{x=0} = 0$，则有 $\lambda(-C_3 + C_4) = 0$，令 $C_3 = C_4 = C$，得到

$$y = Ce^{-\lambda x}(\cos\lambda x + \sin\lambda x) \tag{4-30}$$

原点的平衡条件为

$$V|_{x=0^+} = -EI\dfrac{\mathrm{d}^3 y}{\mathrm{d}x^3}\Big|_{x=0^+} = -\dfrac{P_0}{2}$$

可得

$$C = \dfrac{P_0}{8\lambda^3 EI} = \dfrac{\lambda P_0}{2kB}$$

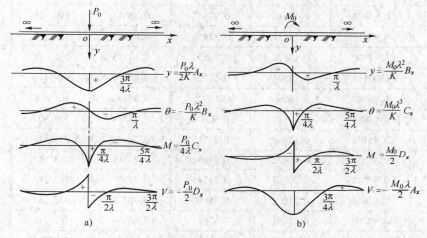

图 4-39 受集中荷载的无限长梁

a)受集中力；b)受集中力偶

如令 $K = kB$，K 为梁单位长度上的集中基床系数，则 $C = \lambda P_0 / 2K$。代入式(4-30)求得受集中力作用的无限长梁的挠曲曲线方程，并可进一步得到梁的转角、弯矩、剪力和基底压力的分布规律：

$$y = \dfrac{\lambda P_0}{2K}e^{-\lambda x}(\cos\lambda x + \sin\lambda x) = \dfrac{\lambda P_0}{2K}A_x \tag{4-31a}$$

$$\theta = \dfrac{\mathrm{d}y}{\mathrm{d}x} = -\dfrac{P_0\lambda^2}{K}e^{-\lambda x}\sin\lambda x = -\dfrac{P_0\lambda^2}{K}B_x \tag{4-31b}$$

$$M = -EI\dfrac{\mathrm{d}^2 y}{\mathrm{d}x^2} = \dfrac{P_0}{4\lambda}e^{-\lambda x}(\cos\lambda x - \sin\lambda x) = \dfrac{P_0}{4\lambda}C_x \tag{4-31c}$$

$$V = -EI\dfrac{\mathrm{d}^3 y}{\mathrm{d}x^3} = -\dfrac{P_0}{2}e^{-\lambda x}\cos\lambda x = -\dfrac{P_0}{2}D_x \tag{4-31d}$$

$$p = ky = \dfrac{\lambda P_0}{2B}e^{-\lambda x}(\cos\lambda x + \sin\lambda x) = \dfrac{\lambda P_0}{2B}A_x \tag{4-31e}$$

系数 A_x、B_x、C_x、D_x 仅与 λx 相关，可由上述诸式求得，也可查表 4-4。注意以上各式是对梁的右部分 $(x > 0)$ 导得的。当 $x < 0$ 时，由于结构和荷载都是对称的，所以梁的挠度和弯矩对称，转角和剪力反对称，在计算系数 A_x、B_x、C_x、D_x 时用 $|x|$ 代替 x，y、M、p 的计算式不变，而 θ 和

V 计算式应去掉"－"号。

系数 A_x、B_x、C_x、D_x、E_x、F_x

表 4-4

λx	A_x	B_x	C_x	D_x	E_x	F_x
0	1	0	1	1	∞	$-\infty$
0.02	0.99961	0.01960	0.96040	0.98000	382156	−382105
0.04	0.99844	0.03842	0.92160	0.96002	48802.6	−48776.6
0.06	0.99654	0.05647	0.88360	0.94007	14851.3	−14738.0
0.08	0.99393	0.07377	0.84639	0.92016	6354.30	−6340.76
0.10	0.99065	0.09033	0.80998	0.90032	3321.06	−3310.01
0.12	0.98672	0.10618	0.77437	0.88054	1962.18	−1952.78
0.14	0.98217	0.12131	0.73954	0.86085	1261.70	−1253.48
0.16	0.97702	0.13576	0.70550	0.84126	863.174	−855.840
0.18	0.97131	0.14594	0.67224	0.82178	619.176	−612.524
0.20	0.96507	0.16266	0.63975	0.80241	461.078	−454.971
0.22	0.95831	0.17513	0.60804	0.78318	353.904	−348.240
0.24	0.95106	0.18698	0.57710	0.76408	278.526	−273.229
0.26	0.94336	0.19822	0.54691	0.74514	223.862	−218.874
0.28	0.93522	0.20887	0.51748	0.72635	183.183	−178.457
0.30	0.92666	0.21893	0.48880	0.70773	152.233	−147.733
0.35	0.90360	0.24164	0.42033	0.66196	101.318	−97.2646
0.40	0.87844	0.26103	0.35637	0.61740	71.7915	−68.0628
0.45	0.85150	0.27735	0.29680	0.57415	53.3711	−49.8871
0.50	0.82307	0.29079	0.24149	0.53228	41.2142	−37.9185
0.55	0.79343	0.30156	0.19030	0.49186	32.8243	−29.6754
0.60	0.76284	0.30988	0.14307	0.45295	26.8201	−23.7865
0.65	0.73153	0.31594	0.09966	0.41559	22.3922	−19.4496
0.70	0.69972	0.31991	0.05990	0.37981	19.0435	−16.1724
0.75	0.66761	0.32198	0.02364	0.34563	16.4562	−13.6409
$\pi/4$	0.64479	0.32240	0	0.32240	14.9672	−12.1834
0.80	0.63538	0.32233	−0.00928	0.31305	14.4202	−11.6477
0.90	0.57120	0.31848	−0.06574	0.25273	11.4729	−8.75491
1.00	0.50833	0.30956	−0.11079	0.19877	9.49305	−6.79724
1.10	0.44765	0.29666	−0.14567	0.15099	8.10850	−5.41038
1.20	0.38986	0.28072	−0.17158	0.10914	7.10976	−4.39002
1.30	0.33550	0.26260	−0.18970	0.07290	6.37186	−3.61500
1.40	0.28492	0.24301	−0.20110	0.04191	5.81664	−3.01003
1.50	0.23835	0.22257	−0.20679	0.01578	5.39317	−2.52652
$\pi/2$	0.20788	0.20788	−0.20788	0	5.15382	−2.23953
1.60	0.19592	0.20181	−0.20771	−0.00590	5.06711	−2.13210

λx	A_x	B_x	C_x	D_x	E_x	F_x
1.70	0.15762	0.18116	− 0.20470	− 0.02354	4.81454	− 1.80464
1.80	0.12342	0.16098	− 0.19853	− 0.03756	4.61834	− 1.52865
1.90	0.09318	0.14154	− 0.18989	− 0.04835	4.46596	− 1.29312
2.00	0.06674	0.12306	− 0.17938	− 0.05632	4.34792	− 1.09008
2.10	0.04388	0.10571	− 0.16753	− 0.06182	4.25700	− 0.91368
2.20	0.02438	0.08958	− 0.15479	− 0.06521	4.18751	− 0.75959
2.30	0.00796	0.07476	− 0.14156	− 0.06680	4.13495	− 0.62457
$3\pi/4$	0	0.06702	− 0.13404	− 0.06702	4.11147	− 0.55610
2.40	− 0.00562	0.06128	− 0.12817	− 0.06689	4.09573	− 0.50611
2.50	− 0.01663	0.04913	− 0.11489	− 0.06576	4.06692	− 0.40229
2.60	− 0.02536	0.03829	− 0.10193	− 0.06364	4.04618	− 0.31156
2.70	− 0.03204	0.02872	− 0.08948	− 0.06076	4.03157	− 0.23264
2.80	− 0.03693	0.02037	− 0.07767	− 0.05730	4.02157	− 0.16445
3.00	− 0.04226	0.00703	− 0.05631	− 0.04929	4.01074	− 0.05650
π	− 0.04321	0	− 0.04321	− 0.04321	4.00748	0
3.40	− 0.04079	− 0.00853	− 0.02374	− 0.03227	4.00563	0.06840
3.80	− 0.03138	− 0.01369	− 0.00400	− 0.01769	4.00501	0.10969
4.20	− 0.02042	− 0.01307	0.00572	− 0.00735	4.00364	0.10468
4.60	− 0.01112	− 0.00999	0.00886	− 0.00113	4.00200	0.07996
$3\pi/2$	− 0.00898	− 0.00898	0.00898	0	4.00161	0.07190
5.00	− 0.00455	− 0.00646	0.00837	0.00191	4.00085	0.05170
5.50	0.00001	− 0.00288	0.00578	0.00290	4.00020	0.02307
6.00	0.00169	− 0.00069	0.00307	0.00238	4.00003	0.00554
2π	0.00187	0	0.00187	0.00187	4.00001	0
6.50	0.00179	0.00032	0.00114	0.00147	4.00001	− 0.00259
7.00	0.00129	0.00060	0.00009	0.00069	4.00001	− 0.00479
$9\pi/4$	0.0012	0.00060	0	0.00060	4.00001	− 0.00482
7.50	0.00071	0.00052	− 0.00033	0.00019	4.00001	− 0.00415
$5\pi/2$	0.00039	0.00039	− 0.00039	0	4.00000	− 0.00311
8.00	0.00028	0.00033	− 0.00038	− 0.00005	4.00000	− 0.00266

（2）无限长梁受集中力偶 M_0 解。

图 4-39b）是受集中力偶 M_0 作用的无限长梁。采用与受集中力相同的方法，需要满足的边界条件和平衡条件为

$$\lim_{x \to \infty} y = 0 \qquad y\big|_{x=0} = 0 \qquad M\big|_{x=0^+} = -EI\frac{\mathrm{d}^2 y}{\mathrm{d}x^2}\bigg|_{x=0^+} = \frac{M_0}{2}$$

由此得到的解为

$$y = \frac{M_0\lambda^2}{K}e^{-\lambda x}\sin\lambda x = \frac{M_0\lambda^2}{K}B_x \qquad (4\text{-}32a)$$

$$\theta = \frac{M_0\lambda^3}{K}e^{-\lambda x}(\cos\lambda x - \sin\lambda x) = \frac{M_0\lambda^3}{K}C_x \qquad (4\text{-}32b)$$

$$M = \frac{M_0}{2}e^{-\lambda x}\cos\lambda x = \frac{M_0}{2}D_x \qquad (4\text{-}32c)$$

$$V = -\frac{\lambda M_0}{2}e^{-\lambda x}(\cos\lambda x + \sin\lambda x) = -\frac{\lambda M_0}{2}A_x \qquad (4\text{-}32d)$$

$$p = \frac{M_0\lambda^2}{B}e^{-\lambda x}\sin\lambda x = \frac{M_0\lambda^2}{B}B_x \qquad (4\text{-}32e)$$

与集中力相反,在集中力偶作用下,挠度和弯矩为反对称,而转角和剪力是对称的。当 $x < 0$ 时,在计算系数时用 $|x|$ 代替 x,y、M、p 的计算式应加上" $-$ "号,而 θ 和 V 的计算式不变。

受若干集中荷载的无限长梁,可以采用集中荷载计算式和叠加法计算。注意当计算某个集中荷载对指定截面的某计算量的值时,应将该集中荷载作用点取为坐标原点,并考虑指定截面坐标值的正负影响。

例 4-7 如图 4-40 所示,在 A、B 两点分别作用着 $P_A = P_B = 1000\text{kN}$,$M_A = 60\text{kN} \cdot \text{m}$,$M_B = 60\text{kN}$,求 AB 跨中点 O 的弯矩和剪力。已知梁的刚度 $E_c I = 4.5 \times 10^3 \text{MPa} \cdot \text{m}^4$,梁宽 $B = 3.0\text{m}$,地基基床系数 $k = 3.8\text{MN/m}^3$。

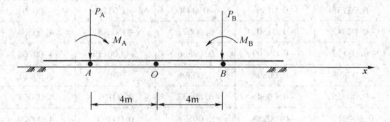

图 4-40 文克尔地基上无限长梁求解

解:① $\lambda = \sqrt[4]{\dfrac{kB}{4E_cI}} = \sqrt[4]{\dfrac{3.8 \times 3.0}{4 \times 4.5 \times 10^3}} = 0.1586\text{m}^{-1}$

②分别取 A、B 点为坐标原点,则有

$$x = \pm 4\text{m} \qquad |x| = 4\text{m}$$

$$\lambda|x| = 0.1586 \times 4 = 0.6344$$

查表 4-5 得　$A_x = 0.7413$　$C_x = 0.1132$　$D_x = 0.4272$

③求 M_0:

由集中力产生

$$M_{OP} = \frac{P_A}{4\lambda}C_x + \frac{P_B}{4\lambda}C_x = 2 \times \frac{1000}{4 \times 0.1586} \times 0.1132 = 356.9\text{kN} \cdot \text{m}$$

由集中力偶产生

$$M_{OM} = -\frac{M_A}{2}D_x + \frac{M_B}{2}D_x = \left(-\frac{60}{2} - \frac{60}{2}\right) \times 0.4272 = -25.6\text{kN} \cdot \text{m}$$

故　　　　　　　　$M_O = 356.9 - 25.6 = 331.3\text{kN} \cdot \text{m}$

④求 V_O:

由集中力产生

$$V_{OP} = \frac{P_A}{2}D_x - \frac{P_B}{2}D_x = \left(\frac{1000}{2} - \frac{1000}{2}\right) \times 0.4272 = 0$$

由集中力偶产生

$$V_{OM} = -\frac{\lambda M_A}{2}A_x - \frac{\lambda M_B}{2}A_x = -\frac{0.1586 \times 0.7413}{2} \times (60 - 60) = 0$$

故 $$V_O = V_{OP} + V_{OM} = 0$$

（3）用影响线法解无限长梁。

可以用内力影响线或位移影响线求任意荷载下梁的内力或位移。例如,求图4-41所示无限长梁上 A 点的弯矩值的步骤为

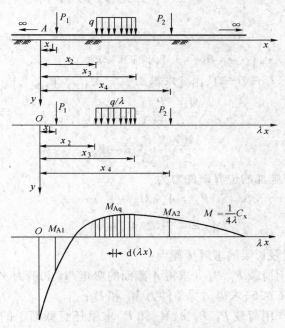

图4-41　用弯矩影响线求无限长梁任一点的弯矩

①取 A 点为坐标原点;

②把 x 坐标转换为 λx 坐标;

③按 $M = \frac{1}{4\lambda}C_x$ 作出当 A 点作用单位集中力时梁的弯矩图,作为弯矩影响线;

④则 A 点的弯矩为

$$M_A = P_1 M_{A1} + P_2 M_{A2} + \int_{\lambda x_3}^{\lambda x_4} \frac{q}{\lambda} M_{Aq} \mathrm{d}(\lambda x) = \sum_{i=1}^{2} P_i M_{Ai} + \frac{q}{\lambda}\omega \qquad (4\text{-}33)$$

式中:ω——从 λx_3 至 λx_4 段弯矩影响线包围的面积,即图中阴影面积。

其余符号意义在图中注明,本方法用了结构力学中的互等定律。

（4）半无限长梁的解。

可以利用无限长梁的解求解半无限长梁,条件是满足半无限长梁的自由端边界条件。假

定对于图 4-42 所示的梁,荷载 P_1、P_2、q 满足半无限长梁条件,在 A 端产生的弯矩 M_A 和剪力 V_A 均为零。为了利用无限长梁解,把梁 A 端向外延伸成无限长梁,于是自由端 A 成了梁的内部截面,M_A 和 V_A 不再为零。为满足自由端条件,需要在 A 点加上一对边界条件力 M_a 和 P_a,其值满足:

$$M_{A(M_a)} + M_{A(P_a)} = -M_A \qquad (4\text{-}34a)$$

$$V_{A(M_a)} + V_{A(P_a)} = -V_A \qquad (4\text{-}34b)$$

式中左边项表示由角标括弧中的边界条件力在 A 点所产生的弯矩和剪力。

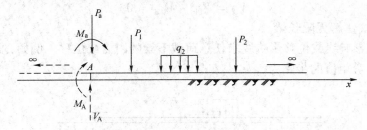

图 4-42 半无限长梁的求解

当 λx 等于零时,$A_x = C_x = D_x = 1$,由此求得 $M_{A(M_a)}$、$M_{A(P_a)}$、$V_{A(M_a)}$、$V_{A(P_a)}$ 值,代入上式成为

$$\frac{M_a}{2} + \frac{P_a}{4\lambda} = -M_A \qquad (4\text{-}35a)$$

$$-\frac{M_a}{2}\lambda - \frac{P_a}{2} = -V_A \qquad (4\text{-}35b)$$

解式(4-35),得到需施加的边界条件力为

$$P_a = 4(\lambda M_A + V_A) \qquad (4\text{-}36a)$$

$$M_a = -\frac{2}{\lambda}(2\lambda M_A + V_A) \qquad (4\text{-}36b)$$

综上所述,图示半无限长梁的求解步骤为:

①按无限长梁上作用荷载 P_1、P_2、q 求得 A 截面的弯矩 M_A 和剪力 V_A;

②由 M_A 和 V_A 按式(3-36)求得边界条件力 M_a 和 P_a;

③再按无限长梁上作用荷载 P_1、P_2、q、M_a 和 P_a 求梁任意截面上的挠度、转角、弯矩和剪力值。

(5)有限长梁的解。

利用无限长梁的解求解有限长梁的原理与半无限长梁相同,不同的是梁两边的自由端条件都应被满足。所以应该在两端各加上一对边界条件力,使得在全部荷载和边界条件力作用下两端截面的内力为零。集中力 P_1、P_2 作用在有限长梁 AB 上,如图 4-43 所示。

求解步骤为:

①按无限长梁上作用荷载 P_1、P_2 求得 A、B 截面的弯矩和剪力 M_A、V_A、M_B、V_B;

②由 M_A、V_A、M_B、V_B 求得边界条件力 M_a、P_a、M_b、P_b;

$$P_a = \lambda(E_1 - F_1 A_1)M_A + (E_1 + F_1 D_1)V_A + \lambda(F_1 - E_1 A_1)M_B - (F_1 + E_1 D_1)V_B \qquad (4\text{-}37a)$$

$$M_a = -(E_1 - F_1 D_1)M_A - (E_1 + F_1 C_1)\frac{V_A}{2\lambda} - (F_1 - E_1 D_1)M_B + (F_1 + E_1 C_1)\frac{V_B}{2\lambda}$$

$$(4\text{-}37b)$$

$$P_b = \lambda(F_1 - E_1 A_1)M_A + (F_1 + E_1 D_1)V_A + \lambda(E_1 - F_1 A_1)M_B - (F_1 + E_1 D_1)V_B \qquad (4\text{-}37c)$$

$$M_b = (F_1 - E_1 D_1)M_A + (F_1 + E_1 C_1)\frac{V_A}{2\lambda} + (E_1 - F_1 D_1)M_B - (E_1 + F_1 C_1)\frac{V_B}{2\lambda} \quad (4\text{-}37d)$$

式中,A_1、C_1、D_1、E_1、F_1 为当 $x = l$ 时的系数 A_x、C_x、D_x、E_x、F_x 值,其中

$$E_x = \frac{2e^{\lambda x}\mathrm{sh}\lambda x}{\mathrm{sh}^2\lambda x - \sin^2\lambda x} \quad (4\text{-}38a)$$

$$F_x = \frac{2e^{\lambda x}\sin\lambda x}{\sin^2\lambda x - \mathrm{sh}^2\lambda x} \quad (4\text{-}38b)$$

E_x、F_x 值也可从表 4-4 查得。

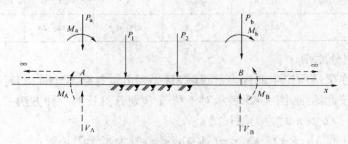

图 4-43　有限长梁的求解

③再按荷载 M_a、P_a、M_b、P_b 作用在无限长梁上,求梁任意截面上的挠度、转角、弯矩和剪力值。

例 4-8　用文克尔地基梁法求解例 4-4,取基床系数 $k = 15000\mathrm{kN/m^3}$,地基梁的弹性模量 $E = 20000\mathrm{MPa}$,$I = 427 \times 10^{-4}\mathrm{m^4}$。

计算结果见图 4-44,弹性地基梁法与反梁法两种方法计算结果的比较见表 4-5。

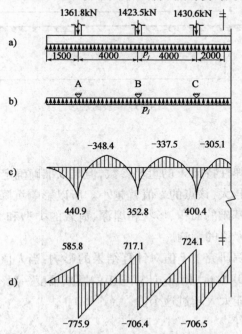

图 4-44　文克尔地基梁法内力图(尺寸单位:mm)

a)结构简图;b)计算简图;c)M 图($\mathrm{kN \cdot m}$);d)Q 图(kN)

85

$M_i(kN \cdot m)$ 计算方法	M_A	M_B	M_C	M_1	M_2	M_3
经验系数法（例4-4）	412.4	586.6	488.8	-338.5 (-406.2)	-300.3 (-360.4)	-349.1 (-418.9)
静力平衡法（例4-5）	412.4	92.7	-45.6	-478.2	-707.2	-778.8
连续梁弯矩分配法（例4-6）	412.4	508.7	484.9	-272.6	-236.3	-248.3
文克尔法（例4-7）	440.9	352.8	400.4	-348.4	-337.5	-305.1

（6）梁长的划分原则。

当某一荷载在梁端所产生的内力、位移等量小到可以忽略不计时，相对于该荷载可以认为梁是无限长的。按此原则，图4-45表示对于荷载P划分梁长的一种方法：

①当$\lambda a > \pi$、$\lambda b > \pi$时为无限长梁；

②当$\lambda a > \pi$（或$\lambda b > \pi$）、$\lambda b < \pi$（或$\lambda a < \pi$）时为半无限长梁；

③当$\lambda a < \pi$、$\lambda b < \pi$，且$\lambda l > \pi/4$时为有限长梁；

④当$\lambda l < \pi/4$时为刚性梁，此时可按基底压力呈直线分布假定计算。

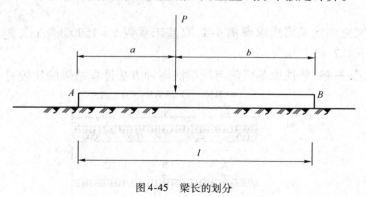

图4-45 梁长的划分

2. 基床系数k的确定

基床系数k是计算梁弹性特征λ的重要参数，但难以准确确定。从k的定义可知，在一定的基底压力下某点的沉降越大，该点的k值就越小。所以影响沉降的诸多因素也影响k值的大小，例如地基土的性质、基础的面积、形状和埋深、荷载的类型和大小等，可以用这些因素对沉降的影响去分析它们对k值的影响。

原上海工业建筑设计院研究了k值对计算结果的影响：当k值在$1000 \sim 100000 kN/m^3$范围内变化时，与k值为$5000 kN/m^3$相比，计算弯矩的增减幅度一般不到30%，但在某些工程条件下，尤其在跨中截面，可能大大超过这个值。

确定k值的主要方法有：

（1）经验系数法。主要根据土的类别和状态提供经验系数，例如表4-6是当基础面积大于$10 m^2$时常用的k值范围。使用这类表格时应考虑影响k值的因素适当取值。

土 的 分 类	土 的 状 态	k 值（kN/m³）
淤泥质黏土、有机质土、新填土	—	1000 ~ 5000
淤泥质粉质黏土	—	5000 ~ 10000
黏土、粉质黏土	软塑	5000 ~ 20000
	可塑	20000 ~ 40000
	硬塑	40000 ~ 100000
砂土	松散	7000 ~ 15000
	中密	15000 ~ 25000
	密实	25000 ~ 40000
砾石土	松散	15000 ~ 25000
	中密	25000 ~ 40000
	密实	40000 ~ 100000

（2）根据荷载试验确定。可在荷载试验的 $p - s$ 曲线上取基底自重压力 p_1、基底平均压力 p_2 及相应的沉降 s_1、s_2，则相应于荷载试验的地基基床系数为 $k_p = (p_2 - p_1)/(s_2 - s_1)$。考虑实际基础宽度 b 比荷载板宽度 b_p 大得多，太沙基提出的修正方法（荷载板宽度为 1 英尺 = 0.305m）为

黏性土
$$k = \frac{0.305}{b} k_p \tag{4-39a}$$

砂土
$$k = \left(\frac{b + 0.305}{2b}\right)^2 k_p \tag{4-39b}$$

当荷载板宽度较大时（圆板直径不小于 0.75m，方板边长不小于 0.707m），也可不进行修正。

（3）按计算平均沉降量 s_m 计算。用分层总和法（或规范法）计算基础若干点的沉降，取其平均值 s_m，如果基底平均压力为 p，则

$$k = \frac{p}{s_m} \tag{4-40}$$

k 值的确定还有许多不同的方法，例如与压缩模量、变形模量、无侧限压缩强度、有约束的极限承载力等建立计算关系，或者与弹性半空间模型的计算结果相比较确定。但一般并不多用。

四、构 造 要 求

柱下条形基础的构造，除满足扩展基础的构造要求外，尚应符合下列规定：

（1）柱下条形基础梁的高度宜为柱距的 $1/8 \sim 1/4$。翼板厚度不应小于 200mm。当翼板厚度大于 250mm 时，宜采用变厚度翼板，其坡度宜小于或等于 1:3。

（2）条形基础的端部宜向外伸出，其长度宜为第一跨距的 0.25 倍。

（3）现浇柱与条形基础梁的交接处，其平面尺寸不应小于图 4-46 的规定。

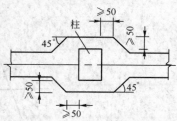

图 4-46　现浇柱与条形基础梁的
交接处平面尺寸
（尺寸单位：mm）

（4）条形基础梁顶部和底部的纵向受力钢筋除满足计算要求外，顶部钢筋按计算配筋全部贯通，底部通长钢筋不应少

于底部受力钢筋截面总面积的 1/3。

（5）柱下条形基础的混凝土强度等级，不应低于 C20。

第五节　十字交叉基础

柱下交叉条形基础是由纵横两个方向的柱下条形基础所组成的一种空间结构，各柱位于两个方向基础梁的交叉结点处。其作用除可以进一步扩大基础底面积外，主要是利用其巨大的空间刚度以调整不均匀沉降。交叉条形基础宜用于软弱地基上柱距较小的框架结构，其构造要求与柱下条形基础类同。

在初步选择交叉条形基础的底面积时，可假设地基反力为直线分布。如果所有荷载的合力对基底形心的偏心很小，则可认为基底反力是均布的。由此可求出基础底面的总面积，然后具体选择纵、横向各条形基础的长度和底面宽度。

要对交叉条形基础的内力进行比较仔细的分析是相当复杂的，目前常用的方法是简化计算法。

当上部结构具有很大的整体刚度时，可以像分析条形基础时那样，将交叉条形基础作为倒置的二组连续梁来对待，并以地基的净反力作为连续梁上的荷载。如果地基较软弱而均匀，基础刚度又较大，那么可以认为地基反力是直线分布的。

如果上部结构的刚度较小，则常采用比较简单的方法，把交叉结点处的柱荷载分配到纵横两个方向的基础梁上，待柱荷载分配后，把交叉条形基础分离为若干单独的柱下条形基础，并按照上节方法进行分析和设计。

确定交叉结点处柱荷载的分配值时，无论采用什么方法，都必须满足如下两个条件：

（1）静力平衡条件。各结点分配在纵、横基础梁上的荷载之和，应等于作用在该结点上的总荷载。

（2）变形协调条件。纵、横基础梁在交叉结点处的位移应相等。

一、基本概念

图 4-47 所示为十字交叉条形基础，在 x、y 两个方向上都设有基础梁，柱荷载作用点是基础的节点，在节点上应满足静力平衡和变形协调两个条件。

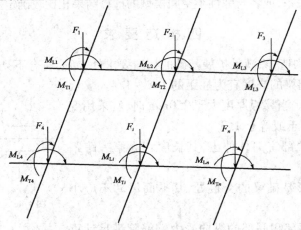

图 4-47　十字交叉条形基础的荷载分配

对任一节点 i，可列出 6 个方程：

$$F_i = F_i^x + F_i^y \tag{4-41a}$$

$$M_{xi} = M_{Bi}^x + M_{Ti}^y \tag{4-41b}$$

$$M_{yi} = M_{Ti}^x + M_{Bi}^y \tag{4-41c}$$

$$y_i^x = y_i^y \tag{4-41d}$$

$$\theta_{Bi}^x = \theta_{Ti}^y \tag{4-41e}$$

$$\theta_{Ti}^x = \theta_{Bi}^y \tag{4-41f}$$

式中：F、M——作用在节点上的集中力和力矩；

$\quad y$、θ——梁节点的挠度和转角，角标中的 x、y 表示柱传下的力矩荷载方向，B、T 表示弯
曲和扭转，上标中的 x、y 表示划分后的单向梁方向。

上述 6 个方程有 6 个未知量：F_i^x、F_i^y、M_{Bi}^x、M_{Bi}^y、M_{Ti}^x、M_{Ti}^y，而挠度和转角不是独立的未
知量，如 x 方向梁节点的挠度为

$$y_i^x = \sum_{j=1}^n \delta_{ij}^x F_j^x + \sum_{j=1}^n \overline{\delta_{ij}^x} M_{Bj}^x + \sum_{j=1}^n \delta_{ij}^{x*} M_{Tj}^x$$

式中：δ_{ij}^x、$\overline{\delta_{ij}^x}$、δ_{ij}^{x*}——当 $F_j^x = 1$、$M_{Bj}^x = 1$、$M_{Tj}^x = 1$ 时 x 方向梁 i 节点的挠度。

当十字交叉条形基础有 n 个节点时，共有 $6n$ 个未知量，也可列出 $6n$ 个方程，可以求解，但
计算太繁杂。实用上常做一些简化假定去减少计算工作量。

二、实用荷载分配方法

在实用荷载分配方法中，通常不考虑节点转角的协调变形，即节点的力矩荷载不分配，而
由作用方向上的梁承担，这相当于把原浇筑在一起的两个方向上的梁看成是上下搁置的。

当梁相对较柔时，在考虑竖向变形协调时不计及相邻节点荷载的影响。对于任一节点，
则有

$$F_i = F_i^x + F_i^y \tag{4-42a}$$

$$y_i^x = y_i^y \tag{4-42b}$$

其中挠度 y 仅是计算方向梁上该节点力矩荷载和分配到的集中荷载的函数，如

$$y_i^x = \delta_{ii}^x F_i^x + \overline{\delta_{ii}^x} M_i$$

以上分配方法中不考虑条形基础承受扭矩，实际上扭矩是存在的，因此在配筋构造上应满
足抗扭要求。

三、荷载修正法

节点荷载分配完毕后，纵、横两个方向上的梁独立进行计算。但在柱点下的那块面积在
纵、横向梁计算时都被用到，即重复利用了节点面积。节点面积往往占交叉条形基础全部面积
的 $20\% \sim 30\%$，重复利用使计算结果误差较大，且偏于不安全。

荷载修正法的思路实际上是将节点荷载也适当放大，以保持基底压力不因重复利用节点
面积而减小。设实际基底面积为 $\sum A$，其中节点面积为 $\sum a$，则修正前基底压力为

$$p' = \frac{\sum F}{\sum A + \sum a}$$

实际基底压力为

$$p = \frac{\sum F}{\sum A}$$

令修正系数 m 为

$$m = \frac{p}{p'} = \frac{\sum A + \sum a}{\sum A} = 1 + \frac{\sum a}{\sum A} > 1 \tag{4-43}$$

为使基底压力保持 p 值,应将荷载放大 m 倍,即为 $m\sum F$

$$m\sum F = \left(1 + \frac{\sum a}{\sum A}\right)\sum F = \sum F + p\sum a = \sum F + mp'\sum a$$

假定任一节点荷载都按此处理,则 i 节点的荷载 F_i 应放大为

$$mF_i = F_i + ma_i p' \tag{4-44}$$

令

$$\Delta F_i = ma_i p'$$

式中:a_i——第 i 节点的面积。

节点荷载修正量 $\triangle F_i$ 也按 F_i 的分配比例分配到纵、横两个方向的梁上:

$$\Delta F_i^x = \frac{F_i^x}{F_i}\Delta F_i \tag{4-45a}$$

$$\Delta F_i^y = \frac{F_i^y}{F_i}\Delta F_i \tag{4-45b}$$

修正后的荷载为

$$F_{i修}^x = F_i^x + \Delta F_i^x \tag{4-46a}$$

$$F_{i修}^y = F_i^y + \Delta F_i^y \tag{4-46b}$$

第六节　筏　形　基　础

筏形基础是底板连成整片形式的基础,可以分为梁板式和平板式两类。筏板基础的基底面积较十字交叉条形基础更大,能满足较软弱地基的承载力要求。由于基底面积的加大,减少了地基附加压力,地基沉降和不均匀沉降也因而减少;但是由于筏板基础的宽度较大,从而压缩层厚度也较大,这在深厚软弱土地基上尤应注意。筏板基础具有较大的整体刚度,在一定程度上能调整地基的不均匀沉降。

筏板基础通常按简化计算方法进行设计,当上部结构刚度很大时用倒楼盖法,当上部结构为柔性结构时用静定分析法。

一、倒　楼　盖　法

倒楼盖法是将筏形基础看作一个放置在地基上的楼盖,柱、墙视为该楼盖的支座,地基净反力视为作用在该楼盖上的外荷载,按混凝土结构中的单向或双向梁板的肋梁楼盖、无梁楼盖方法进行计算。

当地基比较均匀、上部结构刚度较好,梁板式筏基梁的高跨比或平板式筏基板的厚跨比不小于1/6,且柱荷载及柱间距的变化不超过20%时,可采用倒楼盖法计算。

平板式筏板按倒无梁楼盖计算,可参照无梁楼盖方法截取柱下板带和跨中板带进行计算。柱下板带中在柱宽及其两侧各0.5倍板厚且不大于1/4板跨的有效宽度范围内的钢筋配置量不应小于柱下板带钢筋的1/2,且应能承受作用在冲切临界截面重心上的部分不平衡弯矩

$\alpha_m M$ 的作用,如图4-48 所示。其中 M 是作用在冲切临界面重心上的不平衡弯矩,α_m 是不平衡弯矩传至冲切临界截面周边的弯曲应力系数,均可按《高层建筑箱形与筏形基础技术规范》的方法计算。

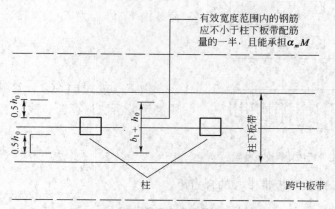

图4-48　柱两侧有效宽度范围示意图

梁板式筏板则根据肋梁布置的情况按倒双向板楼盖或倒单向板楼盖计算,其中底板分别按连续的双向板或单向板计算,肋梁均按多跨连续梁计算,但求得的连续梁边跨跨中弯矩以及第一内支座的弯矩宜乘以 1.2 的系数。

按倒楼盖法基底反力时,一般只计算局部弯曲,并假定基底反力为直线分布(或平面分布)进行计算。

对于矩形筏形基础,基底反力可按下列偏心受压公式进行简化计算(图4-49):

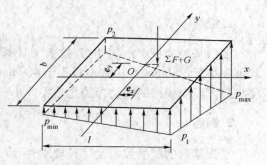

图4-49　基底反力简化计算

$$\begin{matrix} p_{\max}, p_1 \\ p_{\min}, p_2 \end{matrix} = \frac{\sum F + G}{lb}\left(1 \pm \frac{6e_x}{l} \pm \frac{6e_y}{b}\right) \qquad (4\text{-}47)$$

式中:$p_{\max}$、$p_{\min}$、p_1、p_2——分别为基底 4 个角的基底压力值,kPa;

　　　　$\sum F$——筏板上的总竖向荷载设计值,kN;

　　　　G——基础及其上土的重力,$G = 20dl$,kN;

　　　　l、b——筏板底面长与宽,m;

　　　　d——筏板的埋置深度,m;

　　　　e_x、e_y——分别为上部结构荷载在 x、y 方向对基底形心的偏心距(x、y 轴通过基底形心):

$$e_x = \frac{M_y}{\sum F + G} \qquad (4\text{-}48)$$

$$e_y = \frac{M_x}{\sum F + G} \qquad (4\text{-}49)$$

　　　　M_x、M_y——分别为竖向荷载设计值的合力点对 x、y 轴的力矩,kN·m。

二、静定分析法

当上部结构刚度很小时,可采用静定分析法。

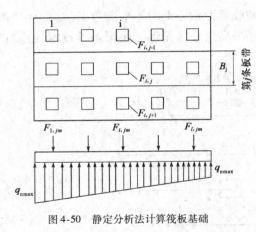

静定分析法如图4-50所示,按柱列布置划分板带,采用修正荷载的方法近似考虑板带间剪力传递的影响。例如图中第j条板带的第i列柱的荷载由$F_{i,j}$修正为$F_{i,jm}$:

$$F_{i,jm} = \frac{F_{i,j-1} + 2F_{i,j} + F_{i,j+1}}{4} \qquad (4-50)$$

由$F_{i,jm}$按式(4-50)计算基底净线压力,最后用静定分析法计算任一截面上的内力为

$$\left. \begin{array}{c} q_{nmax} \\ q_{nmin} \end{array} \right. = \frac{\sum\limits_{i=1}^{l} F_{i,jm}}{L} \pm \frac{6\sum M}{L^2} \qquad (4-51)$$

图4-50 静定分析法计算筏板基础

式中:$\sum M$——荷载对板带中心的合力矩。

三、构 造 要 求

1. 板厚

筏板基础的板厚由抗冲切、抗剪切计算确定。一般不应小于200mm,对于高层建筑梁板式不应小于300mm,平板式不宜小于400mm。对12层以上建筑的梁板式筏形基础,其底板厚度与最大双向板格的短边净跨之比不应小于1/4,且板厚不应小于400mm。

2. 钢筋

筏板基础的配筋除满足计算要求外,应考虑整体弯曲的影响。梁板式筏形基础的底板和基础梁的纵横向支座钢筋应有1/3~1/2贯通全跨,且配筋率不应小于0.15%,跨中钢筋按实际配筋率全部拉通。平板式筏形基础的柱下板带和底部钢筋应有1/3~1/2贯通全跨,且配筋率不应小于0.15%,顶部钢筋按实际配筋率全部拉通。当板厚不大于250mm时,板分布筋为$\phi 8@250$,板厚大于250mm时为$\phi 8@200$。

3. 混凝土

筏板基础的混凝土强度等级不应低于C30,当有地下室时应采用防水混凝土,其防渗等级应根据地下水的最大水头与防渗混凝土厚度的比值,按现行《地下工程防水技术规范》选用,但不得小于0.6MPa。必要时宜设架空排水层。

4. 悬臂的设置

筏板基础一般宜设置悬臂,伸出长度一般不宜大于该长度方向边跨柱距的1/4;当仅板悬挑时,伸出长度不宜大于1.5m,且板的四角应呈放射状布置5~7根角筋,直径与板边跨主筋相同。

第七节 箱 形 基 础

箱形基础是由底板、顶板和纵、横墙板组成的盒式结构,具有极大的刚度。箱形基础是在施工现场浇筑的钢筋混凝土大型基础,平面尺寸通常与整个建筑平面外形轮廓相同,高度至少超过 3m。箱形基础设计中应考虑地下水的压力和浮力作用,在变形计算中应考虑深开挖后地基的回弹和再压缩过程,施工中需解决基坑支护和施工降水等问题。

一、箱形基础的特点及应用

1. 箱基的特点

(1)箱基的基础功能大。

由于箱基是现场浇筑的钢筋混凝土箱形结构,整体刚度大,可将上部结构荷载有效地扩散传给地基,同时又能调整与抵抗地基的不均匀沉降,并减少不均匀沉降对上部结构的不利影响。

(2)箱基的地基承载力高。

箱基的宽度和埋深都比一般的独立基础或条形基础大得多,因此,地基承载力经基础宽度和埋深修正后,大幅度提高。

(3)箱基沉降量小。

由于箱基的基槽开挖深、面积大、土方量大,而基础为空心结构,以挖除土的自重来抵消或减小上部结构荷载,属于补偿性设计,由此可减小基底的附加应力,使地基沉降量减小。

(4)箱基抗震性能好。

箱基为整体现场浇筑的钢筋混凝土结构,底板、顶板与内外墙体厚度都较大。箱基不仅整体刚度大,而且箱基的长度、宽度和埋深都大,在地震作用下箱基不可能发生滑移或倾覆,箱基本身的变形也不大。因此,箱基是地震区一种良好的具有抗震性能的优良的基础形式。

2. 箱基的应用

由于箱基具有以上特点,在工程中被广泛应用。

(1)高层建筑。高层建筑为了满足地基稳定性的要求,防止建筑物的滑动与倾覆,不仅要求基础整体刚度大,而且需要埋深大,常采用箱形基础。

(2)重型设备。重型设备或对不均匀沉降有严格要求的建筑物,可采用箱形基础。

(3)需要利用地下空间。如用地下空间作为通风隔热层的建筑。

(4)需要地下室的各类建筑物。如用作人防、设备间、商店、文化厅、地下车库等,常采用箱形基础。

(5)上部结构荷载大,地基土较差。当上部结构荷载大,地基土较软弱或不均匀,无法采用独立基础或条形基础时,可采用天然地基箱形基础,避免打桩或人工加固地基。

(6)地震烈度高的重要建筑物。重要建筑物位于地震烈度 8 度及 8 度以上设防地区,根据抗震要求可采用箱形基础。

二、计 算 原 则

箱形基础的地基应满足强度和变形两方面的要求。

1. 地基承载力验算

箱基的地基承载力验算与其他建筑物相同,即在轴心荷载下满足 $p \leqslant f_a$,在偏心荷载作用下满足 $p_{max} \leqslant 1.2 f_a$。但箱基常用于对倾斜控制较严格的高层建筑,因此,对于高层建筑下的箱基,在偏心荷载下尚应满足 $p_{\min} \geqslant 0$ 的要求。在计算基底压力时,箱基在地下水位以下部分的自重,应扣除水的浮力。

2. 沉降变形计算

箱基一般有较大的埋深,深开挖引起的地基土回弹和随后的再压缩产生的沉降量往往在总沉降量中占重要地位,已不能忽略,即除了建筑物荷载产生的基底附加压力 p_0 引起的沉降外,土的自重 p_c 也会产生一定的沉降。但后者是一个再压缩过程,计算时应该采用土的再压缩参数。可采用压缩模量或变形模量计算箱基沉降量。

三、构 造 要 求

1. 荷载重心应与基底形心重合

箱基设计的关键是防止倾斜,在确定箱基形心时应考虑各种因素对箱基倾斜的影响。对于均匀地基上的单幢建筑物,箱基形心宜与上部结构竖向荷载重心重合。必要时可将箱基底板外伸,以满足地基承载力、容许沉降量和倾斜的要求。当为满足地基承载力要求而扩大基础底面积时,宜在横向扩大,因为一般矩形箱基的纵向相对挠曲要比横向大得多,增加纵向尺寸会进一步加大纵向的挠曲。

如无法做到上部结构竖向荷载重心与形心重合,则要求小偏心。偏心距应满足:

$$e \leqslant 0.1 \frac{W}{A} \tag{4-52}$$

式中:W——与偏心距方向一致的基础底面抵抗矩,m^3;

A——箱基底面积,m^2。

2. 箱基埋深

箱基埋深应满足抗倾覆和抗滑移的稳定性要求,对于抗震设防区的天然土质地基上的箱形基础,埋深不宜小于建筑物高度的 1/15。

3. 箱基高度

箱基高度除满足建筑物功能要求外,不宜小于基础长度(不包括悬挑长度)的 1/20,且不小于 3m,以保证其具有足够刚度适应地基的不均匀沉降,减少上部结构由不均匀沉降引起的附加应力。

4. 箱基墙体

(1)墙体面积。

箱基应具有足够的墙体面积,以保证箱基有足够的整体刚度和纵横方向的受剪承载力。箱基的墙体应沿上部结构柱网和剪力墙纵横均匀布置,墙体水平截面总面积不宜小于箱基外墙外包尺寸的水平投影面积的 1/10。对长宽比大于 4 的箱形基础,其纵墙截面积不得小于箱基外墙外包尺寸的水平投影面积的 1/18。

(2)墙体厚度。

外墙厚度不应小于 250mm,内墙厚度不应小于 200mm。

5. 箱基底板、顶板厚度

箱基底板厚度不应小于 300mm，顶板厚度不应小于 200mm。

6. 箱基混凝土

混凝土的强度等级不应低于 C30。采用防水混凝土时，抗渗等级不宜小于 0.6MPa。

7. 箱基配筋

（1）墙板配筋。

箱形基础墙板应设置双面钢筋，竖向和水平钢筋的直径不应小于 10mm，间距不应大于 200mm。除上部为剪力墙外，内、外墙的墙顶处宜配置两根直径不小于 20mm 的通长构造钢筋。

（2）顶、底板配筋。

当箱基仅按局部弯曲计算时，顶、底板的配筋除满足计算要求外，纵横方向的支座钢筋应有 1/3 ~ 1/2 贯通全跨，且贯通钢筋的配筋率不应小于 0.15%、0.10%，跨中钢筋应按实际配筋全部拉通。

第八节　补偿性基础

在筏板基础和箱形基础两节中都提到基础的"补偿性"概念，对于强度低、压缩性大且具有流变性的深厚的软土地基，当在其上建造多层或高层建筑物时，将产生过大的沉降变形，此时可采用筏板基础或箱形基础，即补偿性基础。

1. 基本概念

由地基沉降计算公式 $s = \psi_s \sum_{i=1}^{n} \dfrac{p_0}{E_{si}} (z_i \overline{\alpha_i} - z_{i-1} \overline{\alpha_{i-1}})$ 可知，当基础底面的附加应力 $p_0 = p - p_{cd} = 0$ 时，地基沉降量 $s = 0$。

若在软土地基上采用空心的箱形基础，使基坑开挖移去的土的自重应力 p_{cd} 恰好与新加的建筑物荷载 p 相等，即 $p_{cd} = p$，$p_0 = 0$。理论上此软土地基不会发生沉降。

上述这种利用卸除大量地基土的自重应力以抵消建筑物荷载的基础称为补偿性基础。

补偿性基础的概念可以用图 4-51 所示的基础施工过程说明。图 4-51a）是原有地基的情况，地下水位在地表下 d_1 处。图 4-51b）表示开挖基坑至 d_2 深处（$d_2 > d_1$），挖去的土和水的总重量为 G。图 4-51c）表示在开挖的基坑内建造建筑物，包括基础和上部结构的总重量为 G，建筑物完工后的地下水位恢复到原来的 d_1 位置。

由于 d_2 面以上的总压力和地下水位均无变化，所以基底以下土中的有效应力也无变化。因为沉降是由有效应力增量产生的，因此当直接从图 4-51a）情况转入图 4-51c）情况时，地基不发生沉降。同样的，由于地基中不产生附加应力，也不会发生剪切破坏。这可以理解为当施加的建筑物总荷载（扣除地下水浮力）等于挖除的有效土重时，建筑物的沉降为零，这就是补偿性基础的概念。如果建筑物总荷载大于挖除的土重，建筑物还会产生一定的沉降，但该沉降仅由建筑物荷载与挖除土重的差值产生，小于一般实体基础的沉降量，则称为部分补偿性基础。当然,当建筑物荷载小于挖除的土重时便成为超补偿基础了。在工程中为减少建筑物的沉降和不均匀沉降值,有时可采用补偿性基础。

但实际上要从图4-51a)转入图4-51c),必须先经过图4-51b)阶段。在图4-51b)阶段,由于基坑土的重量被卸除而引起坑底土隆起,因此,即使建筑物重量不超过被卸除土的重量,仍会产生沉降,不过这是一个回弹再压缩过程,压缩量小于正常压缩值,可以用土的再压缩模量计算。在估计这类建筑物沉降时应考虑这部分沉降值。

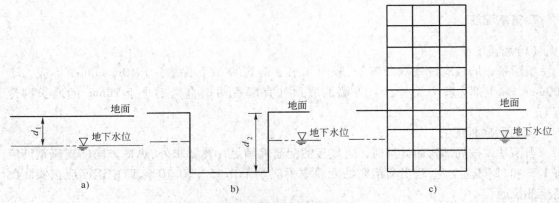

图 4-51　补偿性基础的施工过程

a)原有地基;b)开挖基坑至$d_2 > d_1$;c)建筑物建造完成

2. 补偿性基础的基坑施工措施

补偿性基础一般都具有较大的埋深,因此基坑施工时会遇到一系列问题。下面仅对减少坑底隆起的施工措施作一介绍。

工程中坑底隆起的原因有3个:①移去上覆土荷载后的弹性回弹。②基坑暴露一段时间后,由于压力减小,水楔入坑底土引起土的含水率增加,土体膨胀。可采取加快施工速度即开挖后立即加荷的方法消除。③基坑开挖接近临界深度时,其周围土体产生向坑内的塑性位移。应采用足够的抗隆起安全系数。

为减少基坑应力解除产生的坑底隆起量,可采用分阶段开挖并及时用建筑物荷载替代的方法。第一阶段可开挖至基坑的一半深度,产生很小的基坑回弹。第二阶段采用重量逐步置换法,按箱基隔墙的位置逐个开挖基槽至槽底高程,在槽内浇筑钢筋混凝土隔墙,以墙的重量代替挖除的土重。然后再依次挖去墙间土并浇筑底板,形成封闭空格后充水加压,可大大减少坑底隆起量。

降水可减少坑底隆起量,因为降水使土中有效应力增加,坑底土被压缩并得到改善,而在建筑物荷载施加时,地下水位又逐渐恢复到原有位置。但应注意降水引起的环境问题。

第九节　上部结构、基础和地基的共同作用分析

一、基本概念

1. 常规考虑方法

在建筑结构的设计计算中,通常是把上部结构、基础与地基三者分开考虑,视为彼此相互

独立的结构单元,进行静力平衡分析计算。不考虑上部结构的刚度,只计算作用在基础顶面的荷载;也不考虑基础的刚度,基底反力简化为直线分布,并反向施加于地基,当作柔性荷载验算地基承载力和进行地基沉降计算。

常规的计算方法虽然满足了上部结构、基础与地基三者之间的静力平衡条件,但三者之间的变形是不连续的、不协调的,使得计算结果与实际不符。

2. 合理的分析计算方法

地基、基础和上部结构三者相互连接成整体,共同承担荷载而产生相应的变形;三者都按各自的刚度,对相互的变形产生制约作用,因而制约整个体系的内力、基底反力和结构变形及地基沉降发生变化。合理的力学分析方法,原则上地基、基础和上部结构三者之间应同时满足静力平衡和变形协调两个条件,这需要建立正确反映结构刚度影响的理论,研究选用合理反映土的变形特性的地基计算模型及其参数。按地基、基础和上部结构共同作用的原则进行整体的相互作用分析无疑是相当复杂的,但掌握三者之间相互作用的基本概念,将有助于了解各类基础的性能,正确地选择地基基础方案对设计结果进行合理的调整。

二、相对刚度的影响

在上部结构、基础与地基的共同作用中,起重要影响的是"上部结构 + 基础"与地基之间的刚度比,即"相对刚度"。

1. 结构绝对柔性

当结构相对刚度为零,即所谓"结构绝对柔性",上部结构不会对地基变形产生影响。它不具备调整地基变形的能力,基底反力分布与上部结构和基础荷载的分布方式完全一致,地基变形按柔性荷载下的变形发生。由于上部结构和基础均缺乏刚度,因此不会因地基变形而产生内力。实际工程中,属于结构绝对柔性的建筑结构是没有的,而以屋架—柱—基础为承重体系的木结构和排架结构与之接近,所以常称这两种结构为"柔性结构",如图4-52a)所示。

2. 结构绝对刚性

结构相对刚度趋于无穷大,即所谓"结构绝对刚性"。绝对刚性具有很大的调整地基变形的能力,在荷载和地基都均匀的情况下发生均匀沉降,在偏心荷载、相邻荷载影响下或地基不均匀时发生倾斜,但不会发生基础的相对挠曲。实际工程中,烟筒、水塔等高耸结构物基本属于这种情况,所以也称为"刚性结构",如图4-52b)所示。

3. 结构相对刚性或弹性

结构相对刚度是有限的,结构一方面可以调整地基不均匀沉降,但同时也引起了结构中的附加应力,可能会导致结构的变形乃至开裂。在上部结构与地基基础共同工作作用下相对刚度有限的结构变形与内力,可视为整体弯曲与局部弯曲的叠加,如图4-52c)所示。

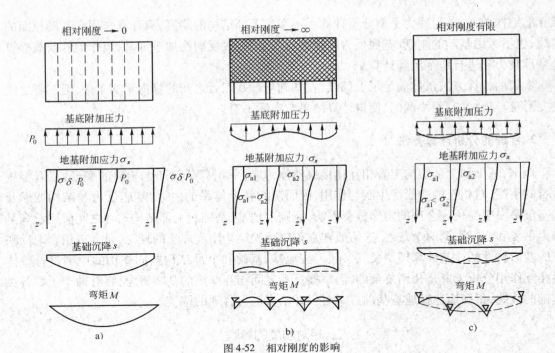

图 4-52 相对刚度的影响

a)结构绝对柔性;b)结构绝对刚性;c)结构相对刚性

思 考 题

4-1 什么是扩展基础?适用于什么范围?

4-2 什么是刚性基础?它与柔性基础的材料有何不同?

4-3 柱下的基础通常为独立基础,何时采用柱下条形基础?

4-4 如何进行柱下钢筋混凝土独立基础和墙下钢筋混凝土的条形基础设计?

4-5 筏板基础有哪些特点?

4-6 什么是箱形基础?其具有哪些特点?

4-7 何谓地基基础与上部结构共同工作?

习 题

4-1 某住宅承重墙厚240mm,地基土表层为杂填土,厚0.65m,重度17.3kN/m³。其下为粉土层,重度18.3kN/m³,承载力特征值 $f_{ak}=160$kPa,孔隙比0.86,黏粒含量 $\rho_c \geqslant 10\%$,饱和度大于0.91。地下水位在地表下0.8m处。上部结构荷载 $F_k=176$kN/m,试设计刚性基础并绘出基础剖面图。

4-2 某承重墙厚370mm,传来轴力设计值 $F=235$kN/m,基础埋深 $d=1.0$m,已知条形基础宽度 $b=2$m,混凝土强度等级C25,HPB300级钢筋,试设计此钢筋混凝土墙下条形基础。

4-3 某多层框架结构柱400mm×600mm,配有8ϕ22的纵向受力筋,柱传至室内地面处的荷载设计值 $F=480$kN、$M_b=55$kN·m、$V_1=40$kN,基础埋深 $d=1.8$m,地基承载力特征值 $f_a=145$kPa,混凝土强度等级C35,HPB300钢筋,设置C15厚100mm的混凝土垫层,试设计此基础。

第五章 桩基础
DIWUZHANG

第一节 概　述

一、桩基础的概念

桩基础简称桩基,它是一种常用而古老的深基础形式,通常由桩体与连接桩顶的承台组成,如图 5-1 所示。当承台底面设于地面以下时,承台称为低桩承台,相应的桩基础称为低台桩基础,如图 5-1a) 所示;当承台底面高于地面时,承台称为高桩承台,相应的桩基础称为高台桩基础,如图 5-1b) 所示。低台桩基础常用于陆域工业与民用建筑,而高台桩基础在海洋与港湾等水域工程结构中有较广泛的应用。

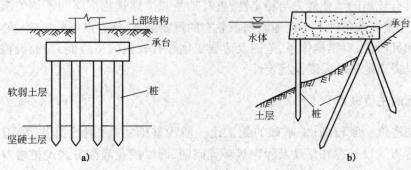

图 5-1　桩基础
a) 低台桩基础;b) 高台桩基础

桩基础可以采用单根桩的形式以承受和传递上部结构荷载,这种独立基础称单桩基础。但绝大多数桩基础的桩数不止 1 根而是由 2 根或以上的多根桩组成桩群,由承台将桩群与上部联结成一个整体,建筑物的荷载通过承台分配给各根桩,桩群再把荷载传给地基,这种由 2 根或以上桩组成的桩基础称群桩基础。群桩基础中的单桩称基桩。

二、桩基础的适应性

桩基础的适用范围十分广泛,可概括为以下情况:

（1）高层建筑、高耸构筑物及重型厂房等结构的荷载很大，在基础的沉降与不均匀沉降方面有较严格的限制，一般天然地基难以满足要求，需采用桩基础。

（2）无论是陆域还是水域，常常受到施工方法、经济条件及工期紧张等因素的限制，不适于进行软土地基处理，也不适于采用沉井、沉箱、地下连续墙等深基础，此时采用桩基础通常是比较适宜的方案。

（3）当地基存在震陷性、湿陷性、膨胀性、冻胀性或侵蚀性等不良土层时，或上覆土层为强度低、压缩性高的软弱土层，不能满足建筑物对土基的要求，而软土层下面为较好的或坚硬的土层时，应考虑采用桩基础穿越这些不良土层，将荷载传递到深部相对坚硬和稳定的土层中。

（4）在地震区域建造建筑物，持力层范围内有可液化土层，需将建筑物支持于不液化土层上；当结构物考虑可能的爆炸、强风暴等其他随机性强的动荷载时，浅基础不易满足结构的稳定性要求，可采用桩基础。

（5）当建筑物承受较大的水平荷载，需减少建筑物的水平位移和倾斜时，或建在斜坡上的建筑物以及基坑与边坡的抗侧移与滑动失稳中，采用桩基础是较常用的设计措施。

（6）当途经江河湖海、峡谷、滩涂等交通设施的工程结构跨越范围大、地质条件及荷载情况变化也较大时，可通过灵活调整桩的类型、长短、布置等来适应环境与结构的要求。

（7）在流动水域中，由于水流冲刷较深，危及一般基础的稳定时，可考虑采用桩基础；兴建码头、沿岸平台、栈桥及海上采油平台、输油（气）管道支架等水上结构物时，需将桩穿过水体打入深部良好的岩土层中，形成高台桩基。

三、桩基础的优缺点

1. 桩基础的主要优点

桩基础具有较高的承载能力与稳定性；桩基础是减少建筑物沉降与不均匀沉降的良好措施；桩基础是克服复杂条件下不良地质现象危害的重要措施，且有良好的抗震、抗爆性能；桩基础具有很强的灵活性，对结构体系、范围及荷载变化等有较强的适应能力，而设桩也可作为地基处理措施以提高地基的强度及稳定性。

2. 桩基础的主要缺点

桩基础的造价一般较高；桩基础的施工比一般浅基础复杂（但比沉井、沉箱等深基础简单）；以打入等方式设桩存在振动及噪声等环境问题，而以成孔灌注方式设桩常对场地环境卫生带来影响；桩基础的工作机理比较复杂，其设计计算方法相对尚不完善。

第二节　桩　的　分　类

当确定采用桩基础后，合理地选择桩的类型是桩基设计中很重要的环节。分类的目的是掌握其不同的特点，以供设计桩基时根据现场的具体条件选择适当的桩型。桩可以按不同的方法进行分类，以下主要是《建筑桩基技术规范》（JGJ 94—2008）推荐的分类方法。

桩基中的桩可以是竖直或倾斜的，工业与民用建筑大多以承受竖向荷载为主而多用竖直桩。根据桩的承载方式、施工方法、桩身材料及桩的设置效应等又可把桩划分为各种类型。

一、按承载方式分类

桩的承载方式与浅基础的承载方式不一样。浅基础是把上部荷载在水平方向扩散到地基中去，而桩除去以桩端阻力的方式对上部荷载在水平方向进行扩散外，还在竖向以桩侧摩阻力的方式对上部荷载进行扩散。

桩在竖向荷载作用下，桩顶荷载由桩侧阻力和桩端阻力共同承受。但由于桩的尺寸、施工方法、桩侧和桩端地基土的物理力学性质等因素的不同，桩侧和桩端所分担荷载的比例是不同的，根据此分担荷载的比例而把桩分为摩擦型桩和端承型桩(图 5-2)。

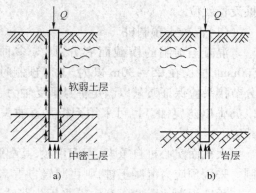

图 5-2　摩擦型桩和端承型桩
a)摩擦型桩；b)端承型桩

1.摩擦型桩

在竖向极限荷载作用下，如果桩顶荷载全部或主要由柱侧阻力承担，这种桩称摩擦型桩。根据桩侧阻力分担荷载的比例，摩擦型桩又分为摩擦桩和端承摩擦桩两类。

摩擦桩：在承载能力极限状态下，桩顶竖向荷载由桩侧阻力承受，桩端阻力小到可忽略不计。以下桩可按摩擦桩考虑：桩长径比很大，桩顶极限荷载只通过桩身压缩产生的桩侧阻力传递给桩周土，桩端土层分担荷载很小；桩端下无较坚实的持力层；桩底残留虚土或沉渣的灌注桩；桩端出现脱空的打入桩等。

端承摩擦桩：在承载能力极限状态下，桩顶竖向荷载主要由桩侧阻力承受。这类桩的长径比不很大，桩端持力层为较坚实的黏性土、粉土和砂类土时，除桩侧阻力外，还有一定的桩端阻力。这类桩所占比例很大。

2.端承型桩

在竖向极限荷载作用下，如果桩顶荷载全部或主要由桩端阻力承担，这种桩称端承型桩。根据桩端阻力分担荷载的比例，又可分为端承桩和摩擦端承桩两类。

端承桩：在承载能力极限状态下，桩顶竖向荷载由桩端阻力承受，桩侧阻力小到可忽略不计。桩的长径比较小，桩端设置在密实砂类、碎石类土层中或位于中、微风化及新鲜基岩层中的桩可认为是端承桩。

摩擦端承桩：在承载能力极限状态下，桩顶竖向荷载主要由桩端阻力承受。桩的侧阻力虽属次要，但不可忽略。这类桩的桩端通常进入中密以上的砂层、碎石类土层中或位于中、微风化及新鲜基岩顶面。

此外，当桩端嵌入岩层一定深度(要求桩的周边嵌入微风化或中等风化岩体的最小深度不小于0.5m)时，称为嵌岩桩。对于嵌岩桩，桩侧与桩端荷载分担比例与孔底沉渣及进入基岩深度有关，桩的长径比不是制约荷载分担的唯一因素。

二、按施工方法分类

根据桩的施工方法不同，主要可分为预制桩和灌注两大类。

1. 预制桩

预制桩桩体可以在施工现场预制,也可以在工厂制作,然后运至施工现场。预制桩可以是木桩,也可以是钢桩或预制钢筋混凝土桩等。预制桩可以经锤击、振动、静压或旋入等方式将桩设置就位。

(1)混凝土预制桩。

混凝土预制的横截面有方、圆等多种形状。一般普通实心方桩的截面边长为 300 ~ 500mm,桩长在 25 ~ 30m 以内,工厂预制时分节长度≤12m,沉桩时在现场连接到所需桩长。分节接头应保证质量以满足桩身承受轴力、弯矩和剪力的要求,通常可用钢板、角钢焊接,并涂以沥青以防腐蚀。也可采用钢板垂直插头加水平销连接,其施工快捷,不影响桩的强度和承载力。

大截面实心桩自重大,用钢量大,其配筋主要受起吊、运输、吊立和沉桩等各阶段的应力控制。采用预应力混凝土桩,则可减轻自重、节约钢材、提高桩的承载力和抗裂性。

预应混凝土管桩(图5-3)采用先张法预应力工艺和离心成型法制作。经高压蒸气养护生产的为 PHC 管桩,桩身混凝土强度等级≥C80;未经高压蒸气养护生产的为 PC 管桩(强度为 C60 ~ C80)。建筑工程中常用的 PHC、PC 管桩的外径为 300 ~ 600mm,每节长 5 ~ 13m。桩的下端设置开口的钢桩尖或封口十字刃钢桩尖(图5-4)。沉桩时桩节处通过焊接端头板接长。

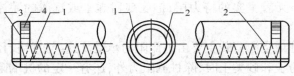 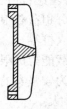 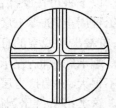

图 5-3　预应力混凝土管桩　　　　　图 5-4　预应力混凝土管桩的封口十字刃钢桩尖
1-预应力钢筋;2-螺旋箍筋;3-端头板;4-钢套箍

预制桩的截面形状、尺寸和桩长可在一定范围内选择,桩尖可达坚硬黏性土或强风化基岩,具有承载能力高、耐久性好且质量较易保证等优点。但其自重大,需大能量的打桩设备,并且由于桩端持力层起伏不平而导致桩长不一,施工中往往需要接长或截短,工艺比较复杂。

(2)钢桩。

常用的钢桩有下端开口或闭口的钢管桩和 H 形钢桩等。一般钢管桩的直径为 250 ~ 1200mm。钢桩的穿透能力强,自重小,锤击沉桩效果好,承载能力高,无论起吊、运输或是沉桩、接桩都很方便。其缺点是耗钢量大,成本高,易锈蚀。我国只在少数重点工程中使用,如上海宝钢工程就采用了直径 914.4mm、壁厚 16mm、长 61m 等几种规格的钢管桩。

(3)木桩。

常用松木、杉木或橡木做成,一般桩径为 160 ~ 260mm,桩长 4 ~ 6m,桩顶锯平并加铁箍,桩尖削成棱锥形。木桩制作和运输方便,打桩设备简单,在我国使用历史悠久,目前已很少使用,只在某些加固工程或能就地取材的临时工程中采用。木桩在淡水中耐久性好,但在海水及干湿交替的环境中极易腐烂,因此一般应打入地下水位以下不少于 0.5m。

预制桩沉桩深度一般应根据地质资料及结构设计要求估算。施工时以最后贯入度和桩尖设计高程两方面控制。最后贯入度系指沉至某高程时,每次锤击的沉入量,通常以最后每阵的平均贯入量表示。锤击法常以 10 次锤击为一阵,振动沉桩以 1min 为一阵。最后贯入度则根据计算或地区经验确定,一般可取最后两阵的平均贯入度为 10～50mm/阵。

2. 灌注桩

灌注桩是直接在所设计桩位处成孔,然后在孔内下放钢筋笼(也有直接插筋或省去钢筋的)再浇灌混凝土而成。其横截面呈圆形,可以做成大直径和扩底桩。保证灌注桩承载力的关键在于桩身的成型及混凝土质量。灌注桩通常可分为:

(1)沉管灌注桩。

利用锤击或振动等方法沉管成孔,然后浇注混凝土,拔出套管,其施工程序如图 5-5 所示。一般可分为单打、复打(浇注混凝土并拔管后,立即在原位再次沉管及浇注混凝土)和反插法(注满混凝土后,先振动再拔管,一般拔 0.3～0.5m)三种。复打后的桩横截面面积增大,承载力提高,但其造价也相应提高。

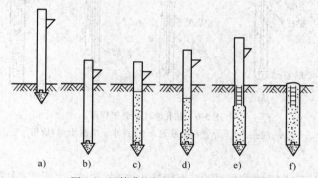

图 5-5　沉管灌注桩的施工程序示意
a)打桩机就位;b)沉管;c)浇注混凝土;d)边拔管,边振动;e)安放钢筋笼,继续浇注混凝土;f)成型

锤击沉管灌注桩的常用桩径(预制桩尖的直径)为 300～500mm,桩长常在 20m 以内,可打至硬塑黏土层或中、粗砂层。其优点是设备简单、打桩进度快、成本低。但在软、硬土层交界处或软弱土层处易发生缩颈(桩身截面局部缩小)现象,此时通常可放慢拔管速度,灌注管内混凝土的充盈系数(混凝土实际用量与计算的桩身体积之比)一般应达 1.10～1.20。此外,也可能由于邻桩挤压或其他振动作用等各种原因使土体上隆,引起桩身受拉而出现断桩现象,或出现局部夹土、混凝土离析及强度不足等质量事故。

振动沉管灌注桩的钢管底端带有活瓣桩尖(沉管时桩尖闭合,拔管时活瓣张开以便浇注混凝土),或套上预制混凝土桩尖。桩横截面尺寸一般为 400～500mm,常用振动锤的振动力为 70kN、100kN 和 160kN。在黏性土中,其沉管穿透能力比锤击沉管灌注桩稍差,承载力也比锤击沉管灌注桩要低。

内击式沉管灌注桩(亦称弗朗基桩,Franki Pile)的优点是混凝土密实且与土层紧密接触,同时桩头扩大,承载力较高,效果较好,但穿越厚砂层能力较低,打入深度难以掌握。施工时,先在竖起的钢套筒内放进约 1m 高的混凝土或碎石,用吊锤在套筒内锤打,形成"塞头"。以后锤打时,塞头带动套筒下沉:至设计高程后,吊住套筒,浇注混凝土并继续锤击,使塞头脱出筒口,形成扩大的桩端,其直径可达桩身直径的 2～3 倍,当桩端不再扩大而使套筒上升时,开始浇注桩身混凝土(若需配筋时先吊放钢筋笼),同时边拔套筒边锤击,直至达到所需高度为止。

（2）钻（冲）孔灌注桩。

钻（冲）孔灌注桩用钻机钻土成孔，然后清除孔底残渣，安放钢筋笼，浇注混凝土。有的钻机成孔后，可撑开钻头的扩孔刀刃使之旋转切土扩大桩孔，浇注混凝土后在底端形成扩大桩端，但扩底直径不宜大于 3 倍桩身直径。根据不同土质，可采用不同的钻、挖工具，常用的有螺旋钻机、冲击钻机、冲抓钻机等。

目前国内钻（冲）孔灌注桩多用泥浆护壁，泥浆应选用膨胀土或高塑性黏土在现场加水搅拌制成，一般要求其比重为 1.1~1.15，黏度为 10~25s，含砂率 <6%，胶体率 >95%。施工时泥浆面应高出地下水面 1m 以上，清孔后在水下浇注混凝土，其施工程序如图 5-6 所示。常用桩径为 800mm、1000mm、1200mm 等。其最大优点是入土深，能进入岩层，刚度大，承载力高，桩身变形小，并可方便地进行水下施工。

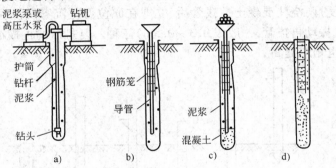

图 5-6　钻孔灌注桩施工程序

a）成孔；b）下导管和钢筋笼；c）浇注水下混凝土；d）成桩

（3）挖孔桩。

挖孔桩可采用人工或机械挖掘成孔，逐段边开挖边支护，达所需深度后再进行扩孔、安装钢筋笼及浇注混凝土而成。

挖孔桩一般内径应 ≥800mm，开挖直径 ≥1000mm，护壁厚 ≥100mm，分节支护，每节高 500~1000mm，可用混凝土预制块或砖砌筑，桩身长度限制在 40m 以内。图 5-7 为某人工挖孔桩示例。

挖孔桩可直接观察地层情况，孔底易清除干净，设备简单，噪声小，场区内各桩可同时施工，且桩径大、适应性强，比较经济。但由于挖孔时可能存在塌方、缺氧、有害气体、触电等危险，易造成安全事故，因此应严格执行有关安全操作的规定。此外难以克制流沙现象。

表 5-1 给出了我国常用灌注桩的适用范围、桩径及桩长的参考值。另外，对各类灌注桩，都可以在孔底预先放置适量的炸药，在灌注混凝土后引爆，使桩底扩大呈球形，以增加桩底支承面积而提高桩的承载力，这种爆炸扩底的桩称爆扩桩（图 5-8）。

常用灌注桩的桩径桩长及适用范围　　　　　　　　　　　　　　　　　　　　　表 5-1

成 孔 方 法		桩径（mm）	桩长（m）	适 用 范 围
泥浆护壁成孔	冲抓 冲击 回转钻	≥800	≤30 ≤50 ≤80	碎石土、砂类土、粉土、黏性土及风化岩。当进入中等风化和微风化岩层时，冲击成孔的速度比回转钻快
	潜水钻	500~800	≤50	黏性土、淤泥、淤泥质土及砂类土

成 孔 方 法		桩径(mm)	桩长(m)	适 用 范 围
干作业成孔	螺旋钻	300～800	≤30	地下水位以上的黏性土、粉土、砂类土及人工填土
	钻孔扩底	300～600	≤30	地下水位以上坚硬、硬塑的黏性土及中密以上砂类土
	机动洛阳铲	300～500	≤20	地下水位以上的黏性土、粉土、黄土及人工填土
沉管成孔	锤击	340～800	≤30	硬塑黏性土、粉土及砂类,直径≥600mm 的可达强风化岩
	振动	400～500	≤24	可塑黏性土、中细砂
爆扩成孔		≤350	≤12	地下水位以上的黏性土、黄土、碎石土及风化岩
人工挖孔		≥100	≤40	黏性土、粉土、黄土及人工填土

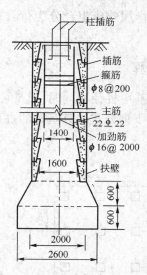

图 5-7　人工挖孔桩示例(尺寸单位:mm)

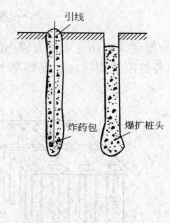

图 5-8　爆扩桩

三、按桩的挤土效应分类

随着桩的设置方法(打入或钻孔成桩等)不同,桩周土所受的排挤作用也很不同。排挤作用将使土的天然结构、应力状态和性质发生很大变化,从而影响桩的承载力和变形性质。这些影响统称为桩的设置效应。桩按设置效应可分为下列 3 类。

1. 非挤土桩

钻(冲或挖)孔灌注桩、机挖井形灌注桩及机动洛阳铲成孔灌注桩等。因设置过程中清除孔中土体,桩周土不受排挤作用,并可能向桩孔内移动,使土的抗剪强度降低,桩侧摩阻力有所减小。

2. 部分挤土桩

冲击成孔灌注桩、预钻孔打入式预制桩、H 形钢桩、开口钢管桩和开口预应力混凝土管桩等。在桩的设置过程中对桩周土体稍有排挤作用,但土的强度和变形性质变化不大,一般可用原状土测得的强度指标来估算桩的承载力和沉降量。

3. 挤土桩

实心的预制桩、下端封闭的管桩、木桩以及沉管灌注桩等。在锤击和振动贯入过程中都要将桩位处的土体大量排挤开,使土的结构严重扰动破坏,对土的强度及变形性质影响较大。因此必须采用原状土扰动后再恢复的强度指标来估算桩的承载力及沉降量。

此外,按桩身材料的不同亦可把桩分为混凝土桩、钢桩、木桩及组合材料桩等。也可按桩径大小分为小直径桩($d \leqslant 250\mathrm{mm}$)、中等直径桩($250\mathrm{mm} < d < 800\mathrm{mm}$)和大直径桩($d \geqslant 800\mathrm{mm}$)三种。

第三节 桩顶作用效应

桩顶作用效应分为荷载效应和地震作用效应,相应的作用效应组合分为荷载效应基本组合和地震效应组合。

一、基桩桩顶荷载效应计算

对于一般建筑物和受水平力较小的高大建筑物,当桩基中桩径相同时,通常可假定:承台是刚性的;各桩刚度相同;x、y 是桩基平面的惯性主轴。按下列公式计算基桩的桩顶作用效应(图 5-9)。

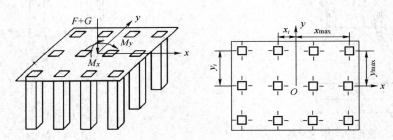

图 5-9 桩顶荷载的计算简图

轴心竖向力作用下

$$N_{\mathrm{k}} = \frac{F_{\mathrm{k}} + G_{\mathrm{k}}}{n} \tag{5-1}$$

偏心竖向力作用下

$$N_{i\mathrm{k}} = \frac{F_{\mathrm{k}} + G_{\mathrm{k}}}{n} + \frac{M_{x\mathrm{k}}y_i}{\sum y_j^2} + \frac{M_{y\mathrm{k}}x_i}{\sum x_j^2} \tag{5-2}$$

水平力

$$H_{i\mathrm{k}} = H_{\mathrm{k}}/n \tag{5-3}$$

式中: F_{k}——荷载效应标准组合下,作用于承台顶面的竖向力;

G_{k}——桩基承台和承台上土自重标准值,对稳定的地下水位以下部分应扣除水的浮力;

N_{k}——荷载效应标准组合轴心竖向力作用下,基桩或复合基桩的平均竖向力;

$N_{i\mathrm{k}}$——荷载效应标准组合偏心竖向力作用下,第 i 基桩或复合基桩的竖向力;

$M_{x\mathrm{k}}$、$M_{y\mathrm{k}}$——荷载效应标准组合下,作用于承台底面,绕通过桩群形心的 x、y 主轴的力矩;

x_i、x_j、y_i、y_j——第 i、j 基桩或复合基桩至 y、x 轴的距离;

H_k——荷载效应标准组合下,作用于桩基承台底面的水平力;

H_{ik}——荷载效应标准组合下,作用于第 i 基桩或复合基桩的水平力;

n——桩基中的桩数。

(1)对于主要承受竖向荷载的抗震设防区低承台桩基,在同时满足下列条件时,桩顶作用效应计算可不考虑地震作用:

①按现行国家标准《建筑抗震设计规范》规定可不进行桩基抗震承载力验算的建筑物;

②建筑场地位于建筑抗震的有利地段。

(2)属于下列情况之一的桩基,计算各基桩的作用效应、桩身内力和位移时,宜考虑承台(包括地下墙体)与基桩协同工作和土的弹性抗力作用,其计算方法可按《建筑桩基技术规范》附录 C 进行:

①位于 8 度和 8 度以上抗震设防区和其他受较大水平力的高层建筑,当其桩基承台刚度较大或由于上部结构与承台协同作用能增强承台的刚度时;

②受较大水平力及 8 度和 8 度以上地震作用的高承台桩基。

二、桩基竖向承载力计算

1.荷载效应标准组合

轴心竖向力作用下

$$N_k \leqslant R \tag{5-4}$$

偏心竖向力作用下除满足上式外,还应满足下式的要求

$$N_{kmax} \leqslant 1.2R \tag{5-5}$$

2.地震作用效应和荷载效应标准组合

轴心竖向力作用下

$$N_{Ek} \leqslant 1.25R \tag{5-6}$$

偏心竖向力作用下除满足上式外,还应满足下式的要求

$$N_{Ekmax} \leqslant 1.5R \tag{5-7}$$

式中:N_k——荷载效应标准组合轴心竖向力作用下,基桩或复合基桩的平均竖向力;

N_{kmax}——荷载效应标准组合偏心竖向力作用下,桩顶最大竖向力;

N_{Ek}——地震作用效应和荷载效应标准组合下,基桩或复合基桩的平均竖向力;

N_{Ekmax}——地震作用效应和荷载效应标准组合下,基桩或复合基桩的最大竖向力;

R——基桩或复合基桩竖向承载力特征值。

三、群桩竖向承载力(考虑承台效应、群桩效应)的确定

1.群桩效应

桩数不只一根的桩基称为群桩基础,群桩中的每根桩称为基桩。群桩效应是多根桩受力后通过桩周土体而相互作用引起的与单桩承载力与变形性状相异的效果。除端承桩基由于桩端面积较小且土(岩)较硬而使各桩引起的应力叠加作用较小以外,甚至在诸如群桩承压、受水平力及抗拔时均存在群桩效应问题。

群桩效应主要是由于各桩所引起的地基应力的叠加造成的。图 5-10 为端承单桩及群桩桩尖下应力分布的情况。这种情况下，桩与桩的相互作用效应很小，可忽略不计。图 5-11 为摩擦型单桩及群桩桩端处的应力分布情况，群桩导致应力分布的范围及强度均较大，应力传递的深度也将比单桩情况大，因此群桩效应明显。这一原理也适用于群桩抗拔等情况。

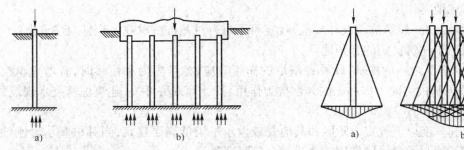

图 5-10　端承桩在桩尖平面上的应力分布图　　　　图 5-11　摩擦桩桩尖平面上的应力分布
　　　　　a）单桩；b）群桩　　　　　　　　　　　　　　　　a）单桩；b）群桩

群桩效应包括两方面，即承载力效应和变形效应，分别以群桩效率系数 η 及变形比 ξ 两个指标来反映群桩效应的强弱及评价群桩的工作性状。对竖向抗压桩基，定义效率系数 η 为

$$\eta = \frac{Q_{ug}}{n \cdot Q_u} \tag{5-8}$$

式中：Q_u——单桩抗压极限承载力，kN；

　　　Q_{ug}——群桩抗压极限承载力，kN；

　　　n——桩数。

同样对于群桩的竖向沉降，则定义群桩沉降比

$$\xi = \frac{s_g(nQ)}{s(Q)} \tag{5-9}$$

式中：Q——单桩桩顶竖向荷载，kN；

　　　$s(Q)$——单桩在荷载 Q 作用下的沉降量，mm；

　　$s_g(nQ)$——n 根群桩在 n 倍 Q 作用下的沉降量，mm。

类似的，也可定义桩水平承载力效率系数、水平位移比以及群桩抗拔承载力效率系数、上拔量比等指标。

通过对群桩的现场静载试验、群桩模型试验及有关理论分析，对群桩的竖向承载力与沉降性状得出以下初步结论：

（1）桩间距对群桩效应的影响很大，当其他因素不变时，随桩间距增大，效率系数会提高而沉降比下降；当桩间距增大到一定程度后，其对群桩效应的影响会变得不显著。

（2）桩数对群桩效应的影响较大。当桩间距等其他条件相同时，桩数越大，效率系数越低而沉降比越高。

（3）当承台面积一定时，增加桩数的同时会使桩间距变小，将导致效率系数显著下降。

（4）当其他因素相同时，桩越长，群桩效率系数越低而沉降比越大。

（5）地基土越硬，效率系数越小而沉降比亦越大。

（6）群桩排列形式、桩上荷载水平对效率系数及沉降比也有一定影响。

上述规律性对于群桩受水平荷载及抗拔情况也基本适用。试验与理论分析资料表明，当桩间距小于 3 倍桩径时，地基中附加应力重叠现象严重，群桩效率系数低而变形比较大，而当

桩间距大于6倍桩径时,地基应力重叠现象较轻,群桩效率系数较高而变形比较小。利用这一性质可对复杂的群桩承载力与变形问题做适当的简化处理,以满足实际设计需要。

2. 复合基桩竖向承载力特征值

复合基桩竖向承载力特征值可按下列公式确定:

不考虑地震作用时

$$R = R_a + \eta_c f_{ak} A_c \tag{5-10}$$

考虑地震作用时

$$R = R_a + (\zeta_a/1.25) \eta_c f_{ak} A_c \tag{5-11}$$

$$A_c = (A - nA_{ps})/n \tag{5-12}$$

式中:R_a——单桩竖向承载力特征值;

η_c——承台效应系数,可按表5-2取值;

f_{ak}——承台下1/2承台宽度且不超过5m深度范围内各层土的地基承载力特征值按厚度加权的平均值;

A_c——计算基桩所对应的承台底净面积;

A_{ps}——桩身截面面积;

A——承台计算域面积。对于柱下独立桩基,A为承台总面积;对于桩筏基础,A为柱、墙筏板的1/2跨距和悬臂边2.5倍筏板厚度所围成的面积;桩集中布置于单片墙下的桩筏基础,取墙两边各1/2跨距围成的面积,按条基计算η_c;

ζ_a——地基抗震承载力调整系数,按现行国家标准《建筑抗震设计规范》采用。

当承台底为可液化土、湿陷性土、高灵敏度软土、欠固结土、新填土时,沉桩引起超孔隙水压力和土体隆起时,不考虑承台效应,取$\eta_c = 0$。

承台效应系数 η_c 表5-2

B_c/l（承台宽度与桩长之比） \ s_a/d（桩中心距与桩径之比）	η_c				
	3	4	5	6	>6
≤0.40	0.06~0.08	0.14~0.17	0.22~0.26	0.32~0.38	0.50~0.80
0.40~0.80	0.08~0.10	0.17~0.20	0.26~0.30	0.38~0.44	
>0.80	0.10~0.12	0.20~0.22	0.30~0.34	0.44~0.50	
单排桩条形承台	0.15~0.18	0.25~0.30	0.38~0.45	0.50~0.60	

注:①表中s_a/d为桩中心距与桩径之比;B_c/l为承台宽度与桩长之比。当计算基桩为非正方形排列时,$s_a = \sqrt{A/n}$,A为承台计算域面积,n为总桩数;

②对于桩布置于墙下的箱、筏承台,η_c可按单排桩条基取值;

③对于单排桩条形承台,当承台宽度小于$1.5d$时,η_c按非条形承台取值;

④对于采用后注浆灌注桩的承台,η_c宜取低值;

⑤对于饱和黏性土中的挤土桩基、软土地基上的桩基承台,η_c宜取低值的0.8倍。

四、单桩竖向承载力特征值

单桩竖向承载力特征值R_a应按下式确定:

$$R_a = (1/K)Q_{uk} \tag{5-13}$$

式中：Q_{uk}——单桩竖向极限承载力标准值；

　　　K——安全系数，取 $K = 2$。

（1）对于端承型桩基、桩数少于 4 根的摩擦型柱下独立桩基，或由于地层土性、使用条件等因素不宜考虑承台效应时，基桩竖向承载力特征值应取单桩竖向承载力特征值。

（2）对于符合下列条件之一的摩擦型桩基，宜考虑承台效应确定其复合基桩的竖向承载力特征值：

①上部结构整体刚度较好、体型简单的建（构）筑物。

②对差异沉降适应性较强的排架结构和柔性构筑物。

③按变刚度调平原则设计的桩基刚度相对弱化区。

④软土地基的减沉复合疏桩基础。

第四节　单桩的荷载传递机理与破坏模式

一、轴向荷载传递的概念

将长度为 l、断面周长为 u、桩断面积为 A 的桩垂直设入地基后，由桩侧分布摩阻力 $q_s(z)$ 与桩端分布阻力 q_p 共同抵抗竖向荷载 Q。地基土在桩侧摩阻力 $q_s(z)$ 及桩端阻力 q_p 的作用下产生附加应力，因而导致地基土的变形，引起桩体的沉降；桩体受到荷载 Q 与土体阻力的共同作用而产生桩身轴力，从而导致桩体再现轴向压缩变形；在桩周处由桩土受力条件不同而产生桩土相对位移，这种相对位移的大小和随深度位置的变化对桩的桩侧摩阻力有很大影响；在桩端处桩的沉降与桩端阻力的大小有关。因此，单桩荷载传递理论主要研究土体系中的摩阻力分布与发展规律、桩端阻力的发挥过程以及桩身内力与变形随荷载变化的分布和发展过程。

随着荷载的增加，桩身阻力逐渐发挥而达到极限，而桩身位移也将有急剧发展，此时桩所受到荷载即为极限荷载。从此意义上讲，单桩荷载传递的过程就是桩极限承载能力的发挥过程。

二、桩摩阻力、轴力与桩身位移的关系

1. 荷载传递的微分方程

如图 5-12a）所示，在某一深度 z 处取一微桩段 $\mathrm{d}z$，其竖向受力平衡方程为（忽略桩体自重）：

$$N(z) + \mathrm{d}N(z) + uq_s(z)\mathrm{d}z - N(z) = 0$$

整理此式，可得

$$q_s(z) = \frac{1}{u} \cdot \frac{\mathrm{d}N(z)}{\mathrm{d}z} \tag{5-14}$$

式中：$N(z)$——z 深度处桩身轴力，kN；

　　　u——桩身断面周长，m；

　　　$q_s(z)$——桩侧分布摩阻力，kPa。

微桩段 $\mathrm{d}z$ 的轴向压缩变形 $\mathrm{d}s(z)$ 及 $N(z)$ 的关系可按材料力学方法确定如下

$$N(z) = -EA \frac{\mathrm{d}s(z)}{\mathrm{d}z} \tag{5-15}$$

式中：$s(z)$——桩身沉降，m；

$\qquad E$——桩身弹性模量，kPa；

$\qquad A$——桩身断面积，m^2。

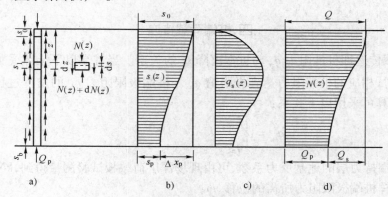

图 5-12　单桩轴向荷载传递分析

a)传力示意；b)沉降分布；c)摩阻力分布；d)轴力分布

将式(5-15)代入式(5-14)得

$$q_{\mathrm{s}}(z) = \frac{EA}{u} \cdot \frac{\mathrm{d}^2 s(z)}{\mathrm{d}z^2} \tag{5-16}$$

2. 荷载传递的积分方程

根据式(5-14)，如已知 $q_{\mathrm{s}}(z)$，则可得出桩身轴力的分布为

$$N(z) = Q - \int_0^z u q_{\mathrm{s}}(z)\mathrm{d}z \tag{5-17}$$

上式当 $z=0$，$N(0)=Q$ 为桩顶荷载；$z=l$，$N(l)=Q-\int_0^l u q_{\mathrm{s}}(z)\mathrm{d}z = Q_{\mathrm{p}}$ 即为桩端阻力，而令 $\int_0^l u q_{\mathrm{s}}(z)\mathrm{d}z = Q_{\mathrm{s}}$，即为桩侧总摩阻力，如图 5-12d)所示。由式(5-16)积分可得

$$s(z) = s_0 - \frac{1}{EA}\int_0^z N(z)\mathrm{d}z \tag{5-18}$$

上式当 $z=0$，$s(z)=s_0$ 为桩顶沉降；$z=l$，$s(l)=s_0-\frac{1}{EA}\int_0^l N(z)\mathrm{d}z = s_{\mathrm{p}}$ 为桩端沉降，而令 $\Delta s_{\mathrm{p}} = \frac{1}{EA}\int_0^l N(z)\mathrm{d}z$ 即为桩长范围内桩身轴向压缩变形，如图 5-12b)所示。

3. 方程的应用

利用上述微分或积分方程，可对桩的受力与变形进行分析计算。工程上还利用上述方程，通过以位移计测得的桩体沉降分布 $s(z)$ 求出桩身轴力分布以及桩侧摩阻力分布，或直接以压力盒量测桩身轴力分布，按上述关系，研究桩侧与桩端的阻力分布及发展情况。

三、摩阻力沿深度的分布

桩侧摩阻力的分布对于研究和利用桩的承载力具有十分重要的意义。通过实际测量，可

得到对应某一荷载 Q 下桩侧摩阻力随深度的分布;由此积累土对桩摩阻力的工程经验。实际上,即使对均质地基中的桩,其摩阻力分布也是很复杂的,而成层土地基情况就更为复杂。在实用上,可对复杂的摩阻力分布做简化处理,如对每一层内摩阻力视为均布,或对整个桩长范围内的摩阻力依其主要特点而简化为较简单的函数分布形式,这样是可以满足工程设计精度要求的。

四、桩端荷载传递

桩端的荷载传递即桩端阻力 q_p 与桩端沉降 s_p 的关系。当桩端以下土体受力达到剪切破坏形成滑动面时,相应的桩端阻力达到极限值 q_{pu}。桩端极限阻力 q_{pu} 的发挥过程也是比较复杂的,为简化计算可采用以下关系:

$$q_p = \begin{cases} k_p s_p & (s_p \leqslant s_{pu}) \\ q_{pu} & (s_p > s_{pu}) \end{cases} \tag{5-19}$$

式中:k_p——桩端持力层的地基反力系数,可由现场深层荷载板试验测量得到,kN/m^3;

s_{pu}——发挥桩端极限阻力所需的位移,m;

q_{pu}——为深基础的极限承载力,kPa,按土体极限平衡理论计算。

五、单桩破坏模式

单桩在轴向荷载作用下,其破坏模式主要取决于桩周土的抗剪强度、桩端支承情况、桩的尺寸以及桩的类型等条件。图 5-13 给出了轴向荷载下可能的单桩破坏模式简图。

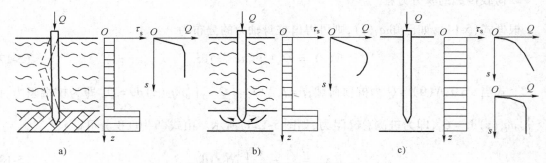

图 5-13　轴向荷载下基桩的破坏模式

a)压屈破坏;b)整体剪切破坏;c)刺入破坏

1. 压屈破坏

当桩底支承在坚硬的土层或岩层上,桩周土层极为软弱,桩身无约束或侧向抵抗力。桩在轴向荷载作用下,如同一细长压杆出现纵向压屈破坏,荷载—沉降(Q-s)关系曲线为"急剧破坏"的陡降型,其沉降量很小,具有明确的破坏荷载[图 5-13a)]。桩的承载力取决于桩身材料的强度。穿越深厚淤泥质土层中的小直径端承桩或嵌岩桩、细长的木桩等多属于此种破坏。

2. 整体剪切破坏

当具有足够强度的桩穿过抗剪强度较低的土层,达到抗剪强度较高的土层,且桩的长度不大时,桩在轴向荷载作用下,由于桩底上部土层不能阻止滑动土楔的形成,桩底土体形成滑动面而出现整体剪切破坏。因为桩端较高强度的土层将出现大的沉降,桩侧摩阻力难以充分发挥,主要荷载由桩端阻力承受,$Q\text{-}s$ 曲线也为陡降型,呈现明确的破坏荷载[图5-13b)]。桩的承载力主要取决于桩端土的支承力。一般打入式短桩、钻扩短桩等的破坏均属于此种破坏。

3. 刺入破坏

当桩的入土深度较大或桩周土层抗剪强度较均匀时,桩在轴向荷载作用下将出现刺入破坏如图5-10c)所示。此时桩顶荷载主要由桩侧摩阻力承担,桩端阻力极小,桩的沉降量较大。一般当桩周土质较软弱时,$Q\text{-}s$ 曲线为"渐进破坏"的缓变型[图5-13c)],无明显拐点,极限荷载难以判断,桩的承载力主要由上部结构所能承受的极限沉降 s_u 确定;当桩周土的抗剪强度较高时,$Q\text{-}s$ 曲线可能为陡降型,有明显拐点,桩的承载力主要取决于桩周土的强度。一般情况下的钻孔灌注桩多属于此种情况。

第五节　单桩竖向极限承载力的确定

一、静荷载试验法

静荷载试验是评价单桩承载力最为直观和可靠的方法,其除了考虑到地基土的支承能力外,也计入了桩身材料强度对于承载力的影响。对于一级建筑,必须通过静荷载试验。在同一条件下的试桩数量,不宜少于总数的1%,并不应少于3根。当桩端持力层为密实砂卵石或其他承载力类似的土层时,单桩承载力很高的大直径端承桩,可采用深层平板荷载试验确定桩端土的承载力。

对于预制桩,由于打桩时土中产生孔隙水压力有待消散,土体因打桩扰动而降低的强度随时间逐渐恢复,因此,为了使试验能真实反映桩的承载力,要求在桩身强度满足设计要求的前提下,砂类土间歇时间不少于10d;粉土和黏性土不少于15d;饱和黏性土不少于25d。

1. 静荷载试验装置及方法

试验装置主要由加荷稳压、提供反力和沉降观测三部分组成(图5-14)。桩顶的油压千斤顶对桩顶施加压力,千斤顶的反力由锚桩、压重平台的重力或用若干根地锚组成的伞状装置来平衡。安装在基准梁上的百分表或电子位移计用于量测桩顶的沉降。

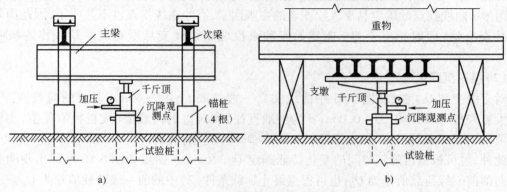

图5-14　单桩静荷载试验的加载装置

a)锚桩横梁反力装置;b)压重平台反力装置

试桩与锚桩（或压重平台的支墩、地锚等）之间、试桩与支承基准梁的基准桩之间以及锚桩与基准桩之间，都应有一定的间距（表5-3），以减少彼此的相互影响，保证量测精度。

试桩、锚桩和基准桩之间的中心距离 表5-3

反 力 装 置	试桩与锚桩 （或压重平台支墩边）	试桩与基准桩	基准桩与锚桩 （或压重平台支墩边）
锚桩横梁反力装置	$\geqslant d$	$\geqslant d$	$\geqslant d$
压重平台反力装置	$\not< 2.0\text{m}$	$\not< 2.0\text{m}$	$\not< 2.0\text{m}$

注：d 为试桩或锚桩的设计直径，取其较大者；当为扩底桩时，试桩与锚桩的中心距不应小于2倍扩大端直径。

试验时加载方式通常有慢速维持荷载法、快速维持荷载法、等贯入速率法、等时间间隔加载法以及循环加载法等。工程中最常用的是慢速维持荷载法。即逐级加载，每级荷载值为单桩承载力设计值的 $1/8 \sim 1/5$，当每级荷载下桩顶沉降量小于 0.1mm/h 时，则认为已趋稳定，然后施加下一级荷载直到试桩破坏，再分级卸载到零。对于工程桩的检验性试验，也可采用快速维持荷载法。即一般每隔 1h 加一级荷载。

2. 终止加载条件

当出现下列情况之一时即可终止加载：

（1）某级荷载下，桩顶沉降量为前一级荷载下沉降量的 5 倍。

（2）某级荷载下，桩顶沉降量大于前一级荷载下沉降量的 2 倍，且经 24h 尚未达到相对稳定。

（3）已达到锚桩最大抗拔力或压重平台的最大重量时。

3. 按试验成果确定单桩承载力

一般认为，当桩顶发生剧烈或不停滞的沉降时，桩处于破坏状态，相应的荷载称为极限荷载（极限承载力 Q_u）。由桩的静荷载试验结果给出荷载与桩顶沉降关系 $Q\text{-}s$ 曲线，再根据 $Q\text{-}s$ 曲线特性，采用下述方法确定单桩竖向极限承载力 Q_u。

（1）根据沉降随荷载的变化特征确定 Q_u。

如图 5-15 中曲线①所示，对于陡降型 $Q\text{-}s$ 曲线，可取曲线发生明显陡降的起始点所对应的荷载为 Q_u。该方法的缺点是作图比例将影响 $Q\text{-}s$ 曲线的斜率和所选择的 Q_u，因此宜按一定的作图比例，一般可取整个图形比例横：竖 = 2：3。

因 $Q\text{-}s$ 曲线拐点的确定易渗入绘图者的主观因素，有些曲线拐点也不甚明了，因此国外多用切线交会法，即取相应于 $Q\text{-}s$ 曲线始段和末段两点切线交点所对应的荷载作为极限荷载 Q_u。

（2）根据沉降量确定 Q_u。

对于缓变型 $Q\text{-}s$ 曲线（图 5-15 中曲线②），一般可取 $s = 40 \sim 60\text{mm}$ 对应的荷载值为 Q_u。对于大直径桩可取 $s = 0.03 \sim 0.06d$（d 为桩端直径）所对应的荷载值（大桩径取低值，小桩径取高值），对于细长桩（$l/d > 80$），可取 $s = 60 \sim 80\text{mm}$ 对应的荷载。

此外，也可根据沉降随时间的变化特征确定 Q_u，取 $s\text{-}\lg t$ 曲线如图 5-16 尾部出现明显向下弯曲的前一级荷载值作为 Q_u；也可根据终止加载条件（2）中的前一级荷载值作为 Q_u。

测出每根试桩的极限承载力值 Q_{ui} 后，可通过统计确定单桩竖向极限承载力标准值 Q_{uk}。

首先，按式（5-20）计算 n 根试桩的极限承载力平均值 Q_{um} 即

$$Q_{um} = \frac{1}{n}\sum_{i=1}^{n} Q_{ui} \tag{5-20}$$

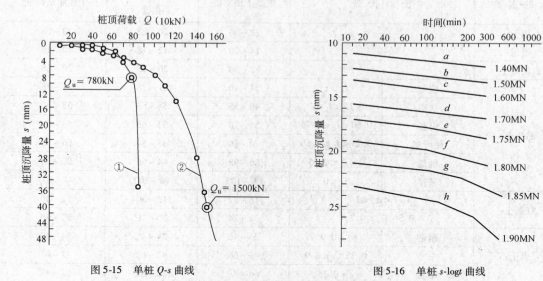

图 5-15 单桩 Q-s 曲线　　　　　　　　图 5-16 单桩 s-$\log t$ 曲线

其次,按式(5-21)计算每根试桩的极限承载力实测值与平均值之比 α_i,即

$$\alpha_i = Q_{ui}/Q_{um} \tag{5-21}$$

然后再按式(5-22)计算出 α_i 的标准差 S_n,即

$$S_n = \sqrt{\sum_{i=1}^{n}(\alpha_i - 1)^2/n - 1} \tag{5-22}$$

当 $S_n \leqslant 0.15$ 时,取 $Q_{uk} = Q_{um}$;当 $S_n > 0.15$ 时,取 $Q_{uk} = \lambda Q_{um}$。λ 为折减系数,可根据变量 α_i 的分布查《建筑桩基规范》确定。

二、经验参数法

利用经验公式确定单桩承载力的方法是一种沿用多年的传统方法,广泛适用于各种桩型,尤其是预制桩积累的经验颇为丰富。所用的承载力参数是根据它们与土性指标之间的换算关系,在利用当地的静载试验资料进行统计分析的基础上,通过必要的对比分析和调整后得出的。《建筑桩基规范》针对不同的常用桩型,推荐了下述不同的估算表达式。

1. 一般预制桩及中小直径灌注桩

对预制桩和直径 $d < 800\text{mm}$ 的灌注桩,单桩竖向极限承载力标准值 Q_{uk} 可按下式计算

$$Q_{uk} = Q_{sk} + Q_{pk} = u\sum q_{sik}l_i + q_{pk}A_p \tag{5-23}$$

式中:Q_{sk}——单桩总极限侧阻力标准值,kN;

$\quad Q_{pk}$——单桩总极限端阻力标准值,kN;

$\quad q_{sik}$——桩侧第 i 层土的极限侧阻力标准值,kPa,采用当地经验取值,如无当地经验值
　　　　时,可根据成桩方法与工艺按表5-4取值;

$\quad q_{pk}$——极限端阻力标准值,kPa,如无当地经验值时,根据成桩方法与工艺按表 5-5
　　　　取值;

其他符号意义同前。

土 的 名 称	土 的 状 态		混凝土预制桩	泥浆护壁钻（冲）孔桩	干作业钻孔桩
填土	—		22~30	20~28	20~28
淤泥	—		14~20	12~18	12~18
淤泥质土	—		22~30	20~28	20~28
黏性土	流塑	$I_L > 1$	24~40	21~38	21~38
	软塑	$0.75 < I_L \leq 1$	40~55	38~53	38~53
	可塑	$0.50 < I_L \leq 0.75$	55~70	53~68	53~66
	硬可塑	$0.25 < I_L \leq 0.50$	70~86	68~84	66~82
	硬塑	$0 < I_L \leq 0.25$	86~98	84~96	82~94
	坚硬	$I_L \leq 0$	98~105	96~102	94~104
红黏土	$0.7 < \alpha_w \leq 1$		13~32	12~30	12~30
	$0.5 < \alpha_w \leq 0.7$		32~74	30~70	30~70
粉土	稍密	$e > 0.9$	26~46	24~42	24~42
	中密	$0.75 \leq e \leq 0.9$	46~66	42~62	42~62
	密实	$e < 0.75$	66~88	62~82	62~82
粉细砂	稍密	$10 < N \leq 15$	24~48	22~46	22~46
	中密	$15 < N \leq 30$	48~66	46~64	46~64
	密实	$N > 30$	66~88	64~86	64~86
中砂	中密	$15 < N \leq 30$	54~74	53~72	53~72
	密实	$N > 30$	74~95	72~94	72~94
粗砂	中密	$15 < N \leq 30$	74~95	74~95	76~98
	密实	$N > 30$	95~116	95~116	98~120
砾砂	稍密	$5 < N_{63.5} \leq 15$	70~110	50~90	60~100
	中密（密实）	$N_{63.5} > 15$	116~138	116~130	112~130
圆砾、角砾	中密、密实	$N_{63.5} > 10$	160~200	135~150	135~150
碎石、卵石	中密、密实	$N_{63.5} > 10$	200~300	140~170	150~170
全风化软质岩	—	$30 < N \leq 50$	100~120	80~100	80~100
全风化硬质岩	—	$30 < N \leq 50$	140~160	120~140	120~150
强风化软质岩	—	$N_{63.5} > 10$	160~240	140~200	140~220
强风化硬质岩	—	$N_{63.5} > 10$	220~300	160~240	160~260

注：①对于尚未完成自重固结的填土和以生活垃圾为主的杂填土，不计算其侧阻力；
　　②α_w 为含水比，$\alpha_w = w/w_1$，w 为土的天然含水率，w_1 为土的液限；
　　③N 为标准贯入击数；$N_{63.5}$ 为重型圆锥动力触探击数；
　　④全风化、强风化软质岩和全风化、强风化硬质岩系指其母岩分别为 $f_{rk} \leq 15\text{MPa}$、$f_{rk} > 30\text{MPa}$ 的岩石。

2. 大直径桩灌注桩

对于桩径大于或等于 800mm 的大直径桩，其侧阻及端阻要考虑尺寸效应。侧阻的尺寸效应主要发生在砂、碎石类土中，这是因为大直径桩一般为钻、挖、冲孔灌注桩，在无黏性土中的成孔过程中将会出现孔壁土的松弛效应，从而导致侧阻力降低。孔径越大，降幅越大。大直径桩的极限端阻力也存在着随桩径增大而呈双曲线关系下降的现象。上述现象表明，在计算大直径桩的竖向受压承载力时，应考虑尺寸效应的影响。

表 5-5

桩的极限端阻力标准值 q_{pk}（kPa）

土的名称	土的状态	预制桩桩长 l(m)				泥浆护壁钻(冲)孔桩桩长 l(m)				干作业钻孔桩桩长 l(m)		
		l≤9	9<l≤16	16<l≤30	30<l	5≤l<10	10≤l<15	15≤l<30	30≤l	5≤l<10	10≤l<15	15≤l
黏性土	软塑 $0.75<I_L≤1$	210~850	650~1400	1200~1800	1300~1900	150~250	250~300	300~450	300~450	200~400	400~700	700~950
	可塑 $0.50<I_L≤0.75$	850~1700	1400~2200	1900~2800	2300~3600	350~450	450~600	600~750	750~800	500~700	800~1100	1000~1600
	硬可塑 $0.25<I_L≤0.5$	1500~2300	2300~3300	2700~3600	3600~4400	800~900	900~1000	1000~1200	1200~1400	850~1100	1500~1700	1700~1900
	硬塑 $0<I_L≤0.25$	2500~3800	3800~5500	5500~6000	6000~6800	1100~1200	1200~1400	1400~1600	1600~1800	1600~1800	2200~2400	2600~2800
粉土	中密 $0.75<e≤0.9$	950~1700	1400~2100	1900~2700	2500~3400	300~500	500~650	650~750	750~850	800~1200	1200~1400	1400~1600
	密实 $e≤0.75$	1500~2600	2100~3000	2700~3600	3600~4400	650~900	750~950	900~1100	1100~1200	1200~1700	1400~1900	1600~2100
粉砂	稍密 $10<N≤15$	1000~1600	1500~2300	1900~2700	2100~3000	350~500	450~600	600~700	650~750	500~950	1300~1600	1500~1700
	中密、密实 $N>15$	1400~2200	2100~3000	3000~4500	3800~5500	600~750	750~900	900~1100	1100~1200	900~1000	1700~1900	1700~1900
细砂	$N>15$	2500~4000	3600~5000	4400~6000	5300~7000	650~850	900~1200	1200~1500	1500~1800	1200~1600	2000~2400	2400~2700
中砂	中密、密实 $N>15$	4000~6000	5500~7000	6500~8000	7500~9000	850~1050	1100~1500	1500~1900	1900~2100	1800~2400	2800~3800	3600~4400
粗砂	$N>15$	5700~7500	7500~8500	8500~10000	9500~11000	1500~1800	2100~2400	2400~2600	2600~2800	2900~3600	4000~4600	4600~5200
砾砂	$N>15$	6000~9500	6000~9500	9000~10500	9000~10500	1400~2000	1400~2000	2000~3200	2000~3200	3500~5000	3500~5000	3500~5000
角砾、圆砾	中密、密实 $N_{63.5}>10$	7000~10000	7000~10000	9500~11500	9500~11500	1800~2200	1800~2200	2200~3600	2200~3600	4000~5500	4000~5500	4000~5500
碎石、卵石	$N_{63.5}>10$	8000~11000	8000~11000	10500~13000	10500~13000	2000~3000	2000~3000	3000~4000	3000~4000	4500~6500	4500~6500	4500~6500
全风化软质岩	$30≤N≤50$	4000~6000	4000~6000	4000~6000	4000~6000	1000~1600	1000~1600	1000~1600	1000~1600	1200~2000	1200~2000	1200~2000
全风化硬质岩	$30<N≤50$	5000~8000	5000~8000	5000~8000	5000~8000	1200~2000	1200~2000	1200~2000	1200~2000	1400~2400	1400~2400	1400~2400
强风化软质岩	$N_{63.5}>10$	6000~9000	6000~9000	6000~9000	6000~9000	1400~2200	1400~2200	1400~2200	1400~2200	1600~2600	1600~2600	1600~2600
强风化硬质岩	$N_{63.5}>10$	7000~11000	7000~11000	7000~11000	7000~11000	1800~2800	1800~2800	1800~2800	1800~2800	2000~3000	2000~3000	2000~3000

注：①砂土和碎石类土中桩的极限端阻力取值，宜综合考虑土的密实度，桩端进入持力层的深径比 h_b/d，土越密实，h_b/d 越大，取值越高；

②预制桩的岩石极限端阻力指桩端支承于中、微风化基岩表面或进入强风化岩、软质岩一定深度条件下极限端阻力；

③表中全风化、强风化软质岩和全风化、强风化硬质岩是指其母岩分别为 $f_{rk}≤15MPa$、$f_{rk}>30MPa$ 的岩石。

根据现在研究成果,大直径桩的 Q_{uk} 可按下式计算:

$$Q_{uk} = Q_{sk} + Q_{pk} = u\sum\psi_{si}q_{sik}l_i + \psi_p q_{pk}A_p \qquad (5\text{-}24)$$

式中:q_{sik}——桩侧第 i 层土的极限侧阻力标准值,无当地经验值时,也可按表 5-4 取值,对于扩底桩变截面以下不计侧阻力;

q_{pk}——桩径 $d=800$mm 时的极限端阻力标准值,可采用深层荷载板试验确定;当不能按深层载荷板试验时,可采用当地经验值按表 5-5 取值;对于清底干净的干作业桩,可按表 5-6 取值;

ψ_{si}、ψ_p——分别为大直径桩侧阻力、端阻力尺寸效应系数,按表 5-7 取值。

对于混凝土护壁的大直径挖孔桩,计算单桩竖向承载力时,其设计桩径取扩壁外直径。

干作业桩(清底干净,$D=0.8$m)极限端阻力标准值 q_{pk}(kPa)　　　表 5-6

土 名 称		状 　态		
黏性土		$0.25 < I_L \leqslant 0.75$	$0 < I_L \leqslant 0.25$	$I_L \leqslant 0$
		$800 \sim 1800$	$1800 \sim 2400$	$2400 \sim 3000$
粉土		—	$0.75 < e \leqslant 0.9$	$e \leqslant 0.75$
		—	$1000 \sim 1500$	$1500 \sim 2000$
砂土和碎石类土	—	稍密	中密	密实
	粉砂	$500 \sim 700$	$800 \sim 1100$	$1200 \sim 2000$
	细砂	$700 \sim 1100$	$1200 \sim 1800$	$2000 \sim 2500$
	中砂	$1000 \sim 2000$	$2200 \sim 3200$	$3500 \sim 5000$
	粗砂	$1200 \sim 2200$	$2500 \sim 3500$	$4000 \sim 5500$
	砾砂	$1400 \sim 2400$	$2600 \sim 4000$	$5000 \sim 7000$
	圆砾、角砾	$1600 \sim 3000$	$3200 \sim 5000$	$6000 \sim 9000$
	卵石、碎石	$2000 \sim 3000$	$3300 \sim 5000$	$7000 \sim 11000$

注:①当桩进入持力层的深度 h_b 分别为:$h_b \leqslant D, D < h_b \leqslant 4D, h_b > 4D$ 时,q_{pk} 可相应取小值、中值、大值;
　　②砂土密实度可根据标贯击数 N 判定,$N \leqslant 10$ 为松散,$10 < N \leqslant 15$ 为稍密,$15 < N \leqslant 30$ 为中密,$N > 30$ 为密实;
　　③当桩的长径比 $l/d \leqslant 8$ 时,q_{pk} 宜取较小值;
　　④当对沉降要求不严时,q_{pk} 可取大值。

大直径桩侧阻力尺寸效应系数 ψ_{si}、端阻力尺寸效应系数 ψ_p　　表 5-7

土类别	粉性土、粉土	砂土、碎石类土
ψ_{si}	$(0.8/d)^{1/5}$	$(0.8/d)^{1/3}$
ψ_p	$(0.8/D)^{1/4}$	$(0.8/D)^{1/3}$

注:表中 D 为桩端直径。

3. 嵌岩桩

这里所说的嵌岩桩是指下端嵌入中等风化、微风化或新鲜基岩中的桩。对于桩端置于强风化岩中的嵌岩桩,其承载力的确定可根据岩体的风化程度按砂土、碎石类土取值。

过去对这类桩都是按纯端承桩计算承载力,经过近十多年的模型与原型试验研究表明,一般情况下,嵌岩桩只要不是很短,上覆土层的侧阻力能部分发挥作用。另外,嵌岩深度内也有侧阻力作用,因而传递到桩端的应力随嵌岩深度增大而递减,当嵌岩深度达到 5 倍桩径时,传递时桩端的应力已接近于零。这说明,桩端嵌岩深度一般不必过大,超过某一界限并无助于提高竖向承载力。

嵌岩桩单桩极限承载力标准值由桩周土总极限侧阻力和嵌岩段总极限阻力组成,并可按下式计算

$$Q_{uk} = Q_{sk} + Q_{rk} \tag{5-25a}$$
$$Q_{sk} = u \sum q_{sik} l_i \tag{5-25b}$$
$$Q_{rk} = \zeta_r f_{rk} A_p \tag{5-25c}$$

式中:Q_{sk}、Q_{rk}——分别为土的总极限侧阻力、嵌岩段总极限阻力;

ζ_{si}——覆盖层第 i 层土的侧阻力发挥系数,当桩的长径比不大($l/d < 30$),桩端置于新鲜或微风化硬质岩中,且桩底无沉渣时,对于黏性大、粉土取 $\zeta_{si} = 0.8$,砂类土及碎石类 $\zeta_{si} = 0.7$,其他情况 $\zeta_{si} = 1.0$;

q_{sik}——桩周第 i 层土的极限侧阻力,kPa,无当地经验时,根据成桩工艺按表 5-4 取值;

f_{rk}——岩石饱和单轴抗压强度,黏土岩取天然湿度单轴抗压强度标准值,kPa;

h_r——桩身嵌岩(中等风化、微风化、新鲜基岩)深度,超过 $5d$ 时,取 $h_r = 5d$,当岩层表面倾斜时,以坡下方的嵌岩深度为准;

ζ_r——嵌岩段侧阻和端阻综合系数,与嵌岩深径比 h_r/d、岩石软硬程度和成桩工艺有关,按表 5-8 采用。

嵌岩段侧阻和端阻综合系数 ζ_r 表 5-8

嵌岩深径比 h_r/d	0	0.5	1.0	2.0	3.0	4.0	5.0	6.0	7.0	8.0
极软岩、软岩	0.60	0.80	0.95	1.81	1.35	1.48	1.57	1.63	1.66	1.70
较硬岩、坚硬岩	0.45	0.65	0.81	0.9	1.0	1.04	—	—	—	—

此外,《建筑桩基技术规范》指出,确定单桩竖向极限承载力标准值尚需满足下列规定:

(1)一级建筑桩基应采用现场静荷载试验,并结合静力触探、标准贯入等原位测试方法综合确定。

(2)二级建筑桩基应根据静力触探、标准贯入、经验参数等估算,并参照地质条件相同的试桩资料综合确定。无可参照的试桩资料或地质条件复杂时,应由现场静荷载试验确定。

(3)三级建筑桩基,如无原位测试资料,可利用承载力经验参数估算。

4. 钢管桩、混凝土空心桩以及后注浆灌注桩

请参阅《建筑桩基技术规范》的有关规定。

5. 液化效应

对于桩身周围有液化土层的低承台桩基,当承台底面上下分别有厚度不小于 1.5m、1.0m 的非液化土或非软弱土层时,可将液化土层极限侧阻力乘以土层液化折减系数,计算单桩极限承载力标准值。土层液化折减系数 ψ_l 可按表 5-9 确定。

土层液化折减系数 ψ_l 表 5-9

$\lambda_N = \dfrac{N}{N_{cr}}$	自地面算起的液化土层深度 d_L(m)	ψ_l
$\lambda_N \leqslant 0.6$	$d_L \leqslant 10$	0
	$10 < d_L \leqslant 20$	1/3

$\lambda_{N} = \dfrac{N}{N_{cr}}$	自地面算起的液化土层深度 d_L(m)	Ψ_l
$0.6 < \lambda_N \leqslant 0.8$	$d_L \leqslant 10$	1/3
	$10 < d_L \leqslant 20$	2/3
$0.8 < \lambda_N \leqslant 1.0$	$d_L \leqslant 10$	2/3
	$10 < d_L \leqslant 20$	1.0

注:①N 为饱和土标贯击数实测值;N_{cr} 为液化判别标贯击数临界值;λ_N 为土层液化指数;

②对于挤土桩当桩距小于 $4d$,且桩的排数不少于 5 排、总桩数不少于 25 根时,土层液化系数可取 2/3~1;桩间土标贯击数达到 N_{cr} 时,取 $\psi_l = 1$;

③当承台底非液化土层厚度小于 1m 时,土层液化折减系数按表 5-9 中 λ_N 降低一档取值。

第六节　桩身混凝土强度应满足验算桩的竖向承载力要求

按桩身混凝土强度确定单桩竖向承载力时,可将桩视为受压杆件,应按桩类型和成桩工艺的不同将混凝土的轴心抗压强度设计值乘以工作条件系数,按《混凝土结构设计规范》(GB 50010—2010)或钢结构计算。对于钢筋混凝土桩应进行桩身承载力计算,计算时应考虑桩身材料强度、成桩工艺、吊运与沉桩、约束条件、环境类别诸因素,除按有关规定执行外,尚应符合现行国家标准《混凝土结构设计规范》、《钢结构设计规范》和《建筑抗震设计规范》的有关规定。

(1)当桩顶以下 $5d$ 范围的桩身螺旋式箍筋间距不大于 100mm 时:

$$N = \psi_c f_c A_{ps} + 0.9 f'_y A'_s \tag{5-26}$$

(2)当桩身配筋不符合上述款(1)的规定时:

$$N = \psi_c f_c A_{ps} \tag{5-27}$$

式中:N——混凝土桩的单桩轴向承载力设计值,kN;

f_c——混凝土轴心抗压强度设计值,kPa;

A_{ps}——桩的横截面面积,m^2;

f'_y——纵向钢筋抗压强度设计值,kPa;

A'_s——纵向钢筋的横截面面积,m^2;

ψ_c——施工工艺系数,混凝土预制桩、预应力混凝土空心桩 $\psi_c = 0.85$;干作业非挤土灌注桩 $\psi_c = 0.90$;泥浆护壁和套管护壁非挤土灌注桩、部分挤土灌注桩、挤土灌注桩 $\psi_c = 0.7 \sim 0.8$;软土地区挤土灌注桩 $\psi_c = 0.6$。

第七节　桩基负摩阻力计算

一、负摩阻力的概念

前面讨论的是在正常情况下桩和周围土体之间的荷载传递情况,即在桩顶荷载作用下,桩侧土相对于桩产生向上的位移,因而土对桩侧产生向上的摩阻力,构成了桩承载力的一部分,称为正摩阻力。

但有时会发生相反的情况,即桩周围的土体由于某些原因发生下沉,且变形量大于相应深度处桩的下沉量,即桩侧土相对于桩产生向下的位移,土体对桩产生向下的摩阻力,这种摩阻力称为负摩阻力。通常,在下列情况下应考虑桩侧负摩阻力作用:

(1)在软土地区,大范围地下水位下降,使土中有效应力增加,导致桩侧土层沉降。

(2)桩侧有大面积地面堆载使桩侧土层压缩。

(3)桩侧有较厚的欠固结土或新填土,这些土层在自重下沉降。

(4)在自重湿陷性黄土地区,由于浸水而引起桩侧土的湿陷。

(5)在冻土地区,由于温度升高而引起桩侧土的融陷。

必须指出,在桩侧引起负摩阻力的条件是,桩周围的土体下沉必须大于桩的沉降,否则可不考虑负摩阻力的问题。

负摩阻力对桩是一种不利因素,负摩阻力相当于在桩上施加了附加的下拉荷载 Q_n,它的存在降低了桩的承载力,并可导致桩发生过量的沉降。工程中,因负摩阻力引起的不均匀沉降造成建筑物开裂、倾斜或因沉降过大而影响使用的现象屡有发生,不得不花费大量资金进行加固,有的甚至因无法使用而拆除。所以,在可能发生负摩阻力的情况下,设计时应考虑其对桩基承载力和沉降的影响。

二、负摩阻力分布特性

(1)中性点。桩身负摩阻力并不一定发生于整个软弱压缩土层中,而是在桩周土相对于桩产生下沉的范围内。在地面发生沉降的地基中,长桩的上部为负摩阻力而下部往往仍为正摩阻力。正负摩阻力分界的地方称为中性点。图 5-17 给出了桩穿过会产生负摩阻力的土层达到坚硬土层时竖向荷载的传递情况。

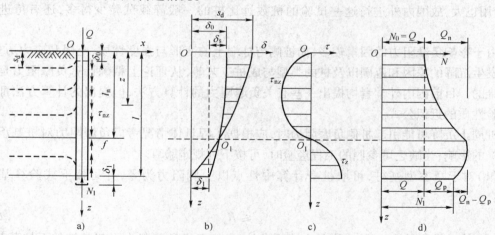

图 5-17　单桩在产生负摩阻力时的荷载传递

a)单桩;b)位移曲线;c)侧摩阻力分布曲线;d)桩身轴力分布曲线

为了计算桩的负摩阻力的大小就必须知道负摩阻力在桩上的分布范围,亦即需要确定中性点的位置。由于桩周摩阻力的强度与土对桩的相对位移有关,中性点处的摩阻力为零,故桩对土的相对位移也为零,同时下拉荷载在中性点处达到最大值,即在中性点截面桩身轴力达到最大值($Q + Q_n$)。地面至中性点的深度 l_n 与桩周土的压缩性和变形条件以及桩和持力层土的刚度等因素有关,理论上可根据桩的竖向位移和桩周土基内竖向位移相等的地方来确定中性点的位置。但由于桩在荷载作用下沉降稳定历时、沉降速率等都与桩周围土的沉降情况不同,要准确确定中性点的位置比较困难。一般根据现场试验所得的经验数据近似地加以确定,即以 l_n 与桩周土层沉降的下限深度 l_0 的比值 β 的经验数值来确定中性点的位置。

国外有些现场试验资料表明,对于端承桩,对允许产生沉降但不超过有害范围的桩,可取 $\beta = 0.85 \sim 0.95$,对不允许产生沉降和基岩上的桩可取 $\beta = 1.0$;对于摩擦桩,可取 $\beta = 0.7 \sim 0.8$。表 5-10 为《建筑桩基规范》给出的中性点深度比 l_n/l_0,可供设计时参考。

中性点深度比 l_n/l_0 表 5-10

持力层土类	黏性土、粉土	中密以上砂	砾石、卵石	基岩
l_n/l_0	$0.5 \sim 0.6$	$0.7 \sim 0.8$	0.9	1.0

注:①l_n、l_0——分别为自桩顶算起的中性点深度和桩周软弱土层下限深度;
　　②桩穿过自重湿陷性黄土层时,l_n 可按表列值增大 10%(持力层为基岩除外);
　　③当桩周土层固结与桩基固结沉降同时完成时,取 $l_n = 0$;
　　④当桩周土层计算沉降量小于 20mm 时,l_n 应按表列值乘以 $0.4 \sim 0.8$ 折减。

(2)桩周土层的固结随时间而变化,故土层的竖向位移和桩身截面位移都是时间的函数。因此,在桩顶荷载 Q 的作用下,中性点位置、摩阻力以及轴力等也都相应地发生变化。当桩截面位移在桩顶荷载作用下稳定后,土层固结的程度和速率是影响 Q_n 大小和分布的主要因素。固结程度高、地面沉降大,中性点往下移;固结速率大,Q_n 增长快。但其增长需经过一定的时间才能达到极限值。在该过程中,桩身在 Q_n 作用下产生压缩,桩端处轴力增加,沉降也相应增大,由此导致土相对于桩的向下位移减小,Q_n 降低,而逐渐达到稳定状态。

三、负摩阻力的确定

在现场进行桩的负摩阻力试验是一种最直接并且可靠的方法,但需要的时间很长,常以年计,费用也大,故国内外进行这一试验的桩数远比桩的一般静载试验少得多,还有待进一步研究。

由于影响负摩阻力的因素较多,如桩侧与桩端土的变形与强度性质、土层和应力历史、桩侧土发生沉降的原因和范围以及桩的类型与成桩工艺等,从理论上精确计算负摩阻力是复杂而困难的。目前国内外学者均提出一些有关负摩阻力的计算方法,但提出的计算方法都是带有经验性质的近似公式。

桩周土沉降可能引起桩侧负摩阻力时,应根据工程具体情况考虑负摩阻力对桩基承载力和沉降的影响;当缺乏可参照的工程经验时,可按下列规定验算。

(1)对于摩擦型基桩,可取桩身计算中性点以上侧阻力为零,并可按下式验算基桩承载力:

$$N_k \le R_a \tag{5-28}$$

(2)对于端承型基桩,除应满足上式要求外,尚应考虑负摩阻力引起基桩的下拉荷载 Q_g^n,并可按下式验算基桩承载力:

$$N_k + Q_g^n \le R_a \tag{5-29}$$

式中:R_a——只计中性点以下部分侧阻值及端阻值。

四、桩侧负摩阻力及其引起的下拉荷载计算

(1)中性点以上单桩桩周第 i 层土负摩阻力标准值。多数学者认为桩侧负摩阻力的大小与桩侧土的有效应力有关,根据大量试验与工程实测结果表明,贝伦(Bjerrum)提出的"有效应

力法"较接近实际,其计算公式为

$$q_{si}^{n} = \xi_n \sigma'_i \tag{5-30}$$

式中:q_{si}^{n}——第 i 层土的桩侧负摩阻力标准值,kPa;

ξ_n——桩周土负摩阻力系数 $\xi_n = K_0 \cdot \tan\varphi'$。$K_0$ 为桩周土的侧压力系数,φ' 为土的有效内摩擦角。ξ_n 与土的类别和状态有关,可按表 5-11 取用;

σ'_i——桩周第 i 层土平均竖向有效应力,kPa;当填土、自重湿陷性黄土湿陷、欠固结土层产生固结和地下水降低时 $\sigma'_i = \sigma'_{ri}$;当地面发布大面积荷载时,$\sigma'_i = p + \sigma'_{ri}$;

p——地面均布荷载。

$$\sigma'_{ri} = \sum_{m=1}^{i-1} \gamma_m \Delta z_m + \frac{1}{2}\gamma_i \Delta z_i$$

σ'_{ri}——由土自重引起的桩周第 i 层土平均竖向有效应力(桩群外围桩自地面算起,桩群内部桩自承台底算起);

γ_i、γ_m——分别为第 i 计算土层和其上第 m 土层的重度,地下水位以下取浮重度;

Δz_i、Δz_m——第 i 层土、第 m 层土的厚度。

负摩阻力系数 ξ_n 表 5-11

桩周土类	饱和软土	黏性土、粉土	砂土	自重湿陷性黄土
ξ_n	0.15 ~ 0.25	0.25 ~ 0.40	0.35 ~ 0.50	0.20 ~ 0.35

注:①在同一类土中,对于挤土桩,取表中较大值,对于非挤土桩,取表中较小值;
　　②填土按其组成取表中同类土的较大值。

(2)考虑群桩效应时,基桩下拉荷载 σ_g^n 可按下式计算:

$$Q_g^n = \eta_n \cdot Q_n \tag{5-31}$$

$$Q_n = \eta_n u \sum q_{si}^{n} \cdot l_i$$

$$\eta_n = \frac{s_{ax} \cdot s_{ay}}{\left[\pi d \left(\dfrac{q_s^n}{\gamma_m}\right) + \dfrac{d}{4}\right]}$$

式中:n——中性点以上土层数;

l_i——中性点以上第 i 土层的厚度;

η_n——负摩阻力群桩效应系数;

s_{ax}、s_{ay}——分别为纵、横向桩的中心距;

q_s^n——中性点以上桩周土层厚度加权平均负摩阻力标准值;

γ_m——中性点以上桩周土层厚度加权平均重度(地下水位以下取浮重度),对于单桩基础 $\eta_n > 1$ 时,取 $\eta_n = 1$。

国外有的学者认为,当桩穿过 15m 以上可压缩土层且地面每年下沉超过 20mm,或者为端承桩时,应计算下拉荷载 Q_n,一般其安全系数可取 1.0。

工程上可采取适当措施来消除或减小负摩阻力。例如,对填土建筑场地,填筑时要保证填土的密度符合要求,尽量在填土沉降稳定后成桩;当建筑场地有大面积堆载时,成桩前采取预压措施,减小堆载时引起的桩侧土沉降;对湿陷性黄土地基,先进行强夯、素土或灰土挤密桩等方法处理,消除或减轻湿陷性。在预制桩中性点以上表面涂一薄层沥青,或者对钢桩周围设一层厚度为 3mm 的塑料薄膜(兼作防锈蚀用),对现场灌注桩在桩与土之间灌注斑脱土浆等方法,对消除或降低负摩阻力的影响也是十分有效的。

第八节　水平荷载下的桩基础

一、单桩水平承载力特征值的确定

1. 单桩水平静荷载试验法

建筑工程中的桩基础大多以承受竖向荷载为主,但在风荷载、地震作用、机械制动荷载或土压力、水压力等作用下,也将承受一定的水平荷载。尤其是桥梁工程中的桩基,除了满足桩基的竖向承载力要求之外,还必须对桩基的水平承载力进行验算。

对于受水平荷载较大的设计等级为甲级、乙级的建筑桩基,单桩水平承载力特征值应通过单桩水平静载试验确定,试验方法可按现行行业标准《建筑基桩检测技术规范》执行。

(1)试验装置。

一般采用千斤顶施加水平力,力的作用线应通过工程桩基承台底面高程处,千斤顶与试桩接触处宜设置一球形铰座,以保证作用力能水平通过桩身轴线。桩的水平位移宜用大量程百分表量测,若需测定地面以上桩身转角时,在水平力作用线以上 500mm 左右还应安装 1~2 只百分表(图 5-18)。固定百分表的基准桩与试桩的净距不少于一倍试桩直径。

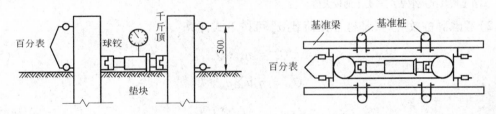

图 5-18　单桩水平静荷载试验装置(尺寸单位:mm)

(2)试验加载方法。

一般采用单向多循环加卸载法,每级荷载增量约为预估水平极限承载力的 1/15~1/10,根据桩径大小并适当考虑土层软硬,对于直径 300~1000mm 的桩,每级荷载增量可取 2.5~20kN。每级荷载施加后,恒载 4min 测读水平位移,然后卸载至零,停 2min 测读残余水平位移,或者加载、卸载各 10min,如此循环 5 次,再施加下一级荷载,试验不得中途停歇。对于个别承受长期水平荷载的桩基也可采用慢速连续加载法进行,其稳定标准可参照竖向静荷载试验确定。

(3)终止加载条件。

当桩身折断或桩顶水平位移超过 30~40mm(软土取 40mm),或桩侧地表出现明显裂缝或隆起时,即可终止试验。

(4)水平承载力的确定。

根据试验结果,一般应绘制桩顶水平荷载—时间—桩顶水平位移(H_0-t-x_0)曲线(图 5-19),或绘制水平荷载—位移梯度(H_0-$\Delta x_0/\Delta H_0$)曲线(图 5-20),或水平荷载—位移(H_0-x_0)曲线,当具有桩身应力量测资料时,尚应绘制应力沿桩身分布图及水平荷载与最大弯矩截面钢筋应力($H_0 - \sigma_g$)曲线(图 5-21)。

试验资料表明,上述曲线中通常有两个特征点,所对应的桩顶水平荷载称为临界荷载 H_{cr} 和极限荷载 H_u(亦即单桩水平极限承载力)。H_{cr} 是相当于桩身开裂、受拉区混凝土不参加工作时的桩顶水平力,一般可取:①$H_0 - t - x_0$ 曲线出现突变点(相同荷载增量的条件下出现比前一级明显增大的位移增量)的前一级荷载;②$H_0 - \Delta x_0 / \Delta H_0$ 曲线的第一直线段的终点或 $\lg H_0 - \lg x_0$ 曲线拐点所对应的荷载;③$H_0 - \sigma_g$ 曲线第一突变点对应的荷载。

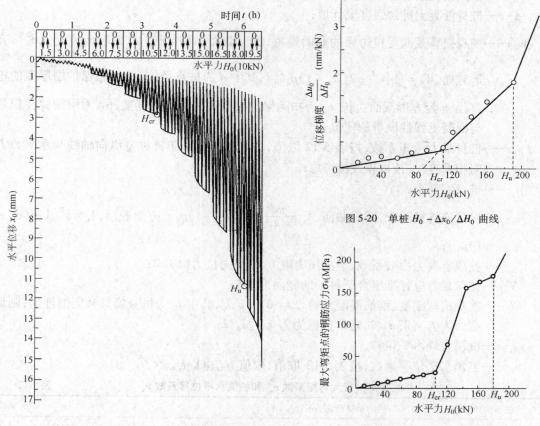

图 5-19　水平静载荷 $H_0 - t - x_0$ 曲线

图 5-20　单桩 $H_0 - \Delta x_0 / \Delta H_0$ 曲线

图 5-21　单桩 $H_0 - \sigma_g$ 曲线

　　H_u 是相当于桩身应力达到强度极限时的桩顶水平力,一般可取:①$H_0 - t - x_0$ 曲线明显陡降的前一级荷载或水平位移包络线向下凹曲(图 5-19)时的前一级荷载;②$H_0 - \Delta x_0 / \Delta H_0$ 曲线第二直线段终点所对应的荷载;③桩身折断或钢筋应力达到流限的前一级荷载。

　　对于钢筋混凝土预制桩、钢桩、桩身正截面配筋率不小于 0.65% 的灌注桩,可根据静载试验结果取地面处水平位移为 10mm(对于水平位移敏感的建筑物取水平位移 6mm)所对应的荷载的 75% 为单桩水平承载力特征值。对于桩身配筋率小于 0.65% 的灌注桩,可取单桩水平静载试验的临界荷载的 75% 为单桩水平承载力特征值。

2. 经验公式法

　　当桩身配筋率小于 0.65% 的灌注桩的单桩水平承载力特征值:

$$R_{ha} = \frac{0.75 \alpha \gamma_m f_t W_0}{v_m} (1.25 + 22\rho_g) \left[1 \pm \frac{\zeta_N N}{\gamma_m f_t A_n} \right]$$

当桩身配筋率不小于 0.65% 的灌注桩的单桩水平承载力特征值：

$$R_{ha} = 0.75\frac{\alpha^3 EI}{\nu_x}\chi_{0a}$$

式中：α——桩的水平变形系数；

R_{ha}——单桩水平承载力特征值，± 号根据桩顶竖向力性质确定，压力取"+"，拉力取"−"；

γ_m——桩截面模量塑性系数，圆形截面 $\gamma_m = 2$，矩形截面 $\gamma_m = 1.75$；

f_t——桩身混凝土抗拉强度设计值；

W_0——桩身换算截面受拉边缘的截面模量，圆形截面，$W_0 = \frac{\pi d}{32}\left[d^2 + 2(\alpha_E - 1)\rho_g d_0^2\right]$，方

形截面，$W_0 = \frac{b}{6}\left[d^2 + 2(\alpha_E - 1)\rho_g b_0^2\right]$；其中 d 为桩直径，d_0 为扣除保护层厚度的桩

直径；b 为方形截面边长，b_0 为扣除保护层厚度的桩截面宽度；α_E 为钢筋弹性模量

与混凝土弹性模量的比值；

v_m——桩身最大弯矩系数，按表 5-12 取值，当单桩基础和单排桩基纵向轴线与水平力方

向相垂直时，按桩顶铰接考虑；

ρ_g——桩身配筋率；

A_n——桩身换算截面积，圆形截面，$A_n = \frac{\pi d^2}{4}\left[1 + (\alpha_E - 1)\rho_g\right]$，方形截面，$A_n = b^2[1 + (\alpha_E -$

$1)\rho_g]$；

ζ_N——桩顶竖向力影响系数，竖向压力取 0.5；竖向拉力取 1.0；

N——在荷载效应标准组合下桩顶的竖向力，kN；

EI——桩身抗弯刚度，钢筋混凝土桩，$EI = 0.85 E_c I_0$，其中 I_0 为桩身换算截面惯性矩，圆形

截面为 $I_0 = W_0 d_0 / 2$，矩形截面为 $I_0 = W_0 d_0 / 2$；

χ_{0a}——桩顶允许水平位移；

ν_x——桩顶水平位移系数，按表 5-12 取值，取值方法同 M_ν。

桩顶（身）最大弯矩系数 ν_m 和桩顶水平位移系数 ν_x 表 5-12

桩顶约束情况	桩的换算埋深（αh）	v_m	ν_x
铰接、自由	4.0	0.768	2.441
	3.5	0.750	2.502
	3.0	0.703	2.727
	2.8	0.675	2.905
	2.6	0.639	3.163
	2.4	0.601	3.526
固接	4.0	0.926	0.940
	3.5	0.934	0.970
	3.0	0.967	1.028
	2.8	0.990	1.055
	2.6	1.018	1.079
	2.4	1.045	1.095

注：①铰接（自由）的 M_ν 系桩身的最大弯矩系数，固接的 M_ν 系桩顶的最大弯矩系数；

②当 $h\alpha > 4$ 时取 $h\alpha = 4.0$。

二、群桩水平承载力设计值的确定

群桩基础(不含水平力垂直于单排桩基纵向轴线和力矩较大的情况)的复合基桩水平承载力设计值应考虑由承台、桩群、土相互作用产生的群桩效应,可按下式确定:

$$R_h = \eta_h R_{ha} \tag{5-32}$$

考虑地震作用 $s_a/d \leqslant 6$ 时
$$\eta_h = \eta_i \eta_r + \eta_1 \tag{5-33a}$$

其他情况时
$$\eta_h = \eta_i \eta_r + \eta_1 + \eta_b \tag{5-33b}$$

$$\eta_i = \frac{(s_a/d)^{0.015n_2+0.45}}{0.15n_1 + 0.10n_2 + 1.9} \tag{5-34}$$

$$\eta_1 = \frac{m\chi_{0a}B'_c h_c^2}{2n_1 n_2 R_h} \tag{5-35}$$

$$\eta_b = \frac{\mu P_c}{n_1 n_2 R_h} \tag{5-36}$$

$$\chi_{0a} = \frac{R_h \nu_x}{\alpha^3 EI} \tag{5-37}$$

式中:η_h——群桩效应综合系数;

η_i——桩的相互作用影响效应系数;

η_r——桩顶约束效应系数,按表 5-13 取值;

η_1——承台侧向土抗力效应系数(承台侧面回填土为松散状态时取 0);

η_b——承台底摩阻效应系数;

s_a/d——沿水平荷载方向桩的距径比;

n_1、n_2——分别为沿水平荷载方向与垂直水平荷载方向每排桩中的桩数;

m——承台侧面土抗力系数的比例系数,当无试验资料时可按表 5-14 值;

χ_{0a}——桩顶(承台)的水平位移允许值,当以位移控制时,可取 $\chi_{0a} = 10\text{mm}$(对水平位移敏感的结构物取 $\chi_{0a} = 6\text{mm}$);当以桩身强度控制(低配筋率灌注桩)时,近似按式(5-37)确定;

B'_c——承台受侧向土抗一边的计算宽度;$B'_c = B_c + 1(\text{m})$,B_c 为承台宽度,m;

h_c——承台高度,m;

μ——承台底与基土间的摩擦系数,可按表 5-15 取值;

P_c——承台底地基土分担的竖向荷载设计值,kN,$P_c = \eta_c f_{ak}(A - nA_{ps})$;

η_c——承台效应系数;

A——承台总面积;

A_{ps}——桩身截面面积;

α——桩的水平变形系数,1/m,$\alpha = \sqrt[5]{\dfrac{mb_0}{EI}}$;

m——桩侧土水平抗力系数的比例系数;

b_0——桩身的计算宽度,(m),圆形桩:当直径 $d \leqslant 1\text{m}$ 时,$b_0 = 0.9(1.5d + 0.5)$,当直径 $d > 1\text{m}$ 时,$b_0 = 0.9(d + 1)$;方形桩:当边宽 $b \leqslant 1\text{m}$ 时,$b_0 = 1.5b + 0.5$;当边宽 $b > 1\text{m}$ 时,$b_0 = b + 1$;

EI——桩身抗弯刚度。

换算深度 ah	2.4	2.6	2.8	3.0	3.5	≥4.0
位移控制	2.58	2.34	2.20	2.13	2.07	2.05
强度控制	1.44	1.57	1.71	1.82	2.00	2.07

地基土水平抗力系数的比例系数 m 值   表 5-14

序号	地基土类别	预制桩、钢桩		灌注桩	
		m（MN/m⁴）	相应单桩在地面处水平位移（mm）	m（MN/m⁴）	相应单桩在地面处水平位移（mm）
1	淤泥、淤泥质土，饱和湿陷性黄土	2~4.5	10	2.5~6	6~12
2	流塑（$I_L > 1$）、软塑（$0.75 < I_L \leq 1$）状黏性土，$e > 0.9$ 粉土，松散粉细砂，松散、稍密填土	4.5~6.0	10	6~14	4~8
3	可塑（$0.25 < I_L \leq 0.75$）状黏性土，$e = 0.7~0.9$ 粉土，湿陷性黄土，中密填土，稍密细砂	6.0~10	10	14~35	3~6
4	硬塑（$0 < I_L \leq 0.25$）坚硬（$I_L \leq 0$）状黏性土，$e < 0.75$ 粉土，湿陷性黄土，中密的中粗砂，密实老填土	10~22	10	35~100	2~5
5	中密、密实的砾砂、碎石类土	—	—	100~300	1.5~3

注：①当桩顶水平位移大于表列数值或灌注桩配筋率较高（≥0.65%）时，m 值应适当降低；当预制桩的水平向位移小于10mm 时，m 值可适当提高；

②当水平荷载为长期或经常出现的荷载时，应将表列数值乘以 0.4 折减采用；

③当地基为可液化土层时，应将表列数值乘以表 5-9 中相应的系数 ψ_1。

基础与地基土的摩擦系数   表 5-15

土 的 类 别		摩擦系数 μ	土 的 类 别	摩擦系数 μ
黏性土	可塑	0.25~0.30	中砂、粗砂、砾砂	0.40~0.50
	硬塑	0.30~0.35	碎石土	0.40~0.60
	坚硬	0.35~0.45	软质岩石	0.40~0.60
粉土	$S_r \leq 0.5$	0.30~0.40	表面粗糙的硬质岩石	0.65~0.75

第九节 桩端软弱下卧层承载力的验算

当群桩基础设置在有限厚的硬持力层上，且其下存在软弱下卧层时，为避免桩基因持力层较薄发生冲剪破坏而导致整体失稳，应验算软弱下卧层的承载力。

按《建筑桩基技术规范》规定，对于桩距 $s_a \leq 6d$ 的群桩基础，其软弱下卧层的承载力验算可按下列公式计算：

$$\sigma_z + \gamma_m z \leq f_{az} \tag{5-38}$$

$$\sigma_z = \frac{(F_k + G_k) - 3/2(L_0 + B_0)\sum q_{sik}l_i}{(L_0 + 2t \cdot \tan\theta)(B_0 + 2t \cdot \tan\theta)} \tag{5-39}$$

式中：σ_z——作用于软弱下卧层顶面的附加应力，kPa，如图 5-22a）所示；

γ_m——软弱层顶面以上各土层重度按土层厚度计算的加权平均值，kN/m^3；

z——地面至软弱层顶面的深度，m；

f_{az}——软弱下卧层经深度修正的地基极限承载力特征值，kPa；

L_0、B_0——桩群外缘矩形面积的长、短边长，m，如图5-22c）所示；

F_k——作用于桩台顶面的竖向力设计值，kN；

G_k——承台和承台上土自重设计值，kN；

t——硬持力层的厚度，m；

θ——桩端硬持力层压力扩散角，按表5-16取值；

其他符号意义同前。

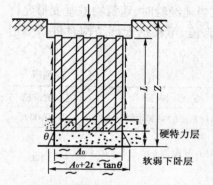

图5-22　软弱下卧层承载力验算

桩端硬持力层压力扩散角 θ　　　　表5-16

E_{s1}/E_{s2}	$t = 0.25B_0$	$t \geq 0.50B_0$
1	4°	12°
3	6°	23°
5	10°	25°
10	20°	30°

注：①E_{s1}、E_{s2}分别为硬持力层、软下卧层的压缩模量；
②当 $t < 0.25B_0$ 时，取 $\theta = 0$；
③当 t 处于 $0.25B_0 \sim 0.50B_0$ 之间时，内插取值。

对于桩距 $s_a \geq 6d$，且各桩端的压力扩散线不相交于硬持力层中时，即硬持力层厚度 $t < \cot\theta(s_a - D_e)/2$ 的群桩基础[图5-22b)]以及单桩基础，这时每根桩下面的软弱土层上的附加应力 σ_z 按下式计算确定：

$$\sigma_z = \frac{4(\gamma_0 N - u \sum q_{sik} l_i)}{\pi(D_e + 2t \cdot \tan\theta)^2} \tag{5-40}$$

式中：N——轴心竖向力作用下任一复合基桩或基桩的竖向力设计值，kN；

γ_0——建筑物重要性系数；

D_e——桩端等代直径，m，对于圆形桩，$D_e = D$，对方形桩 $D_e = 1.13b$（b 为桩的边长），按表 5-16确定 θ 时，取 $B_0 = D_e$；

其他符号意义同前。

第十节　桩基的沉降计算

桩基一般只按承载力进行计算，但当体型复杂荷载不均匀或桩端以下存在软弱土层的设计等级为乙级，或建筑物重要性高设计等级为甲级，或摩擦型桩基，或对桩基沉降有严格要求时，尚应对桩基进行沉降验算。需要计算变形的建筑物，其桩基变形计算值不应大于桩基变形允许值。

一、桩基变形的控制指标

（1）沉降量。桩基沉降量一般指平均沉降量或中心点的沉降量。

（2）沉降差。桩基沉降差一般指相邻桩基沉降的差值。

（3）倾斜。建筑物桩基倾斜方向两端点的沉降差与其距离的比值，称为倾斜（率）。

（4）局部倾斜。墙下条形承台沿纵向某一长度范围内，桩基础两点的沉降差与基距离的比值。

二、建筑物桩基允许变形值

建筑物桩基允许变形值即指桩基设计除满足承载力要求外，还应使桩基的整体变形与相对变形一方面控制在满足上部结构正常使用的要求范围内；另一方面使上部结构与基础设计更趋经济合理。建筑物桩基允许变形与上部结构形式等综合考虑确定。对于砌体承重结构应由局部倾斜控制；对于框架结构和单层排架结构应由相邻柱基的沉降差控制；对于多层或高层建筑和高耸结构应由倾斜值控制；应控制平均沉降量。如无当地经验时，建筑物桩基变形允许值可按表5-17规定采用，对于表中未包括的建筑物桩基允许值，可根据上部结构对桩基变形的适应能力和使用上的要求确定。

建筑物桩基变形允许值　　　　　　　　　　　　　　　　　表5-17

变 形 特 征		允许值	变 形 特 征		允许值
工业与民用建筑相邻柱基的沉降差 （1）框架结构 （2）砖石墙填充的边排柱 （3）当基础不均匀沉降不产生附加应力的结构		$0.002l_0$ $0.0007l_0$ $0.005l_0$	砌体承重结构基础的局部倾斜		0.002
			单层排架结构（柱距为6m）柱基的沉降量（mm）		120
桥式吊车轨面的倾斜（按不调整轨道考虑） 纵向 横向		0.004 0.003	高耸结构基础的倾斜	$H_g \leqslant 20$	0.008
				$20 < H_g \leqslant 50$	0.006
				$50 < H_g \leqslant 100$	0.005
				$100 < H_g \leqslant 150$	0.044
				$150 < H_g \leqslant 200$	0.003
				$200 < H_g \leqslant 250$	0.002
多层和高层建筑的倾斜	$H_g \leqslant 24$	0.004	高耸结构基础的沉降量（mm）	$H_g \leqslant 100$	350
	$24 < H_g \leqslant 60$	0.003		$100 < H_g \leqslant 200$	250
	$60 < H_g \leqslant 100$	0.002		$200 < H_g \leqslant 250$	150
	$H_g > 100$	0.0015			

注：l_0 为相邻基的中心距离（mm）；H_g 为自室外地面起算的建筑物高度（m）。

三、桩基的最终沉降量计算

长期以来，桩基础沉降计算一般均采用半径验的等代实体基础与弹性理论法两种。国内在计算桩基础沉降时，常将群桩基础视为等代实体深基础按浅基础的分层总和法近似计算。等代实体深基础的取法有多种，其主要差别在于等代基础底面尺寸的确定。《建筑桩基规范》推荐的方法称为等效作用分层总和法。该法既考虑了等代实体基础法在计算上的简捷性和实用性，又考虑了群桩的共同作用。最后从设计人员所熟悉的分层总和法计算桩基沉降。

等效作用分层总和法为了简化计算，规定等效作用面位于桩端平面，等效面积即为桩承台投影面积。基于桩自重所产生的附加应力较小（对非挤土桩、部分挤土桩而言，其附加应力只相当于混凝土与土的重度差），可忽略不计。因而等效作用面的附加应力近似取对应荷载准永久组合时承台底面的平均附加应力。等效作用面以下的应力分布采用布氏解。桩基的最终

130

沉降量表达式为

$$s = \psi \cdot \psi_e \cdot s' = \sum_{j=1}^{m} p_{0j} \sum_{i=1}^{n} \frac{z_{ij} \overline{\alpha}_{ij} - z_{(i-1)j} \overline{\alpha}_{(i-1)j}}{E_{si}} \tag{5-41}$$

式中：　s——桩基最终沉降量，mm；

　　　　s'——按分层总和法计算出的桩基沉降量，mm；

　　　　ψ——桩基沉降计算经验系数。当无当地可靠经验时，ψ 可按表5-18选用。对于采用后注浆施工工艺的灌注桩，ψ 应根据桩端持力土层类别，乘以 0.7（砂、砾、卵石）~0.8（黏性土、粉土）折减系数；饱和土中采用预制桩（不含复打、复压、引孔沉桩）时，ψ 应根据桩距、土质、沉桩速率和顺序等因素，乘以 1.3~1.8 挤土效应系数（土的渗透性低、桩距小、桩数多、沉降速率快时取大值）。

　　　　ψ_e——桩基等效沉降系数。其定义为：刚性承台群桩基础按明德林解计算的沉降量 s_M 与按布氏解计算的沉降量 s_B 之比，即 $\psi_e = s_M / s_B$，ψ_e 可按下式简化计算

$$\psi_e = C_0 + \frac{n_b - 1}{C_1(n_b - 1) + C_2} \tag{5-42}$$

$$n_b = \sqrt{n \cdot B_c / L_c} \tag{5-43}$$

C_0、C_1、C_2——根据群桩不同距径比 s_a/d、长径比 L/d 及基础长宽比 L_c/B_c 按《建筑桩基技术规范》（JGJ 94—2008）附录 E 取值；

　　　　n_b——矩形布桩时的短边布桩数，当布桩不规则时可按式（5-45）近似计算，当 n_b 计算值小于 1 时，取 $n_b = 1$；

L_c、B_c、n——分别为矩形承台的长、宽及总桩数。

桩基沉降计算经验系数 ψ　　　　　　　　　　　　　　表 5-18

$\overline{E}_s$（MPa）	≤10	15	20	35	≥50
ψ	1.2	0.9	0.65	0.50	0.40

注：①$\overline{E}_s$ 为沉降计算深度范围内压缩模量的当量值，可按下式计算：$\overline{E}_s = \sum A_i \sum \dfrac{A_i}{E_{si}}$，式中 A_i 为第 i 层土附加压力系数沿土层厚度的积分值，可近似按分块面积计算；

②ψ 可根据 $\overline{E}_s$ 内插取值。

第十一节　桩基础的承台设计计算

一、承台的构造

1. 承台的平面尺寸和形状

承台的种类有多种，如柱下独立桩基承台、箱形承台、筏形承台、柱下梁式承台、墙下条形承台等。承台的形式、平面尺寸一般是由上部结构和桩的数量及布桩形式决定的，如果是墙下桩基，承台就可做成条形梁式承台；如果是柱下桩基，承台可采用独立矩形或三角形承台。承台剖面形状可选用板式、锥式或台阶形。

2. 构造要求

（1）承台的最小宽度不应小于 500mm，承台边缘至桩中心的距离不宜小于桩的直径或边

长,且边缘挑出部分不应小于150mm。对于条形承台梁边缘挑出部分不应小于75mm。

（2）条形承台和柱下独立桩基承台的厚度不应小于300mm；筏形、箱形承台板的厚度应满足整体刚度、施工条件及防水要求。对于桩布置于墙下或基础梁下的情况，承台厚度不宜小于250mm，且板厚与计算区段最小跨度之比不宜小于1/20。

独立柱下桩基承台的最小宽度不应小于500mm，边桩中心至承台边缘的距离不应小于桩的直径或边长，且桩的外边缘至承台边缘的距离不应小于150mm。对于墙下条形承台梁，桩的外边缘至承台梁边缘的距离不应小于75mm。承台的最小厚度不应小于300mm。

高层建筑平板式和梁板式筏形承台的最小厚度不应小于400mm，墙下布桩的剪力墙结构筏形承台的最小厚度不应小于200mm。

高层建筑箱形承台的构造应符合《高层建筑筏形与箱形基础技术规范》（JGJ 6—2011）的规定。

（3）承台混凝土材料及其强度等级应符合结构混凝土耐久性的要求和抗渗要求。

承台的混凝土强度不宜低于C25，采用HRB335钢筋时，混凝土强度等级不宜低于C20。承台底面钢筋的混凝土保护层高度不宜小于70mm；当设素混凝土垫层时，保护层厚度可适当减少，垫层厚度宜为100mm，强度等级宜为C15。

（4）为保证群桩与承台之间连接的整体性，桩顶嵌入承台的长度，对于大直径桩不宜小于100mm；对于普通桩不宜小于50mm。混凝土桩的桩顶主筋应伸入承台内，其锚固长度不宜小于30倍主筋直径；对于抗拔桩不应小于40倍主筋直径。预应力混凝土桩可采用钢筋与桩尖钢板焊接的连接方法。

（5）承台的钢筋配置除满足计算要求外，尚应符合下列规定：

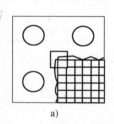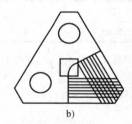

图5-23 柱下独立桩基承台配筋示意
a）矩形承台；b）三桩承台

①承台梁的纵向主筋直径不宜小于$\phi12$，架立筋直径不宜小于$\phi10$，箍筋直径不宜小于$\phi6$。

②柱下独立桩基承台的受力钢筋应通长配置。对于矩形承台板配筋宜按双向均匀布置，钢筋直径不宜小于$\phi10$，间距应满足100～200mm。对于三桩承台，应按三向板带均匀配置，最里面三根钢筋相交围成的三角形应位于柱截面范围以内，如图5-23所示。

③筏形承台板的分布构造钢筋，可采用$\phi10～\phi12$，间距150～200mm。当仅考虑局部弯曲作用按倒楼盖计算内力时，考虑到整体弯曲的影响，纵横两方向的支座钢筋尚有1/3～1/2且配筋率不小于0.15%，贯通全跨配置；跨中钢筋按计算配筋率全部连通。

④箱形承台顶、底板的配筋，应综合考虑受整体弯曲钢筋的配置部位，以充分发挥各截面钢筋的作用。当仅按局部弯曲作用计算内力时，考虑到整体弯曲的影响，钢筋配置量除符合局部弯曲计算要求外，纵横两方向支座钢筋尚有1/3～1/2且配筋率分别不小于0.15%、0.10%，贯通全跨配置；跨中钢筋应按实际配筋率全部连通。

（6）承台之间的连接，应符合下列规定：

①柱下单桩宜在桩顶两个互相垂直方向上设置连系梁。当桩桩截面直径之比较大（一般大于2）且桩底剪力和弯矩较小时，可不设连系梁。

②两桩桩基的承台，宜在其短向设置连系梁，当短向的柱底剪力和弯矩较小时，可不设连

系梁。

③有抗震要求的柱下独立桩基承台，纵横方向宜设置连系梁。

④连系梁顶面宜与承台顶面位于同一高程，连系梁宽度不宜小于200mm，其高度可取承台中心距的1/15～1/10；连系梁的配筋应根据计算确定，不宜小于4ϕ12。

二、柱下独立桩基承台的正截面弯矩设计值计算

模型试验研究表明，柱下独立桩基承台（四桩及三桩承台）在配筋不足的情况下将产生弯曲破坏，其破坏特征呈梁式破坏。破坏时屈服线如图5-24所示，最大弯矩产生于屈服线处。根据极限平衡原理，承台正截面弯矩计算如下：

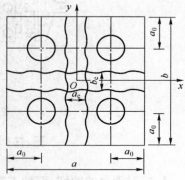

图5-24　四桩承台弯曲破坏模式

1. 多桩矩形承台

计算截面应取在柱边和承台高度变化处[杯口外侧或台阶边缘，图5-25a)]，按下式计算

$$M_x = \sum N_i y_i$$

$$M_y = \sum N_i x_i \tag{5-44}$$

式中：M_x、M_y——垂直x、y轴方向计算截面处弯矩设计值；

　　　x_i、y_i——垂直y轴和x轴方向自桩轴线到相应计算截面的距离；

　　　N_i——扣除承台和承台上土自重设计值后i桩竖向净反力设计值；当不考虑承台效应时，则为i桩竖向总反力设计值。

2. 三桩承台

(1)等边三桩承台[图5-25b)]：

$$M = \frac{N_{max}}{3}\left(s - \frac{\sqrt{3}}{4}c\right) \tag{5-45}$$

式中：M——由承台形心至承台边缘距离范围内板带的弯矩设计值；

　　　N_{max}——扣除承台和其上填土自重后的三桩中相应于荷载效应基本组合时的最大单桩竖向力设计值；

　　　s——桩距；

　　　c——方柱边长，圆柱时$c = 0.866d$（d为圆柱直径）。

(2)等腰三桩承台[图5-25c)]：

$$M_1 = \frac{N_{max}}{3}\left(s_a - \frac{0.75}{\sqrt{4 - a^2}}c_1\right) \tag{5-46}$$

$$M_2 = \frac{N_{max}}{3}\left(as_a - \frac{0.75}{\sqrt{4 - a^2}}c_2\right) \tag{5-47}$$

式中：M_1、M_2——分别为由承台形心到承台两腰和底边的距离范围内板带的弯矩设计值；

　　　s_a——长向桩距；

　　　a——短向桩距与长向桩距之比，当a小于0.5时，应按变截面的二桩承台设计；

c_1、c_2——分别为垂直于、平行于承台底边的桩截面边长。

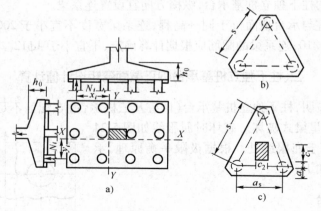

图 5-25　承台弯矩计算示意

a)多桩矩形承台;b)三桩承台;c)等腰三桩承台

三、柱(墙)和基桩对承台的冲切承载力验算

1. 柱对承台的冲切,可按下列公式计算(图 5-26)

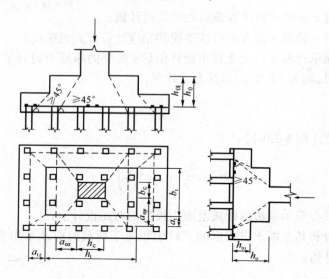

图 5-26　柱对承台冲切计算示意

$$F_l \leqslant \beta_0 u_m \beta_{hp} f_t h_0 \tag{5-48}$$

$$F_l = F - \sum Q_i \tag{5-49}$$

$$\beta_0 = \frac{0.84}{\lambda + 0.2} \tag{5-50}$$

式中:F_l——不计承台及其上填土自重,在荷载效应基本组合下作用于冲切破坏锥体上的冲切力设计值,冲切破坏锥体应采用自柱边或承台变阶处至相应桩顶边缘连线构成的锥体,锥体与承台底面的夹角不小于 45°;

f_t——承台混凝土抗拉强度设计值;

h_0——冲切破坏锥体的有效高度;

β_0——柱(墙)冲切系数;

u_m——承台冲切破坏锥体一半有效高度处的周长;

β_{hp}——受冲切承载力截面高度影响系数,当 $h \leqslant 800mm$ 时,β_{hp} 取 1.0,$h \geqslant 2000mm$ 时,β_{hp} 取 0.9,其间按线性内插法取值;

λ——冲跨比,$\lambda = a_0/h_0$,a_0 为柱(墙)边或承台变阶处到桩边水平距离;当 $\lambda < 0.25$ 时,取 $\lambda = 0.25$;当 $\lambda > 1.0$ 时,取 $\lambda = 1.0$;

F——不计承台及其上土重,在荷载效应基本组合作用下柱(墙)底的竖向荷载设计值;

$\sum Q_i$——不计承台及其上土重,在荷载效应基本组合下冲切破坏锥体内各基桩或复合基桩的反力设计值之和。

2. 对于柱下矩形独立承台受柱冲切的承载力可按下列公式计算

$$F_1 \leqslant 2[\beta_{1x}(b_c + a_{0y}) + \beta_{1y}(h_c + a_{0x})]\beta_{hp}f_t h_0 \tag{5-51}$$

式中:β_{1x}、β_{1y}——由式(5-50)求得,$\lambda_{0x} = a_{0x}/h_0$,$\lambda_{0y} = a_{0y}/h_0$;$\lambda_{0x}$、$\lambda_{0y}$ 均应满足 0.25 ~ 1.0 的要求;

h_c、b_c——分别为 x、y 方向柱截面的边长;

a_{0x}、a_{0y}——分别为 x、y 方向柱边离最近桩边的水平距离。

对于圆柱及圆桩,计算时应将其截面换算成方柱及方桩,即取换算柱截面边长 $b_c = 0.8d_c$(d_c 为圆柱直径),换算桩截面边长 $b_p = 0.8d$(d 为圆桩直径)。

对于柱下两桩承台,宜按深受弯构件($l_0/h < 5.0$,$l_0 = 1.15l_n$,l_n 为两桩净距)计算受弯、受剪承载力,不需要进行受冲切承载力计算。

对中低压缩性土上的承台,当承台与地基土之间没有脱空现象时,可根据地区经验适当减小柱下桩基础独立承台受冲切计算的承台厚度。

3. 对位于柱(墙)冲切破坏锥体以外的基桩,按规定计算承台受基桩冲切的承载力

(1)四桩以上(含四桩)承台受角桩冲切的承载力可按下列公式计算(图5-27)。

$$N_1 \leqslant \left[\beta_{1x}\left(c_2 + \frac{a_{1y}}{2}\right) + \beta_{1y}\left(c_1 + \frac{a_{1x}}{2}\right)\right]\beta_{hp}f_t h_0 \tag{5-52}$$

$$\beta_{1x} = \left(\frac{0.56}{\lambda_{1x} + 0.2}\right) \tag{5-53}$$

$$\beta_{1y} = \left(\frac{0.56}{\lambda_{1y} + 0.2}\right) \tag{5-54}$$

式中:N_1——扣除承台和其上填土自重后的角桩桩顶相应于荷载效应基本组合的竖向力设计值;

β_{1x}、β_{1y}——角桩冲切系数;

λ_{1x}、λ_{1y}——角桩冲跨比,其值满足 0.25 ~ 1.0,$\lambda_{1x} = a_{1x}/h_0$,$\lambda_{1y} = a_{1y}/h_0$;

c_1、c_2——从角桩内边缘至承台外边缘的距离;

a_{1x}、a_{1y}——从承台底角桩内边缘引 45° 冲切线与承台顶面或承台变阶处相交点至角桩内边缘的水平距离；

h_0——承台外边缘的有效高度。

（2）三桩三角形承台受角桩冲切的承载力可按下列公式计算（图5-28）：

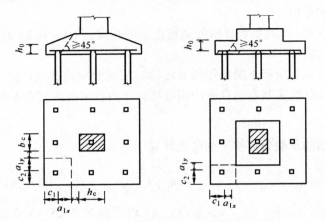
图5-27 矩形承台角桩冲切计算示意

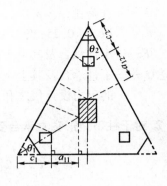
图5-28 三角形承台角桩冲切计算示意

底部角桩

$$N_1 \leqslant \beta_{11}(2c_1 + a_{11})\tan\frac{\theta_1}{2}\beta_{hp}f_t h_0 \tag{5-55}$$

$$\beta_{11} = \left(\frac{0.56}{\lambda_{11} + 0.2}\right) \tag{5-56}$$

顶部角桩

$$N_1 \leqslant \beta_{12}(2c_2 + a_{12})\tan\frac{\theta_2}{2}\beta_{hp}f_t h_0 \tag{5-57}$$

$$\beta_{12} = \left(\frac{0.56}{\lambda_{12} + 0.2}\right) \tag{5-58}$$

式中：λ_{11}、λ_{12}——角桩冲跨比，$\lambda_{11} = \dfrac{a_{11}}{h_0}$，$\lambda_{12} = \dfrac{a_{12}}{h_0}$；

a_{11}、a_{12}——从承台底角桩内边缘向相邻承台边引45°冲切线与承台顶面相交点至角桩内边缘的水平距离；当柱位于该45°线以内时则取柱边与桩内边缘连线为冲切锥体的锥线。

四、承台的受剪验算

柱下桩基独立承台应分别对柱边和桩边、变阶处和桩边联线形成的斜截面进行受剪计算（图5-29）。当柱边外有多排桩形成多个剪切斜截面时，尚应对每个斜截面进行验算。斜截面受剪承载力可按下列公式计算：

$$V \leqslant \beta_{hs}\alpha f_t b_0 h_0 \tag{5-59}$$

$$\alpha = \frac{1.75}{\lambda + 1} \tag{5-60}$$

$$\beta_{hs} = (800/h_0)^{\frac{1}{4}} \qquad (5\text{-}61)$$

式中：V——扣除承台及其上填土自重后相应
于荷载效应基本组合时斜截面的
最大剪力设计值；

b_0——承台计算截面处的计算宽度。阶
梯形承台变阶处的计算宽度、锥形
承台的计算宽度应按《建筑地基基
础设计规范》附录 U 确定；

h_0——计算宽度处的承台有效高度；

β_{hs}——受剪切承载力截面高度影响系数；

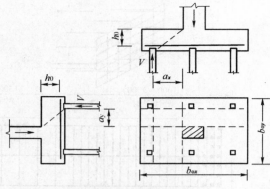

图 5-29　承台斜截面受剪计算示意

λ——计算截面的剪跨比，$\lambda_x = \dfrac{a_x}{h_0}$，$\lambda_y = \dfrac{a_y}{h_0}$。$a_x$、$a_y$ 为柱边或承台变阶处到 x、y 方向计算一排桩的桩边的水平距离，当 $\lambda < 0.3$ 时，取 $\lambda = 0.3$；当 $\lambda > 0.3$ 时，取 $\lambda = 3$。

第十二节　桩身构造要求

一、钢筋混凝土预制桩

钢筋混凝土预制桩常见的是预制方桩和管桩。其要求如下：

（1）预制桩的截面边长不应小于 200mm；预应力混凝土预制桩的截面边长不宜小于 350mm；预应力混凝土离心管桩的外径不宜小于 300mm。

（2）预制桩的混凝土强度等级不宜低于 C30，采用静压法沉桩时，可适当降低，但不宜低于 C20，预应力混凝土桩的混凝土强度等级不宜低于 C40，预制桩纵向钢筋的混凝土保护层厚度不宜小于 30mm。

（3）预制桩的桩身配筋应按吊运、打桩及桩在建筑物中的受力等条件计算确定。预制桩的配筋率一般在 1% 左右，最小配筋率不宜小于 0.8%。如果采用静压法沉桩时，其最小配筋率不宜小于 0.4%。主筋直径不宜小于 $\phi14$，箍筋直径 $\phi6 \sim \phi8$，间距不大于 200mm，在桩顶与桩尖处适当加密。图 5-30 为方形截面的钢筋混凝土预制桩的构造示意图。

预应力混凝土预制桩宜优先采用先张法施加预应力。预应力钢筋宜选用冷拉Ⅲ级、Ⅳ级或Ⅴ级钢筋。

对于打入桩直接受到锤击的 $(2 \sim 3)d$ 桩顶范围内箍筋更需加密，并应放置三层钢筋网。

（4）桩尖在沉入土层以及使用期中要克服土的阻力，故应把预制桩桩尖所有主筋合拢焊在一根圆钢上，在密实砂和碎石类土中，可在桩尖处包以钢板桩靴，加强桩尖。

（5）预制桩的分节长度应根据施工条件及运输条件确定。接头不宜超过 2 个，预应力管桩接头数量不宜超过 4 个。

（6）桩身混凝土强度达到要求后方可起吊和搬运。桩在吊运和吊立时受力情况和一般受弯构件相同。桩身在重力作用下产生的弯曲应力与吊点的数量和位置有关。桩长 20m 以下者，起吊时一般采用 2 个吊点；在打桩架龙门吊立时，只能采用 1 个吊点。吊点的位置应按吊点间的跨中正弯矩与吊点处的负弯矩相等的原则布置。

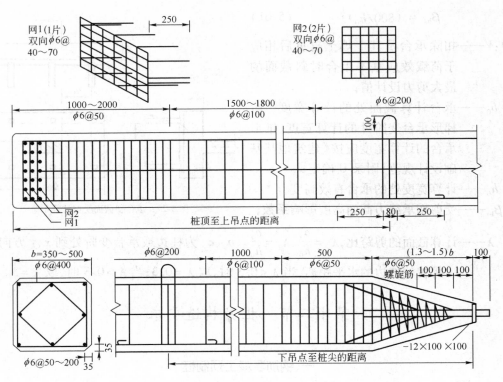

图 5-30   预制钢筋混凝土方桩详图(尺寸单位:mm)

二、灌 注 桩

(1)桩身混凝土强度等级不得低于 C15,水下灌注混凝土时不得低于 C20,混凝土预制桩尖不得低于 C30。主筋的混凝土保护层厚度不应小于 35mm,水下灌注混凝土不得小于 50mm。

(2)当持力层承载力低于桩身混凝土受压承载力时,可采用扩底灌注桩,扩底端尺寸宜按下列规定确定,如图 5-31 所示;扩底端直径与桩身直径比 D/d,应根据承载力要求及扩底端部侧面和桩端持力层图形确定,最大不超过 3.0;扩底端侧面的斜率应根据实际成孔及支护条件确定,a/h_c 一般取 1/3 ~ 1/2,砂土取约 1/3,粉土、黏性土取约 1/2;扩底端底面一般呈现锅底形,矢高 h_b 取 $(0.10 \sim 0.15)D$。

(3)符合下列条件的灌注桩,其桩身可按构造要求配筋。

①第一个条件:桩顶轴向压力应符合下列规定

$$\gamma_0 N \le f_c \cdot A \tag{5-62}$$

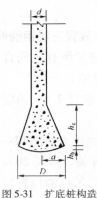

图 5-31   扩底桩构造

式中:γ_0——建筑桩基重要性系数;

N——桩顶轴向压力设计值,kN;

A——桩身截面面积,m^2;

f_c——混凝土轴心抗压强度设计值,kPa。对于灌注桩,应乘以施工工艺系数 ψ_c 予以折减。对干作业非挤土灌注桩,$\psi_c = 0.9$;对泥浆护壁和套管护壁非挤土灌注桩、部分挤土灌注桩、挤土灌注桩 $\psi_c = 0.8$。

②第二个条件:桩顶水平力应符合下列规定

$$\gamma_0 H_1 \le \alpha_h d^2 \left(1 + \frac{0.5 N_G}{\gamma_m \cdot f_t \cdot A}\right) \sqrt[5]{1.5 d^2 + 0.5 d} \tag{5-63}$$

式中:H_1——桩顶水平力设计值,kN;

    α_h——综合系数,kN,按表5-19取值;

    d——桩身设计直径,m;

    N_G——按荷载效应基本组合计算的桩顶永久荷载产生的轴向力设计值,kN;

    f_t——混凝土轴心抗拉强度设计值,kPa;

    γ_m——桩身截面模量的塑性系数,圆截面 $\gamma_m = 2.0$;矩形截面 $\gamma_m = 1.75$;

    A——桩身截面面积,m^2。

综合系数 α_h(kN) 表5-19

类别	上部土层名称性状承台下 $2(d+1)$ m 深度范围内	桩身混凝土强度等级		
		C15	C20	C25
Ⅰ	淤泥、淤泥质土、饱和湿陷性黄土	32~37	39~44	46~52
Ⅱ	流塑、软塑状黏性土,高压缩性粉土,松散粉细砂,松散填土	37~44	44~52	52~62
Ⅲ	可塑性黏性土,中压缩性粉土,稍密砂土,稍密、中密填土	44~53	52~64	62~76
Ⅳ	硬塑、坚硬状黏性土,低压缩性粉土,中密中、粗砂,密实老填土	53~65	64~79	76~94
Ⅴ	中密、密实砾砂、碎石类土	65~81	79~98	94~116

注:当桩基受长期或经常出现的水平荷载时,按表中土层分类顺序降低一类取值,如Ⅲ类按Ⅱ类取值。

(4)按构造配筋的具体规定。同时满足上述(3)中的2个条件,意味着桩身混凝土具有足够的承受竖向和水平荷载的能力,不需要进行计算配筋即可。具体要求如下:

①地基基础设计等级为甲级的建筑物桩基,应配置桩顶与承台的连接钢筋笼,其主筋采用 6~10 根 $\phi12 - \phi14$ 钢筋,配筋率不小于 0.2%,锚入承台 30 倍主筋直径,伸入桩身长度不小于 10 倍桩身直径,且不小于承台下软弱土层层底深度。

②地基基础设计等级为乙级的建筑物桩基,根据桩径大小配置 4~8 根 $\phi10 \sim \phi12$ 的桩顶与承台连接钢筋,锚入承台至少 30 倍主筋直径且伸入桩身长度不小于 5 倍桩身直径,对于沉管灌注桩,配筋长度不应小于承台下软弱土层层底深度。

③地基基础设计等级为丙级的建筑物桩基,可不配构造钢筋。

(5)桩身按计算进行配筋的要求。不满足上述(3)中的2个条件时,说明尚需由桩身配筋承担部分竖向力或水平力。

①配筋率。当桩身直径为 300~2000mm 时,截面配筋率可取 0.65%~0.2%(小桩径取高值,大桩径取低值);对受力水平荷载特别大的桩、抗拔桩和嵌岩端承桩根据计算确定配筋率。

②配筋长度。

a. 端承桩宜沿桩身通长配筋。

b. 受水平荷载的摩擦桩(包括受地震作用的桩基),配筋长度宜采用 $4.0/a$(a 为桩的水平向变形系数)。按该式计算时,同样的桩径,土质越软配筋越长;同样的土质,桩径越大配筋越长。对于单桩竖向承载力较高的摩擦端承桩宜沿深度分段变截面配通长或局部长度筋。

c. 对于承受负摩阻力和位于坡地岸边的基桩应通长配筋。

d. 专用抗拔桩应通长配筋;因地震作用、冻胀或膨胀力作用而受上拔力作用的桩,按计算配置通长或局部长度的抗拉筋。

e. 对承受水平荷载较大的高大建筑物桩基应进行专门计算后配筋。

③主筋与箍筋。

a. 对于受水平荷载的桩,主筋不宜小于 $8\phi10$;对于抗压桩和抗拔桩,主筋不宜小于 $6\phi10$,纵向主筋应沿桩身周边均匀布置,其净距不应小于 60mm,并尽量减少钢筋接头。

b. 箍筋采用 $\phi6 \sim \phi8$,间距 $200 \sim 300mm$,宜采用螺旋式箍筋;受水平荷载较大的桩基或抗震桩基,桩顶 $(3 \sim 5)d$ 范围内箍筋应当加密;当钢筋笼长度超过 4m 时,应每隔 2m 左右设一道 $\phi12 \sim \phi18$ 焊接加劲箍筋。

思 考 题

5-1 试简述桩基础的适用场合及设计原则。

5-2 试分别根据桩的承载性状和桩的施工方法对桩进行分类。

5-3 简述单桩在竖向荷载下的工作性能及其破坏性。

5-4 什么叫负摩阻力、中性点?如何确定中性点的位置及负摩阻力的大小?

5-5 单桩竖向承载力标准值与设计值有何关系?工程中如何确定?

5-6 单桩水平承载力与哪些因素有关?设计时如何确定?

5-7 何谓群桩、群桩效应和承台效应?群桩承载力和单桩承载力之间有什么内在的联系?

5-8 如何确定承台的平面尺寸及厚度?设计时应做哪些验算?

习 题

5-1 某工程桩基采用预制混凝土桩,桩截面尺寸为 $350mm \times 350mm$,桩长 10m,各土层分布情况如题图 5-1 所示,试确定该基桩的竖向承载力标准值 Q_{uk} 和基桩的竖向承载力设计值 R(不考虑承台效应)。

5-2 某工程一群桩基础中桩的布置及承台尺寸如题图 5-2 所示,其中桩采用 $d = 500mm$ 的钢筋混凝土预制桩,桩长 12m,承台埋深 1.2m。土层分布第一层为 3m 厚的杂填土,$f_{ak} = 130kPa$,第二层为 4m 厚的可塑状态黏土,其下为很厚的中密中砂层。上部结构传至承台的轴心荷载设计值为 $F = 5400kN$,弯矩 $M = 1200kN \cdot m$,试验算该桩基础是否满足设计要求。

5-3 某场地土层分布情况为:第一层杂填土,厚 1.0m,$f_{ak} = 110kPa$;第二层为淤泥,软塑状态,厚 6.5m,第三层为粉质黏土,$I_L = 0.25$,厚度较大。现需设计一框架柱独立基础,柱截面 $500mm \times 500mm$,基础埋深 0.5m。柱底地面处的竖向荷载设计值 $F = 1700kN$,弯矩 $M = 180kN \cdot m$,水平荷载 $H = 100kN$,初选预制桩截面尺寸 $350mm \times 350mm$。试设计该桩基础。

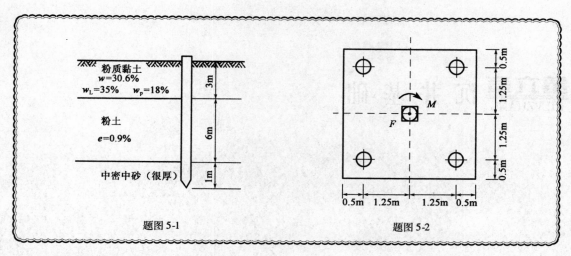

题图 5-2

教学案例Ⅲ,桩基工程问题。

第六章 沉井基础

DILVZHANG

第一节 概　述

沉井是井筒状的结构物，它以井内挖土，依靠自身重量克服井壁摩阻力后沉至设计高程，然后经混凝土封底并填塞井孔，而成为建筑物的基础（图6-1）。

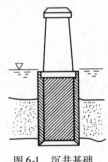

图6-1　沉井基础

沉井基础的特点是：埋置深度可以很大，整体性强，稳定性好，承载力很高；占地面积小，对临近建筑物影响较小，内部空间可利用；施工方便，挖土量少，下沉过程中，本身作为挡土和挡水围堰结构物，不需板桩围护，从而可节约投资。沉井有着广泛的工程应用，如桥梁、水闸、港口等工程中用于基础工程，市政工程中给、排水泵房，地下电厂，矿用竖井等，近年来也成为工业建筑物尤其是软土地下建筑物的主要基础类型。但也存在一些缺点：如施工期较长；对细砂及粉砂类土地基，在井内抽水易发生流砂的现象，造成沉井倾斜；在下沉过程中，若遇到大的障碍物或基岩表面高差过大，均会给施工带来一定困难等。

根据经济合理、施工上可能的原则，沉井基础一般适用于下列情况：

（1）上部荷载较大，而表面地基土非常松软，但深层土承载力较大时；或在山区河流中，虽然土质较好，但冲刷较大时。

（2）由于建筑物使用上的要求，需要把基础埋入地下深处的情况。

（3）因施工上的原因，如施工场狭小，不便于开挖施工，或对邻近建筑物影响较大时；地层中含有较大的卵石，不便桩基基础施工时；河水较深，采用扩大基础施工围堰有困难时等，都可通过经济和技术比较考核后采用。

第二节　沉井的分类

沉井的类型较多，分类的依据也不同，一般可按以下几个方面进行分类：

（1）按施工的方法不同，沉井可分为一般沉井和浮运沉井。一般沉井指直接在基础设计的位置上制造,然后控土,依靠沉井自重下沉。若基础位于水中,则人工筑岛,再在岛上筑井下沉。浮运沉井指先在岸边制造,再浮运就位下沉的沉井。通常在深水地区(如水深大于10m),或水流流速大、有通航要求、人工筑岛困难或不经济时,可采用浮运沉井。

(2)按制造沉井的材料不同,可分为混凝土沉井、钢筋混凝土沉井、竹筋混凝土沉井和钢沉井。混凝土沉井因抗压强度高,抗拉强度低,多做成圆形,且仅适用于下沉深度不大(4～7m)的松软土层。钢筋混凝土沉井抗拉强度高,下沉深度大(可达数十米以上),可做成重型或薄壁就地制造下沉的沉井,也可做成薄壁浮运沉井及钢丝网水泥沉井等,在工程中应用最广。沉井承受拉力主要在下沉阶段,我国南方盛产竹材,因此可就地取材,采用耐久性差但抗拉力好的竹筋代替部分钢筋,做成竹筋混凝土沉井,如南昌赣江大桥、白沙沱长江大桥等。钢沉井由钢材制作,其强度高、重量大、易于拼装,适于制造空心浮运沉井,但用钢量大,国内较少采用。此外,根据工程条件也可选用木沉井和砌石圬工沉井等。

(3)按沉井的平面形状可分为圆形、矩形和圆端形三种基本类型,根据井孔的布置方式,又可分为单孔、双孔及多孔沉井(图6-2)。

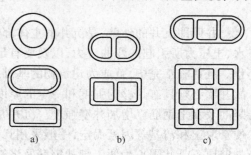

图6-2 沉井的平面形状
a)单孔沉井;b)双孔沉井;c)多孔沉井

圆形沉井在下沉过程中易于控制方向;当采用抓泥斗挖土时,比其他沉井更能保证其刃脚均匀地支撑在土层上,在侧压力作用下,井壁仅受轴向应力作用,即使侧压力分布不均匀,弯曲应力也不大,能充分利用混凝土抗压强度大的特点,多用于斜交桥或水流方向不定的桥墩基础。

矩形沉井制造方便,受力有利,能充分利用地基承载力,与矩形墩台相配合。沉井四角一般做成圆角,以减少井壁摩阻力和除土清孔的困难。矩形沉井在侧压力作用下,井壁受较大的挠曲力矩;在流水中阻力系数较大,冲刷较严重。

圆端形沉井在控制下沉、受力条件、阻水冲刷等方面均较矩形者有利,但施工较为复杂。对平面尺寸较大的沉井,可在沉井中设隔墙,构成双孔或多孔沉井,以改善井壁受力条件及均匀取土下沉。

(4)按沉井的立面形状可分为柱形、阶梯形和锥形沉井(图6-3)。柱形沉井受周围土体约束较均衡,下沉过程中不易发生倾斜,井壁接长较简单,模板可重复利用,但井壁侧阻力较大,当土体密实,下沉深度较大时,易出现下部悬空,造成井壁拉裂,故一般用于入土不深或土质较松软的情况。阶梯形沉井和锥形沉井可以减少土与井壁的摩阻力,井壁抗侧压力性能较为合理,但施工较复杂,消耗模板多,沉井下沉过程中易发生倾斜。多用于土质较密实,沉井下沉深

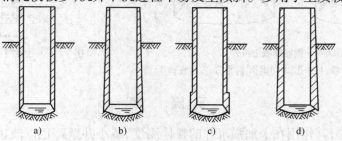

图6-3 沉井的立面形状
a)柱形;b)阶梯形;c)阶梯形;d)锥形

143

度大,且要求沉井自重不太大的情况。通常锥形沉井井壁坡度为 1/120 ~ 1/140,阶梯形井壁的台阶宽约为 100 ~ 200mm。

第三节 沉井的基本构造

沉井一般都由井壁、刃脚、隔墙、井孔、凹槽、封底及顶盖等部分组成,有时还配有射水管及探测管等其他部分。现以最常用的钢筋混凝土沉井为例加以介绍(图 6-4)。

一、井 壁

井壁即沉井的外壁,是沉井的主体部分。在沉井下沉过程中,它必须作为围堰结构而承受水、土压力所引起的弯曲应力,以及要有足够的自重,克服井壁摩阻力而顺利下沉达到设计高程。沉井施工完毕,就成为建筑物的基础或基础的一部分而将上部结构的荷载传到地基上去。故井壁必须具有足够的强度和一定的厚度。根据井壁在施工中的受力情况,可在井壁内配置竖向及水平钢筋以增加井壁强度。沉井井壁厚度应据本身的结构强度,下沉所需的自重以及便于取土和清基等因素而定,一般采用 0.80 ~ 1.20m,但钢筋混凝土薄壁沉井及钢模薄壁沉井的壁厚不受此限。为便于绑扎钢筋及浇筑混凝土,其厚度不宜小于 0.4m,井壁的混凝土强度等级不低于 C15 号。

二、刃 脚

刃脚(图 6-5)即沉井井壁最下端形如楔状的部分,其作用在于减小下沉时土的正面阻力,使沉井在自重作用下易于切土下沉。刃脚是沉井中受力最集中的部分,必须有足够的强度,以免产生挠曲或被破坏。刃脚底面(称为踏面)的宽度视所遇土层的软硬及井壁重力、厚度等而定,一般为 0.1 ~ 0.2m。当通过坚硬土层或达到岩层时,踏面宜用钢板或角钢保护,以防刃脚损坏。为利于切土下沉,刃脚内侧面倾角应大于 45°,其高度视井壁厚度便于抽撤垫木而定,一般为 1.0m 以上,刃脚宜采用 C20 号以上的钢筋混凝土制成。

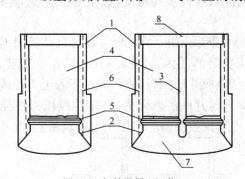

图 6-4 钢筋混凝土沉井

1-井壁;2-刃脚;3-隔墙;4-井孔;5-凹槽;6-射水管;7-封底;8-顶盖

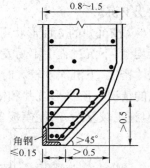

图 6-5 沉井刃脚构造(尺寸单位:m)

三、隔 墙

隔墙又称内壁,其作用在于加强沉井的整体刚度,减小井壁跨径以改善井壁受力条件,同时将沉井分隔为多个取土井,有利于挖土和下沉均衡,以便于纠偏。因隔墙受力比井壁小,其厚度一般小于井壁(可取 0.5 ~ 1.2m),隔墙底面高程应比刃脚踏面高出 0.5m 以上,以免土顶住内墙而妨碍下沉。刃脚与隔墙联结处可设置埂肋加强刃脚与隔墙的连续。隔墙下端可设置过人孔,便于工人在井孔间往来,其尺寸大约为 $0.8m \times 1.2m$。

四、井 孔

井孔是挖土的工作场所和通道。为保证挖土机具自由升降,其宽度(直径)一般不小于 3.0m,且布置上应力求简单和对称,以便于对称挖土,保持沉井均匀下沉。

五、凹 槽

凹槽位于刃脚内侧上方,其作用是使封底混凝土与井壁有较好的接合,以便将封底混凝土底面的反力更好地传递给井壁(实心沉井可不设凹槽)。凹槽深度一般为 $0.15 \sim 0.25m$,高约 1.0m。

六、射 水 管

当沉井在土质较好的土层中下沉深度较大,预计沉井自重不足以克服井壁摩阻力时,可考虑在井壁中预埋射水管组。作用是利用射水管压入高压水(一般水压不小于 600kPa),把井壁四周的土冲松,减少摩阻力和端部阻力,使沉井平稳、较快地下沉到设计高程。布置射水管时应注意均匀,以利于控制水压和水量来调整下沉方向。如使用泥浆润滑套施工方法,应有预埋的压射泥浆管路。

七、封 底

当沉井下沉至设计高程,经检验和坑底清理后即可浇筑混凝土,形成封底。封底混凝土底面承受水和土的反力,应有一定的厚度,具体可由应力计算确定,但其顶面应高出刃脚根部不小于 0.5m,并浇筑至凹槽上端。根据经验,亦可取为不小于沉井最小边长的 1.5 倍。封底混凝土强度等级:对岩石地基用 C15,一般地基用 C20。

八、盖 板

当封底混凝土达到设计强度时,可将井孔中的水抽干,并填以混凝土(其强度等级不低于 C10)或其他圬工材料。当井孔中不填料或仅填以砂砾时,则应在沉井顶面浇筑钢筋混凝土盖板,以承托上部结构,盖板的厚度一般为 $1.5 \sim 2.0m$。

第四节 设计和计算

沉井即是建筑物的基础,又是施工过程中挡土、挡水的结构物,因此其设计计算需包括沉井作为整体深基础的计算和沉井在施工过程中的结构计算两大部分。

在设计沉井计算之前必须掌握如下有关资料:

(1)上部结构或下部结构墩台的尺寸要求,沉井基础设计荷载。

(2)水文和地质资料(如设计水位、施工水位、冲刷线或地下水位高程,土的物理力学性质,沉井通过的土层有无障碍物等)。

(3)拟采用的施工方法(排水或不排水下沉、筑岛或防水围堰的高程等)。

一、整 体 计 算

沉井作为整体深基础设计，主要是根据上部结构特点、荷载大小及水文和地质情况，结合沉井的构造要求及施工方法，拟定出沉井深埋、高度和分节及平面形状和尺寸、井孔大小及布置、井壁厚度和尺寸、封底混凝土和顶板厚度等，然后进行沉井基础的计算。

根据沉井基础的埋置深度不同有两种计算方法：当沉井埋深在最大冲刷线以下较浅仅数米时，可不考虑基础侧面土的横向抗力影响，按浅基础设计计算；当埋深较大时，沉井周围土体对沉井的约束作用不可忽视，此时在验算地基应力、变形及沉井的稳定性，应考虑基础侧面土体弹性抗力的影响，按刚性桩计算内力和土抗力。

一般要求沉井基础下沉到坚实的土层或岩层上，其作为地下结构物，荷载较小，地基的承载力和变形通常不会存在问题。沉井作为整体深基础，可考虑沉井侧面摩阻力进行地基承载力计算，一般应满足

$$F + G \leq R_j + R_f \tag{6-1}$$

式中：F——沉井顶面处作用的荷载，kN；

$\quad G$——沉井的自重，kN；

$\quad R_j$——沉井底部地基土的总反力，kN；

$\quad R_f$——沉井侧面的总摩阻力，kN。

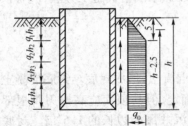

图6-6　井侧摩阻力分布假定（尺寸单位：m）

沉井底部地基土的总反力 R_j 等于该处土的承载力设计值 f 与支承面积 A 的乘积，即

$$R_j = fA \tag{6-2}$$

可假定井侧摩阻力沿深度呈梯形分布，距地面5m范围内按三角形分布，5m以下为常数，如图6-6所示，故总摩阻力为

$$R_f = U(h - 2.5)q_0 \tag{6-3}$$

式中：U——沉井的周长，m；

$\quad h$——沉井的入土深度，m；

$\quad q_0$——单位面积摩阻力加权平均值，$q_0 = \sum q_i h_i / \sum h_i$，kPa；

$\quad h_i$——各土层厚度，m；

$\quad q_i$——i 土层井壁单位面积摩阻力，根据实际资料或查表6-1选用。

土与井壁摩阻力经验值　　　　　　　　　　　　　　　表6-1

土 的 名 称	土与井壁的摩阻力 q（kPa）	土 的 名 称	土与井壁的摩阻力 q（kPa）
砂卵石	18～30	软塑及可塑黏性土、粉土	12～25
砂砾石	15～20	硬塑黏性土、粉土	25～50
砂土	12～25	泥浆套	3～5
流塑黏性土、粉土	10～12		

注：本表适用于深度不超过30m的沉井。

考虑沉井侧壁土体弹性抗力时，通常可作如下基本规定：

（1）地基土为弹性变形介质，水平向地基系数随深度成正比例增加。

（2）不考虑基础与土之间的黏着力和摩阻力。

(3)沉井刚度与土的刚度之比视为无限大,横向力作用下只能发生转动而无挠曲变形。

根据基础底面的地质情况,又可分为非岩石地基和岩土地基两种情况分析,沉井基础考虑土体弹性抗力计算基础侧面水平压应力基底应力和基底截面弯矩。

1. 非岩石地基(包括沉井立于风化岩层内和岩面上)

当沉井基础受到水平力 F_H 和偏心竖向力 $F_V(F_V = F + G)$ 共同作用[图6-7a)],可将其等效为距离基底作用高度为 λ 的水平力 F_H[图6-7b)],即

$$\lambda = \frac{F_V e + F_H l}{F_H} = \frac{\sum M}{F_H} \tag{6-4}$$

式中:$\sum M$——对井底各力矩之和。

在水平力作用下,沉井将围绕位于地面下 z_0 深度处的 A 点转动 ω 角(图6-8),地面下深度 z 处沉井基础产生的水平移 Δx 度和土的侧面水平压应力 σ_{zx} 分别为

$$\Delta x = (z_0 - z) \cdot \tan\omega \tag{6-5}$$

$$\sigma_{zx} = \Delta x C_z = C_z(z_0 - z) \cdot \tan\omega \tag{6-6}$$

式中:z_0——转动中心 A 离地面的距离;

C_z——深度 z 处水平向的地基系数,$C_z = mz (kN/m^3)$,m 为地基土的比例系数(kN/m^4)。

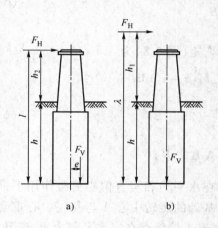

图6-7 荷载作用情况

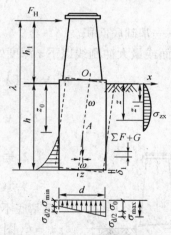

图6-8 非岩石地基计算示意

将 C_z 值代入式(6-6)得

$$\sigma_{zx} = mz(z_0 - z) \cdot \tan\omega \tag{6-7}$$

即考虑基础侧面水平压力沿深度为二次抛物线变化。若考虑到基础底面处竖向地基系数 C_0 不变,则基底压应力图形与基础竖向位移图相似。故

$$\sigma_{d/2} = C_0 \delta_1 = C_0 \frac{d}{2} \cdot \tan\omega \tag{6-8}$$

式中,$C_0 = m_0 h$,且不得小于 $10m_0$;d 为基底宽度或直径;m_0 为基底处地基土的比例系数(kN/M^4)。

上述各式中 z_0 和 ω 为两个未知数,根据图6-8可建立两个平衡方程式,即

$$\sum X = 0 \quad F_H - \int_0^h \sigma_{zx} \cdot b_1 z \cdot \tan\omega \int_0^h z(z_0 - z) dz = 0 \tag{6-9}$$

$$\sum M = 0 \qquad F_H h_1 + \int_0^h \sigma_{zx} b_1 z dz - \sigma_{d/2} W_0 = 0 \tag{6-10}$$

式中,b_1 为基础计算宽度,bW_0 为基底的截面模量。

联立求解可得

$$z_0 = \frac{\beta \cdot b_1 h^2 (4\lambda - h) + 6dW_0}{2\beta \cdot b_1 h (3\lambda - h)} \tag{6-11}$$

$$\tan\omega = \frac{6F_H}{Amh} \tag{6-12}$$

式中,$A = \dfrac{\beta \cdot b_1 h^3 + 18W_0 d}{2\beta \cdot (3\lambda - h)}$,$\beta = \dfrac{C_h}{C_0} = \dfrac{mh}{m_0 h}$,$\beta$ 为深度 h 处沉井侧面的水平地基系数与沉井底面的竖向地基系数的比值,其中 m、m_0 按有关规定采用。

将此代入上述各式可得:

基础侧面水平压应力

$$\sigma_{zx} = \frac{6F_H}{Ah} z(z_0 - z) \tag{6-13}$$

基底边缘处压应力

$$\sigma_{\min}^{\max} = \frac{F_V}{A_0} \pm \frac{3F_H d}{A\beta} \tag{6-14}$$

式中:A_0——基础底面积。

离地面或最大冲刷线以下 z 深度处基础截面上的弯矩(图 6-8)为

$$M_z = F_H(\lambda - h + z) - \int_0^z \sigma_{zx} b_1 (z - z_1) dz_1$$

$$= F_H(\lambda - h + z) - \frac{F_H b_1 z^3}{2hA}(2z_0 - z) \tag{6-15}$$

2. 岩石地基(基底嵌入基岩内)

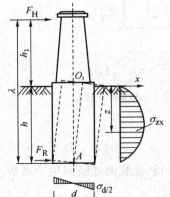

图 6-9　基底嵌入基岩内计算

若基底嵌入基岩内,在水平力和竖直偏心荷载作用下,可假定基底不产生水平位移,基础的旋转中心 A 与基底中心重合,即 $z_0 = h$(图 6-9)。而在基底嵌入处将存在一水平阻力 P,该阻力对 A 点的力矩一般可忽略不计。取弯矩平衡方程便可导得转角 $\tan\omega$ 为

$$\tan\omega = \frac{F_H}{mhD} \tag{6-16}$$

其中

$$D = \frac{b1\beta \cdot h^3 + 6Wd}{12\lambda\beta}$$

基础侧面水平压应力为

$$\sigma_{zx} = (h - z)z \frac{F_H}{Dh} \tag{6-17}$$

基底边缘处压应力为

$$\sigma_{\min}^{\max} = \frac{F_V}{A} \pm \frac{F_H d}{2\beta \cdot D} \tag{6-18}$$

由 $\sum x = 0$ 可得嵌入处未知水平阻力 F_R 为

$$F_R = \int_0^h b_1 \sigma_{zx} \mathrm{d}z - F_H = F_H\left(\frac{b_1 h^2}{6D} - 1\right) \tag{6-19}$$

地面以下 z 深度处基础截面上的弯矩为

$$M_z = F_H(\lambda - h + z) - \frac{b_1 F_H z^3}{12Dh}(2h - z) \tag{6-20}$$

尚需注意,当基础仅受偏心竖向力 F_V 作用时,$\lambda \to \infty$,上述公式均不能应用。此时,应以 $M = F_V \cdot e$ 代替式(5-10)中的 $F_H h_1$,同理可导得上述两种情况下相应的计算公式,此不赘述,可详见现行《公路桥涵地基与基础设计规范》。

3. 验算

(1)基底应力。

要求计算所得的最大压力不应超过沉井底面处土的承载力设计值。即

$$\sigma_{max} \leqslant f_h \tag{6-21}$$

上述公式计算的基础侧面水平压应力 σ_{zx} 值应小于沉井周围土的极限抗力值 $[\sigma_{zx}]$,否则不能计入井周土体侧向抗力。计算时可认为基础在外力作用下产生位移时,深度 z 处基础一侧产生主动土压力 E_a,而被挤压侧受到被动土压力 E_P 作用,因此基础侧面水平压应力验算公式为

$$\sigma_{zx} \leqslant [\sigma_{zx}] = E_P - E_a \tag{6-22}$$

由朗金土压力理论可导得

$$\sigma_{zx} \leqslant \frac{4}{\cos\phi}(\gamma \cdot z\tan\phi + c) \tag{6-23}$$

式中,γ 为土的重度,ϕ 和 c 分别为土的内摩擦角和黏聚力。考虑到桥梁结构性质和荷载情况,且经验表明最大的横向抗力大致在 $z = h/3$ 和 $z = h$ 处,以此代入式(6-23),即

$$\sigma_{\frac{h}{3}x} \leqslant \eta_1 \cdot \eta_2 \frac{4}{\cos\phi}\left(\frac{\gamma \cdot h}{3} + \tan\phi + c\right) \tag{6-24}$$

$$\sigma_{hx} \leqslant \eta_1 \cdot \eta_2 \frac{4}{\cos\phi}(\gamma \cdot h\tan\phi + c) \tag{6-25}$$

式中:$\sigma_{\frac{h}{3}x}$、σ_{hx}——相当于 $z = \dfrac{h}{3}$ 和 $z = h$ 深度处土的水平压应力代入式(6-7)计算;

η_1——取决于上部结构形式的系数,一般取 $\eta_1 = 1$,对于超静定推力拱桥 $\eta_1 = 0.7$;

η_2——考虑恒载产生的弯矩 M_g 对全部荷载产生的总弯矩 M 的影响系数,即 $\eta_2 = 1 - 0.8\dfrac{M_g}{M}$。

(2)墩台顶面水平位移验算。

基础在水平力和力矩作用下,墩台顶水平位移 δ 由地面处水平位移 $z_0\tan\omega$、地面至墩台顶 h_2 范围内水平位移 $h_2\tan\omega$ 及台身弹性挠曲变形在 h_2 范围内引起的墩台顶水平位移 δ_0 三部分所组成。

$$\delta = (z_0 + h_2)\tan\omega + \delta_0 \tag{6-26}$$

实际上基础的刚度并非无穷大,对墩台顶的水平位移必有影响。故通常采用系数 K_1 和 K_2 来反映实际刚度对地面处水平位移及转角的影响。其值可按表6-2查用。另外考虑到基

础转角一般很小,可取 $\tan\omega = \omega$ 因此

$$\delta = (z_0 K_1 + h_2 K_2)\omega + \delta_0 \tag{6-27}$$

墩台顶水平位移修正系数　　　　　　　　　　　　　表 6-2

αh	系　　数	λ/h				
		1	2	3	4	5
1.6	K_1	1.0	1.0	1.0	1.0	1.0
	K_2	1.0	1.1	1.1	1.1	1.1
1.8	K_1	1.0	1.1	1.1	1.1	1.1
	K_2	1.1	1.2	1.2	1.2	1.2
2.0	K_1	1.1	1.1	1.1	1.1	1.1
	K_2	1.2	1.3	1.4	1.4	1.4
2.2	K_1	1.1	1.2	1.2	1.2	1.2
	K_2	1.2	1.5	1.6	1.6	1.7
2.4	K_1	1.2	1.2	1.3	1.3	1.3
	K_2	1.3	1.8	1.9	1.9	2.0
2.6	K_1	1.2	1.2	1.4	1.4	1.4
	K_2	1.4	1.9	2.1	2.2	2.3

注:如 $\alpha h < 1.6$ 时,$K_1 = K_2 = 1.0$。

桥梁墩台设计除应考虑基础沉除外,还需检验因地基变形和墩身弹性水平变形所引起的墩顶水平位移。现行规范规定墩顶水平位移 δ(cm)应满足 $\delta \leqslant 0.5\sqrt{L}$,$L$ 为相邻跨中最小跨的跨度(m)。当 $L < 25m$ 时,取 $L = 25m$。

此外,对高而窄的沉井还应验算产生施工容许偏差时的影响。

二、沉井的结构设计

1. 沉井下沉系数

为保证沉井施工时能顺利下沉,必须设计沉井的自重大于沉井外壁的摩擦阻力,即下沉系数应满足下式要求

$$K_1 = \frac{G}{R_f} \geqslant (1.1 \sim 1.25) \tag{6-28}$$

式中:K_1——沉井的下沉系数;

R_f——沉井外壁总摩擦阻力,kN(见表 6-3)。

沉井周围土对井壁的摩擦力 f_s　　　　　　　　　　表 6-3

土的种类	砂土	砂卵石	砂砾石	流塑黏性土、粉土	软塑、可塑黏性土、粉土	硬塑黏性土、粉土	泥浆润滑套
摩擦力 f_s/kPa	12 ~ 25	18 ~ 30	15 ~ 20	10 ~ 12	12 ~ 25	25 ~ 50	3 ~ 5

注:①本表适用于深度不超过 30m 的沉井;
　　②泥浆套为灌注在井壁外侧的膨润土泥浆,是一种助沉材料。

2. 沉井抗浮稳定系数 K_2

当沉井封底后,达到混凝土设计强度。井内抽干积水时,沉井内部尚未安装设备或浇筑混凝土前,此时沉井类似置于地下水中的一只空筒,应有足够的自重力,避免在地下水的浮托力作用下沉井上浮。即沉井的抗浮稳定系数应满足下式要求

$$K_2 = \frac{G + R_f}{P_w} \geqslant 1.05 \tag{6-29}$$

式中:K_2——沉井抗浮稳定系数;

$\quad P_w$——地下水对沉井的总浮力,kN。

3. 沉井刃脚受力计算

沉井在下沉过程中,刃脚受力较为复杂,为简化起见,一般按竖向和水平向分别计算。竖向分析时,近似地将刃脚看做是固定于刃脚根部井壁处的悬臂梁(图6-10),根据刃脚内外侧作用力的不同可能向外或内挠曲;在水平面上,则视刃脚为一封闭的框架(图6-11),在水、土压力作用下在水平面内发生弯曲变形。根据悬臂及水平框架两者的变位关系及其相应的假定分别可导得刃脚悬臂分配系数 α 和水平框架分配系数 β 为

$$\alpha = \frac{0.1L_1^4}{h_k^4 + 0.05L_1^4} \leqslant 1.0 \tag{6-30}$$

$$\beta = \frac{0.1h_k^4}{h_k^4 + 0.05L_2^4} \tag{6-31}$$

式中:L_1、L_2——支承于隔墙间的井壁最大和最小计算跨度;

$\quad h_k$——刃脚斜面部分的高度。

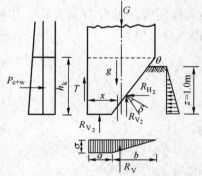

图6-10 刃脚向外挠曲受力示意

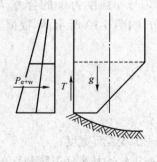

图6-11 刃脚内挠受力分析

上述分配系数仅适用于内隔墙底面高出刃脚底不超过 0.5m,或有垂直硬肋的情况。否则 $\alpha = 1.0$,刃脚不起水平框架作用,但需按构造布置水平钢筋,以承受一定的正、负弯矩。

外力经上述分配后,即可将刃脚受力情况分别按竖、横两个方向计算。

(1)刃脚竖向受力分析。

一般可取单位宽度井壁,将刃脚视为固定在井壁上的悬臂梁,分别按刃脚向内和向外挠曲两种最不利情况分析。

先分析刃脚向外挠曲计算,当沉井下沉过程刃脚内侧切入土中深约 1.0m,同时接筑完上节沉井,且沉井上部露出地面或水面约一节沉井高度时处于最不利位置。此时,沉井因自重将

导致刃脚斜面土体抵抗刃脚而向外挠曲,如图 6-10 所示,作用在刃脚高度范围内的外力有

①外侧的土、水压力合力 P_{e+w}

$$P_{e+w} = \frac{P_{e_2+w_2} + P_{e_3+w_3}}{2}hk \tag{6-32}$$

式中:$P_{e_2+w_2}$——作用在刃脚要部处的土、水压力强度之和,$P_{e_2+w_2} = e_2 + w_2$;

$P_{e_3+w_3}$——刃脚底面处土、水压力强度之和,$P_{e_3+w_3} = e_3 + w_3$。

P_{e+w} 作用点位置(离刃脚根部距离 y)为

$$y = \frac{h_k}{3} \cdot \frac{2P_{e_3+w_3} + P_{e_2+w_2}}{P_{e_3+w_3} + P_{e_2+w_2}}$$

地面下深度 h_y 处刃承受的土压力 e_y 可按朗金土压公式计算,水压力应根据施工情况和土质条件计算,为安全起见,一般规定式(6-32)计算所得刃脚外侧土、水压力合力不得大于静水压力的 70%,否则按静水压力的 70% 计算。

②刃脚外侧的摩阻力 T

$$T = qh_k \tag{6-33}$$

$$T = 0.5E \tag{6-34}$$

式中:E——刃脚外侧主动土压力合力,$E = (e_2 + e_3)hk/2$。

为偏于安全,使刃脚下土反力最大,井壁摩阻力应取上两式中较小值。

③土的竖向反力 R_V

$$R_V = G - T \tag{6-35}$$

式中:G——沿井壁周长单位宽度上沉井的自重,水下部分应考虑水的浮力。

若将 R_V 分解为作用在踏面下土的竖向反力 R_{V1} 和刃脚斜面下土的竖向反向力 R_{V2},且假定 R_{V1} 为均匀分布强度为 σ 的合力,R_{V2} 为三角形分布最大强度为 σ 的合力和水平反力 R_H,呈三角形分布,如图 6-10 所示,则根据力的平衡条件可导得各反力值为

$$R_{V1} = \frac{2a}{2a+b}R_V \tag{6-36}$$

$$R_{V2} = \frac{b}{2a+b}R_V \tag{6-37}$$

$$R_H = R_{v2}\tan(\theta - \delta) \tag{6-38}$$

式中:a——刃脚踏面宽度;

b——切入土中部分刃脚斜面的水平投影长度;

θ——刃脚斜面的倾角;

δ——土与刃脚斜面间的外摩擦角,一般可取 $\delta = \phi$。

④刃脚单位宽度自重 g

$$g = \frac{t+a}{2}h_k\gamma_k \tag{6-39}$$

式中:t——井壁厚度;

γ_k——钢筋混凝土刃脚的重度,不排水施工时应扣除浮力。

求出以上各力的数值、方向及作用点后,根据图 6-10 几何可求得各力对刃脚根部中心轴的力臂,从而求得总弯矩 M_0,竖向力 N_0 及剪力 Q,即

$$M_0 = M_{e+w} + M_T + M_{R_V} + M_{R_H} + M_g \tag{6-40}$$

$$N_0 = R_V + T + g \tag{6-41}$$

$$Q = P_{e+w} + R_H \tag{6-42}$$

其中 M_{e+w}、M_T、M_{R_V}、M_{R_H} 及 M_g 分别为土水压力合力 M_{e+w}、刃脚底部外侧摩阻力 T、反力 R_V、横向反力 R_H 及刃脚自重 g 等对根部中心轴的弯矩,且刃脚部分各水平力均应按规定考虑分配系数 α。

求得 M_0、N_0 及 Q 后就可验算刃脚根部应力,并计算出刃脚内侧所需竖向钢筋用量。一般刃脚钢筋截面积不宜少于刃脚根部截面积的 0.1%,且竖向钢筋应伸入根部以上 $0.5L_1$。

再分析刃脚向内挠曲计算,其最不利位置是沉井已下沉至设计高程,刃脚下土体挖空而尚未浇筑封底混凝土(图 6-11),此时刃脚可视为根部固定在井壁上的悬臂梁,以此计算最大弯矩。

作用在刃脚上的力有刃脚外侧的土压力、水压力摩阻力以及刃脚本身的重力。各力的计算方法同前。但水压力计算应注意实际施工情况,为偏于安全,若不排水下沉时,井壁外侧水压力以 100% 计算,井内水压力取 50%,但也可按施工中可能出现的水头差计算;若排水下沉时,不透水土取静水压力的 70% 计算,透水土按 100% 计算。计算所得各水平外力同样应考虑分配系数 α。再由外力计算出对刃脚根部中心轴的弯矩、竖向力及剪力,以此求得刃脚外壁钢筋用量。其配筋构造要求与向外挠曲相同。

(2)刃脚水平受力计算。

当沉井下沉设计高程,刃脚下土已挖空但尚未浇筑封底混凝土时,刃脚所受水平压力最大,处于最不利状态。此时可将刃脚视为水平框架(图 6-12),作用于刃脚上的外力与计算刃脚向内挠曲时一样,但所有水平力应乘以分配系数 β,以此求得水平框架的控制内力,再配置框架所需水平钢筋。

框架的内力可按一般结构力学方法计算,具体计算可根据不同沉井平面形式查阅有关文献。

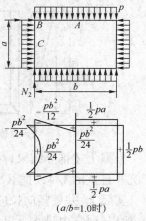

($a/b=1.0$时)

图 6-12 单孔矩形框架受力

4. 井壁受力计算

(1)沉井均布竖向拉力计算(井壁竖直钢筋验算)。

井壁竖向拉应力计算:在挖土下沉过程中,若沉井地处下部土层比上部土层软弱的情况,就有可能出现沉井上部井壁被土体夹住,而刃脚下的土已挖空,这时沉井的下部呈悬挂状态,井壁在自重作用下将出现较大的拉应力,有被拉断的危险。因而应验算井壁的竖向拉应力,必要时还需配置适当的钢筋。

井壁竖向拉应力计算的最不利位置是当沉井沉至设计高程,且刃脚下的土已挖空。井壁内拉应力的大小与井壁摩阻力的分布情况有关(图 6-13),可近似假定井壁摩阻力沿深度成倒三角形分布(图 6-14),即在刃脚底面处为零,在地表面处为最大。

假设该等截面沉井自重为 G,沉井入土深度为 h,U 为井壁的周长,τ 为地面处井壁单位摩阻力,τ_x 为距刃脚底处 x 处的摩阻力。

$$G = \frac{1}{2}\tau h U$$

$$\tau = \frac{2G}{hU}$$

$$\tau_x = \frac{\tau}{h}x = \frac{2Gx}{h^2U}$$

故离刃脚底 x 处井壁的拉力 S_x 为

$$S_x = \frac{Gx}{h} - \frac{\tau_x}{2}xU = \frac{Gx}{h} - \frac{Gx^2}{h^2}$$

为求得最大拉应力,现令

$$\frac{\mathrm{d}S_x}{\mathrm{d}x} = 0$$

则

$$\frac{\mathrm{d}S_x}{\mathrm{d}x} = \frac{G}{h} - \frac{2Gx}{h^2} = 0$$

故

$$x = \frac{h}{2}$$

$$S_{\max} = \frac{G}{h} \cdot \frac{h}{2} - \frac{G}{h^2}\left(\frac{h}{2}\right)^2 = \frac{G}{4} \tag{6-43}$$

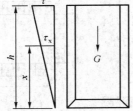

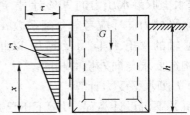

图 6-13　井壁摩擦阻力分布　　　　　　　　图 6-14　等截面沉井受拉计算

根据上述推导结果,对于等截面的沉井,当沉至设计高程时,井壁出现最大拉应力,其值等于沉井自重的 1/4,可能拉断的位置在沉井总高的 1/2 处。

实际上,井壁竖向拉应力在不排水下沉时难免受水浮力影响,但水浮力使竖向拉应力减小,所以,通常由排水下沉的情况控制设计。除沉井被障碍物卡住时,应根据障碍物的位置作相应假定进行计算外,均可用式(6-43)算出的拉应力进行验算。当 $S_{\max}$ 大于井壁圬工材料容许值时,应布置必要的竖向受力钢筋。对每节井壁接缝处的竖直拉力的验算,可假定该处混凝土不承受拉应力,全部由接缝处钢筋承受,钢筋的容许应力可用 $0.8\sigma_T$(σ_T 为钢筋屈服强度),并需检算钢筋的锚固长度。

对变截面的井壁,计算方法与等截面相同,但对每段井壁都应进行计算,然后取最大值(经计算可知最大拉力发生在截面变化处),可根据最大拉力计算井壁内的竖向钢筋。

(2)沉井井壁水平应力计算(井壁水平钢筋计算)。

因作用在井壁上的水平力(土压力和水压力)沿深度增加,井壁的水平内力也相应随深度增加,所以为节约钢材,应分段取值计算。

计算水平内力时,沉井的最不利情况是当沉井下沉至设计高程,刃脚下的土已挖空而尚未封底。此时,作用于井壁上的水平力为最大。验算时将井壁水平向截取一段作为水平框架计算其内力并配置水平钢筋。水压力、土压力及水平框架的内力计算方法与前述刃脚框架的计算方法相同。

①刃脚根部以上高度等于井壁厚度的一段井壁的强度验算。这段井壁是刃脚悬臂梁的固

着端,作用于该段的水平荷载,除了该段井壁范围内的水、土压力外,还承担由刃脚段传来的水平剪力(图6-15),则作用在此段井壁上的均布荷载为

$$p = E + W + Q \qquad (6\text{-}44)$$

式中:Q——由刃脚传来的剪力,其值等于作用在刃脚悬梁上的水平外力乘以分配系数 α。

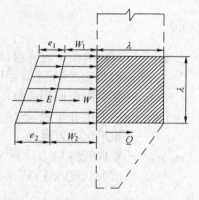

图6-15 刃脚上高度等于井壁厚度的一段的受力

②井壁其余控制截面的计算:应依井壁截面变化为准(或按井壁分节情况),将井壁分成数段,取每一段最下端处单位高度的井壁作为该段的控制段进行计算,并以此控制全段井壁的设计。这些水平框架所承受的水平力为该水平框架高度范围内的土压力及水压力。即

$$p = E + W \qquad (6\text{-}45)$$

应该指出,采用泥浆润滑套的沉井,若台阶以上泥浆压力大于上述土压力和水压力之和,则井壁压力应按泥浆压力计算。

5. 封底混凝土的厚度计算

(1)封底混凝土厚度计算:沉井封底可按均布荷载作用下的板进行设计,在计算该均布荷载时,不计沉井壁的摩阻力。具体而言,分两种情况:

①空心沉井(井孔用砂石填满或不填)。这类沉井的封底混凝土需承受沉井基础全部最不利组合的荷载所产生的基底反力。如果沉井井孔内填砂或填水时应扣除其重力,但不计浮力。

②实心沉井(井孔用圬工填实)。封底混凝土应按井孔未填实前的井底水压力及运营后的基底反力验算封底混凝土厚度。若在水中灌注封底层,施工抽水时,如混凝土的龄期不足,应适当降低其容许应力。

封底混凝土的厚度,应做以上两方面计算,取其大者作为控制厚度:

a. 封底混凝土视为支承在凹槽或隔墙底面和刃脚斜面上,按周边支承的双向板(矩形或圆形沉井)或圆板(圆形沉井)计算。

周边为简支的矩形封底板,板中心弯矩:$M = \beta_0 q_0 B^2$

板厚

$$t = \left[\frac{6\beta_0 q_0 B^2}{[\sigma_{wL}]} \right]^{\frac{1}{2}} \qquad (6\text{-}46)$$

周边为固定支承的矩形封底板,支承处弯矩:$M = \alpha_0 q_0 B^2$

板厚

$$t = \left[\frac{6\alpha_0 q_0 B^2}{[\sigma_{wL}]} \right]^{\frac{1}{2}} \qquad (6\text{-}47)$$

周边简支的圆形封底板,板中心的弯矩:$M = \frac{1}{16} q_0 R^2 (3 + \mu)$

板厚

$$t = \left[\frac{3 q_0 R^2 (3 + \mu)}{8 [\sigma_{wL}]} \right]^{\frac{1}{2}} \qquad (6\text{-}48)$$

周边为固定支承的圆形封底板,支承处弯矩:$M = \frac{1}{8} q_0 R^2$

板厚
$$t = \left(\frac{6q_0 R^2}{8[\sigma_{wL}]} \right)^{\frac{1}{2}}$$
(6-49)

式中：$[\sigma_{wL}]$——封底混凝土容许弯拉应力，kN/m^2；

　　　μ——泊桑比，混凝土 $\mu = 0.15$；

　　　q_0——基底单位面积均布压力，kN/m^2；

　　　R——圆形沉井半径，m；

　　　B——矩形沉井宽度，m；

　　α_0、β_0——双向板的应力计算系数，可由结构手册据支取条件及 L/B 值查取（L 为矩形沉井长度，m），见表6-4。

双向板应力计算系数 α_0、β_0　　　　　表6-4

L/B	1	1.2	1.4	1.6	1.8	2.0	备注
α_0	0.051	0.064	0.072	0.078	0.081	0.083	$L/B > 2.0$ 时，极限值为 0.083
β_0	0.037	0.053	0.068	0.079	0.089	0.097	$L/B > 2.0$ 时，极限值为 0.125

b. 封底混凝土按受剪计算：封底混凝土在井孔范围内荷载作用下，有沿刃脚斜面高度截面剪断的可能，故需验算该截面处混凝土的剪应力，看是否大于封底混凝土的抗剪强度。若剪应力超过其抗剪强度，则应加大封底板厚度或考虑在井壁和隔墙内设置凹槽或其他构造措施，以加大封底混凝土的抗剪面积。

封底混凝土施工尤其是水下灌注时，质量往往难以保证。因此，应根据具体情况采用比普通混凝土更高的安全储备。按上述方法计算所得的理论厚度，应考虑混凝土可能与土的掺和、夹层、离析及顶面浮浆等因素。可适当加大（一般不小于 $0.20 \sim 0.50m$）。另外，还应满足前述的构造要求。

（2）盖板的计算：对于空心沉井或井孔填以砂砾石的沉井，必须在井顶做钢筋混凝土盖板，用以承受上部结构传来的全部荷载。钢筋混凝土盖板可按承受沉井襟边以上最不利荷载组合的双向板或圆形板计算（对多孔沉井可按连续板计算），其厚度一般是预先确定的，只需进行配筋计算。

具体计算时，视墩台身坐落于井顶位置不同，分为两种情况；如墩台身全部位于井孔内，除进行盖板上配筋计算外，还应验算盖板的剪应力和井壁支承压力；如果墩台身较大，部分支承于井壁上，则不需进行板的剪力验算，而进行井壁压应力验算。

另外，沉井还应按各个时期可能出现的地下水位验算抗浮稳定；如采用浮运施工，还应对沉井在浮运过程中的稳定性及露出水面的最小高度进行验算，以确保沉井在浮运施工过程中的安全。

第五节　沉井施工步骤

沉井基础施工一般可分为旱地施工、水中筑岛及浮运沉井三种。施工前应详细了解场地的地质和水文条件。水中施工应做好河流汛期、河床冲刷、通航及漂流物等的调查研究，充分利用枯水季节，制订出详细的施工计划及必要的措施，确保施工安全。

一、旱地沉井施工

旱地沉井施工可分为就地制造、除土下沉、封底、充填井孔以及浇筑顶板等（图6-16），其一般工序如下。

1. 清整场地

要求施工现场地平整干净。若天然地面土质较硬，只需将地表杂物清净并整平，就可在其上制造沉井。否则应换土或在基坑处铺填不小于0.5m厚夯实的砂或砂砾垫层，防止沉井在混凝土浇筑之初因地面沉降不均产生裂缝。为减小下沉深度，也可挖一浅坑，在坑底制作沉井，但坑底因高出地下水面0.5~1.0m。

2. 制造第一节沉井

制造沉井前，应先在刃脚处对称铺满垫木（图6-17），以支承第一节沉井的重量，并按垫木定位立模板以绑扎钢筋。垫木数量可按垫木底面压力不大于100kPa计算，其布置应考虑抽垫方便。垫木一般为枕木或方木（200mm×200mm），其下垫一层厚约0.3m的砂，垫木间间隙用砂填实（填到半高即可）。然后在刃脚位置处放上刃脚角钢，竖立内模，绑扎钢筋，再立外模浇筑第一节沉井。模板应有较大刚度，以免挠曲变形。当场地土质较好时也可采用土模。

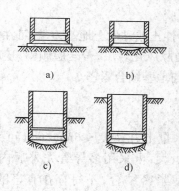

图6-16　沉井施工顺序示意

a)制作第一节沉井；b)抽垫挖土下沉；c)沉井
接高下沉；d)封底

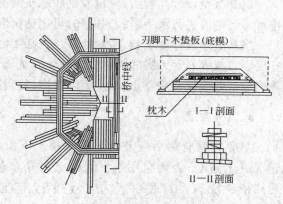

图6-17　垫木布置实例

3. 拆模及抽垫

当沉井混凝土强度达设计强度70%时可拆除模板，达设计强度后方可抽撤垫木。抽垫应分区、依次、对称、同步地向沉井外抽出。其顺序为：先内壁下，再短边，最后长边。长边下垫木隔一根抽一根，以固定垫木为中心，由远而近对称地抽，最后抽除固定垫木，并随抽随用砂土回填捣实，以免沉井开裂、移动或偏斜。

4. 除土下沉

沉井宜采用不排水除土下沉，在稳定的土层中，也可才用排水除土下沉。除土方法可采用人工或机械，排水下沉常用人工除土。人工除土可使沉井均匀下沉并易于清除井内障碍物，但应有安全措施。不排水下沉时，可使用空气吸泥机、抓土斗、水力吸石筒、水力吸泥机等除土。通过黏土、胶结层除土困难时，可采用高压射水破坏土层。

沉井正常下沉时,应自中间向刃脚处均匀对称除土,排水下沉时应严格控制设计支承点土的排除,并随时注意沉井正位,保持竖直下沉,无特殊情况不宜采用爆破施工。

5. 接高沉井

当第一节沉井下沉至一定深度(井顶露出地面不小于0.5m,或露出水面不小于1.5m)时,停止除土,接筑下节沉井。接筑前刃脚不得掏空,并应尽量纠正上节沉井的倾斜,凿毛顶面,立模,然后对称均匀浇筑混凝土,待强度达设计要求后再拆模继续下沉。

6. 设置井底部防水围堰

若沉井顶面低于地面或水面,应在井顶接筑临时性防水围堰,围堰的平面尺寸略小于沉井,其下端与井顶上预埋锚杆相连。井顶防止围堰应因地制宜,合理选用,常见的有土围堰、砖围堰和钢板桩围堰。若水深流急,围堰高度大于5.0m时,宜采用钢板桩围堰。

7. 基底检验和处理

沉井沉至设计高程后,应检验基底地质情况是否与设计相符。排水下沉时可直接检验;不排水下沉则应进行水下检验,必要时可用钻机取样进行检验。

当基底达设计要求后,应对地基进行必要的处理。砂性土或黏性土地基,一般可在井底铺一层砾石或碎石至刃脚底面以上200mm。岩石地基,应凿除风化岩层,若岩层倾斜,还应凿成阶梯形。要确保井底浮土、软土清除干净,使封底混凝土与地基结合紧密。

8. 沉井封底

基底检验合格后应及时封底。排水下沉时,如渗水量上升速度≤6mm/min可采用普通混凝土封底;否则宜用水下混凝土封底。若沉井面积大,可采用多导管先外后内、先低后高依次浇筑。封底一般为素混凝土,但必须与地基紧密结合,不得存在有害的夹层、夹缝。

9. 井孔填充和顶板浇筑

封底混凝土达设计强度后,再排干井孔中水,填充井内坿工。如井孔中不填料或仅填砾石,则井顶应浇筑钢筋混凝土顶板,以支承上部结构,且应保持无水施工。然后砌筑井上构筑物,并随后拆除临时性的井顶围堰。

二、水中沉井施工

1. 水中筑岛

当水深小于3m,流速不大于1.5m/s时,可采用砂或砾石在水中筑岛,周围用草袋围护;若水深或流速加大,可采用围堤防护筑岛;当水深较大(通常不大于15m)或流速较大时,宜采用钢板围堰筑岛(图6-18)。岛面应高出最高施工水位0.5m以上,砂岛地基强度应符合要求,围堰距井壁外缘距离 $b \geq H\tan(45° - \varphi/2)$ 且 $\geq 2m$(H 为筑岛高度,φ 为砂在水中的内摩擦角)。其余施工方法与旱地沉井施工相同。

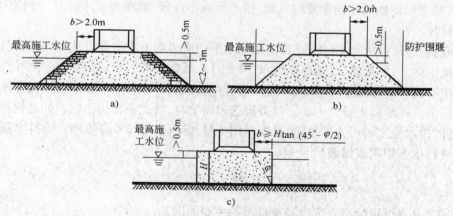

图 6-18　水中筑岛下沉沉井

a)无围堰防护土岛；b)有围堰防护土岛；c)围堰筑岛

2. 浮运沉井

若水深(如大于 10m)人工筑岛困难或不经济时,可采用浮运法施工。即将沉井在岸边作成空体结构,或采用其他措施(如带钢气筒等)使沉井浮于水上,利用在岸边铺成的滑道滑入水中(图 6-19),然后用绳索牵引至设计位置。在悬浮状态下,逐步将水或混凝土注入空体中,使沉井徐徐下沉至河底。若沉井较高,需分段制造,在悬浮状态下逐节接长下沉至河底,但整个过程应保证沉井本身稳定。当刃脚切入河床一定深度后,即可按一般沉井下沉方法施工。

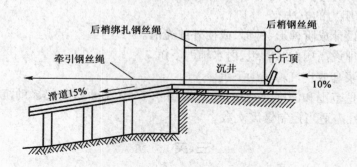

图 6-19　浮运沉井下水示意

第六节　沉井下沉过程中遇到的问题及处理

一、偏　斜

沉井偏斜大多发生在下沉不深时。导致偏斜的主要原因有:

(1)土体表面松软,或制作场地或河底高低不平,软硬不均。

(2)刃脚制作质量差,井壁与刃脚中线不重合。

(3)抽垫方法欠妥,回填不及时。

(4)除土不均匀对称,下沉时有突沉和停沉现象。

（5）刃脚遇障碍物顶住而未及时发现，排土堆放不合理，或单侧受水流冲击淘空等导致沉井受力不对称。

纠正偏斜，通常可用除土、压重、顶部施加水平力或刃脚下支垫等方法处理。若沉井倾斜，可在高侧集中除土，加重物，或用高压射水冲松土层，低侧回填砂石，必要时在井顶施加水平力扶正。若中心偏移则先除土，使井底中心向设计中心倾斜，然后在对侧除土，使沉井恢复竖直，如此反复至沉井逐步移近设计中心。当刃脚遇障碍物时，须先清除再下沉。如遇树根、大孤石或钢料铁件，排水施工时可人工排除，必要时用少量炸药（少于200g）炸碎。不排水施工时，可由潜水工进行水下切割或爆破。

二、难　沉

难沉即沉井下沉过慢或停沉。导致难沉的主要原因是：
（1）开挖面深度不够，正面阻力大。
（2）偏斜，或刃脚下遇到障碍物、坚硬岩层和土层。
（3）井壁摩阻力大于沉井自重。
（4）井壁无减阻措施或泥浆套、空气幕等遇到破坏。
解决难沉的措施主要是增加压重和减少井壁摩阻力。
增加压重的方法有：
（1）提前接筑下节沉井，增加沉井自重。
（2）在井顶加压沙袋、钢轨等重物迫使沉井下沉。
（3）不排水下沉时，可井内抽水，减少浮力，迫使下沉，但需保证土体不产生流沙现象。
减小井壁摩阻力的方法有：
（1）将沉井设计成阶梯形、钟形，或使外壁光滑。
（2）井壁内埋设高压射水管组，射水辅助下沉。
（3）利用泥浆套或空气幕辅助下沉。
（4）增大开挖范围和深度，必要时还可采用 $0.1 \sim 0.2 kg$ 炸药起爆助沉，但同一沉井每次只能起爆一次，且需适当控制爆震次数。

三、突　沉

突沉常发生于软土地区，容易使沉井产生较大的倾斜或超沉。引起突沉的主要原因是井壁摩阻力较小，当刃脚下土被挖除时，沉井支承削弱，或排水过多、除土太深、出现塑流等。防止突沉的措施一般是控制均匀除土，在刃脚处除土不宜过深。此外，在设计时可采用增大刃脚踏面宽度或增设底梁的措施提高刃脚阻力。

四、流　砂

在粉、细砂层中下沉沉井，经常出现流砂现象，若不采取适当措施将造成沉井严重倾斜。产生流砂的主要原因是土中动水压力的水头梯度大于临界值。故防止流砂的措施是：
（1）排水下沉时发生流砂可向井内灌水，采取不排水除土，减小水头梯度。
（2）采用井点、深井或深井泵降水，降低井外水位，改变水头梯度方向使土层稳定，防止流砂发生。

思 考 题

6-1 何谓沉井基础？其适用于哪些场合？与桩基础相比,其荷载传递有何异同？

6-2 沉井基础的主要构成有哪几部分？工程中如何选择沉井的类型？

6-3 沉井在施工中会遇到哪些问题,应如何处理？

6-4 沉井作为整体深基础,其设计计算应考虑哪些内容？

6-5 沉井在施工过程中应进行哪些验算？

6-6 浮运沉井的计算有何特殊性？

习 题

6-1 某水下圆形沉井基础直径7m,作用于基础上竖向荷载18 503kN(已扣除浮力3 848kN),水平力503kN,弯矩736kN·m(均为考虑附加组合荷载)。$\eta_1 = \eta_2 = 1.0$。沉井埋深10m,土质为中等密度实的砂砾层,重度21.0kN/m³,内摩擦角35°,内聚力$c = 0$,试验算该沉井基础的地基承载力及横向土抗力。

6-2 某旱桥桥墩为钢筋混凝土圆形沉井基础,各地基土层物理力学性质资料及沉井初拟尺寸如题图6-1所示。底节沉井及盖板混凝土强度等级为C20,顶节为C15,井孔中空。作用于井顶中心处竖向荷载7075kN,水平力350kN,弯矩2455kN·m,试验算该沉井基础的基底应力是否满足要求？

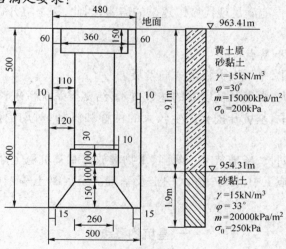

题图 6-1(尺寸单位:cm)

第七章 基坑工程
DIQIZHANG

第一节 概 述

随着城镇建设中高层及超高层建筑物的建设,以及大型市政设施的施工及大量地下空间的开发,会有大量的深基坑产生。同时,密集的建筑物、基坑周围复杂的地下设施使得放坡基坑开挖这一传统技术不再能满足现代城镇建设的需要,因此,深基坑开挖与支护引起了各方面的广泛重视。

深基坑工程具有以下特点:

(1)建筑趋向高层化,基坑向大深度方向发展。

(2)基坑开挖面积大,长度和宽度有的达数百米,给支撑系统带来较大的难度。

(3)在软弱的土层中,基坑开挖会产生较大的位移和沉降,对周围建筑物、市政设施和地下管线造成影响。

(4)深基坑施工工期长、场地狭窄。降雨、重物堆放等对基坑稳定性不利。

(5)在相邻场地的施工中,打桩、降水挖土及基础浇筑混凝土等工序会相互制约与影响,增加协调工作的难度。

一、基坑的概念

典型基坑工程是由地面向下开挖的一个地下空间。基坑四周一般为垂直的挡土结构,挡土结构一般是在开挖面基底下有一定插入深度的板墙结构。常用材料有钢筋混凝土板桩、钢板桩、柱列式灌注桩、水泥土搅拌桩、地下连续墙等。根据基坑深度的不同,板墙可以是悬臂的,但更多的是单撑和多撑式的(单锚式或多锚式)结构。支撑的目的是为板墙结构提供弹性支撑点,以控制墙体的弯矩至该墙体端面的合理容许范围,以达到经济合理的工程要求。支撑的类型可以是支撑内部受压体系或基坑外部受拉体系,前者为井字撑或其与斜撑组合的受压杆件体系,可提供易于基坑施工的全部基坑面积大空间。当基坑较深且有较大空间时,悬臂式挡墙可做成厚度较大的实体式重力式挡土墙。

二、基坑工程的设计与施工

基坑开挖是基础和地下工程施工中的一个古老的传统课题。同时又是一个综合性的岩土工程难题,既涉及土力学中典型强度与稳定问题,又包含了变形问题,同时还涉及土与支护结构的共同作用。对这些问题的认识及其对策的研究,是随着土力学理论、计算技术、测试仪器以及施工机械、施工工艺的进步而逐步完善的。在理论上,经典的土力学已不能满足基坑工程设计的要求,考虑应力路径(卸载)的作用、土的各向异性、土的流变性、土的扰动、土与支护结构的共同作用等的计算理论以及有限单元法理论和系统工程等软科学已在基坑工程设计中得以应用。

基坑工程设计广义上讲包括勘察、支护结构设计、施工、监测和周围环境的保护等几个方面的内容,比其他基础更突出的特殊性是其设计和施工完全是相互依赖、密不可分的。施工的每一个阶段、结构体系和外面荷载都在变化、而且施工工艺的变化、挖土次序和位置的变化、支撑和留土时间的变化等不确定因素非常复杂,且都对最后的结果产生直接影响。因此绝非最后设计计算简图所能单独决定的。目前的设计理论尚不完善,对设计参数的选取还需改进,还不能事先完全考虑诸多复杂因素,在基坑工程施工中处理不当时可能会出现一些意外的情况,但只要设计、施工人员重视,并密切配合加强监测分析,及时发现和解决问题,及时总结经验,基坑工程的难题会得到有效处理。因此,基坑工程的设计中须考虑施工中每一个工况的数据,而基坑工程的施工中须完全遵照设计文件的要求去做,只有这样,工程才会圆满完成,也只有这样,设计理论和施工技术才会获得快速发展。

三、环境要求

城市基坑工程通常处于房屋和生命线工程的密集地区,为了保护这些已建建筑物和构筑物的正常使用和安全运营,常需对基坑工程引起的周围地层移动限制在一定变形值之内。也即分别要求挡土结构的水平位移和其邻近地层的垂直沉降限制在某标准值之内,甚至也限制墙体垂直沉降和地层的水平移动值满足周围环境要求,以变形控制值来分成几类标准,用以完善设计基坑工程的方法,取代单纯验算强度和稳定性的传统做法。在软土地区,变形在控制设计限值方面起着主导作用。

基坑工程的支护结构为支挡和支撑构件,为了满足变形要求可以加大和加密支护结构,但有时更经济有效的办法是在基坑底部进行地基处理,用搅拌桩、注浆等措施改善土体刚度和强度等性质。完整地讲,基坑工程的结构构件包括支撑、挡墙和地基加固体三者的整体。

四、基坑开挖分类、要求与分级

基坑工程根据其施工方法可分为无支护开挖与有支护开挖方法。

有支护的基坑工程一般包括以下内容:围护结构、支撑体系、土方开挖、降水工程、地基加固、现场监测和环境保护工程。有支护的基坑工程可进一步分为无支撑围护和有支撑围护。无支撑围护开挖适合于开挖深度较浅、地质条件较好、周围环境保护要求较低的基坑工程,具有施工方便、工期短等特点。有支撑围护开挖适用于地层软弱、周围环境复杂、环境保护要求高的深基坑开挖,但开挖机械的施工活动空间受限、支撑布置需考虑适应主体工程施工、换拆支撑施工较复杂。

无支护放坡基坑开挖是在空旷施工场地环境下的一种常用的基坑开挖方法,一般包括以下内容:降水工程、土方开挖、地基加固及土坡坡面保护。放坡开挖深度通常限于 3~6m,如果大于这一深度,则必须采用分段开挖,分段之间应设置平台,平台宽度一般取 2~3m,当挖土经过不同土层时,可根据土层情况改变放坡坡率,并酌留平台。

基坑工程设计的基本技术要求包括:

(1)安全可靠性。确保基坑工程的安全以及周围环境的安全。

(2)经济合理性。基坑工程在支护结构安全可靠的前提下,要从工期、材料、设备、人工以及环境保护等多方面综合研究经济合理性。

(3)施工便利性和工期保证性。在安全可靠经济合理的原则下,最大限度地满足便利施工和缩短工期的要求。

支护结构通常是作为临时性结构,一是基础施工完毕即失去作用。有些支护结构的材料可以重复利用,如钢板校及其工具式支撑。但也有一些支护结构就永久埋在地下,如钢筋混凝土板桩、灌注桩、水泥土搅拌桩和地下连续墙等。还有在基础施工时作为基坑的支护结构,施工完毕即为永久结构物的一个组成部分,成为复合式地下室外墙,如地下连续墙等。

现行《建筑基坑支护技术规程》(DB 11489—2007)按支护工程损坏造成破坏的严重性按下表提供了基坑侧壁安全等级及重要性系数,见表 7-1。

基坑侧壁安全等级及重要性系数 表 7-1

安全等级	破坏后果	γ_0
一级	支护结构破坏、土体失稳或过大变形对基坑周边环境及地下结构施工影响很严重	1.10
二级	支护结构破坏、土体失稳或过大变形对基坑周边环境及地下结构施工影响严重	1.00
三级	支护结构破坏、土体失稳或过大变形对基坑周边环境及地下结构施工影响不严重	0.90

注:有特殊要求的建筑基坑侧壁安全等级可根据具体情况另行确定。

第二节　支护结构的类型和特点

支护结构形式多样,为适应不同的地质及环境条件,设计者们针对不同的工程具体实际,往往会依据当地建筑材料、施工条件等设计出不同的支护。显然,目前工程中采用的支护结构形式多样,但其受力性能大致可划分为以下 3 类:悬臂式支护结构、单(多)支点混合结构、重力式挡土结构及拱式支护结构。

一、悬臂式支护结构

悬臂式的受力特点是指在开挖面以上,支护结构无任何支撑或锚拉条件,其受力条件比较明确,适用于土质条件较好、开挖较浅(一般在 6m 以内)的基坑支护。目前悬臂式支护结构主要做法如下:

1. 排桩支护结构

(1)稀疏排桩:当边坡土质尚、好地下水位较低时,可利用土拱作用,以稀疏桩排支挡边坡。

(2)连续排桩:对于不能形成土拱作用的软土边坡,支挡桩必须连续密排。密排的钻孔桩可以互相搭连或在桩身混凝土强度尚未形成时在相邻桩之间做一根素混凝土树根桩把钻孔桩排连接起来,从而形成一种既挡土又防渗的简易连续墙。

（3）双排桩：当土软弱或开挖深度较大时，单排桩的横向刚度往往不能满足控制变形的要求。这时，可采用双排桩通过桩顶盖梁连成门式刚架式的整体，这种框架式桩排具有较大的侧向刚度，可以有效地限制边坡的侧向变形。

（4）组合式排桩：

①主桩与挡板组合。这实际上也是一种稀疏桩排支挡，只是桩距较大，利用挡板把桩间土的侧压力传递给主桩，同时起到一定的防渗作用。

②主桩与水泥土供组合。以水泥搅拌桩相互搭接组成平面拱代替挡板，把侧压力传递给主桩。这种支挡具有良好的防渗效果，施工更方便，适用于更深的基坑。

③桩排与水泥土防渗墙组合。在地下水位高的软土地区，防渗是保证基抗支护成功的重要一环。采用稀疏桩排（单排或双排）挡土，水泥搅拌桩排是防渗的组合结构，被实践证明是经济有效的一种支护。

2. 地下连续墙

地下连续墙优点是对周围环境影响小，对地层条件适应性强，墙体长度可任意调节。可将地下连续墙作为支护结构与主体结构，从而大大降低工程造价。又可采用逆作法施工减少对环境和地面交通等影响。地下连续墙作为支护结构还具有抗弯刚度、防渗性能和整体性均好等优点。开挖深度可达30m。目前用于支护的地下连续墙，已从单一的一字形发展出折板形和 π 形等多种形式，以获得更大的侧向刚度。

二、单（多）支点支护结构

单（多）支点支撑的支护结构是指在基坑开挖面以上的任何位置上提供单个或多个支点与挡土结构结合而成的支护结构。单（多）支点支护结构适用于基坑较深、悬臂式支护结构无法满足强度与变形要求的工程。这种支护结构主要类型有：

1. 单（多）支撑桩排支护结构

在上述悬臂桩桩排支挡结构中，在开挖面以上某固定位置增加一至数层支点（内支撑或锚杆），即可组成支护结构。

2. 单（多）支点支撑地下连续墙

当地下连续墙应用于较深的开挖深度，墙体刚度无法满足悬臂结构要求时组成单（多）支点支护结构，则可适用于较深的基坑开挖，也有利于隔水作用。

三、重力式支护结构

类似于重力式挡土墙的概念，深基坑支护结构亦可采用加固基坑周边土体以形成重力式挡土结构。这种重力式挡土结构主要有以下类型：

1. 水泥搅拌桩法

水泥搅拌法是软土加固的一种有效方法，国内用于开挖工程首先是在上海四平路地下车库的基坑支护工程，获得成功后很快在上海地区推广开来，之后又推广到江、浙、闽等软土地区。其优点突出地表现为：施工无环境污染（无限声、无振动、无排污）、造价低廉及防渗性能好。

其支护原理是:利用具有一定强度的水泥搅拌桩相互搭接组成格构体系,从而使边坡滑动棱体范围内的土体得到加固,保持边坡稳定。加固体按重力式挡土墙验算,边坡稳定系数不足时,增加加固体的厚度和深度,直到满足稳定性。

粉喷水泥搅拌桩也开始用于基坑支护,上海医药工业研究院新楼基坑,大约6m长的粉喷水泥搅拌桩获得成功。证明粉喷桩同样可以用于边坡加固支护。

2. 高压旋喷桩法

高压旋喷桩也是加固软弱地基的方法,由于其水泥含量高,强度比水泥搅拌要高得多,因此加固边坡厚度可以较薄。当基坑为圆形时,可利用拱效应进一步减小加固厚度。基本原理是:用气压、液压或电化学方法,把水泥浆或其他化学溶液注入土体空隙中,改善地基土的物理力学性质,以达到加固土体的性质。

3. 网状树根桩法

其原理是:使边坡破坏棱体范围内的土体与树根桩网构成一个桩土复合体。它具有良好的整体稳定性,足以抗御土压力、水压力和地面超载。

4. 土钉墙支护结构

土钉墙是近年来发展起来用于土体开挖和边坡稳定的一种新型挡土结构。它由被加固土、放置于原位土体中的细长金属杆件(土钉)及附着于坡面的混凝土面板组成,形成一个类似重力式墙的挡土墙。以此来抵抗墙后传来的土压力和其他作用力,从而使开挖坡面稳定。土钉一般是通过钻孔、插筋、注浆来设置的,但也可通过直接打入较粗的钢筋或型钢形成土钉。土钉沿通长与周围土体接触,依靠接触界面上的黏结摩阻力,与其周围土体形成复合土体,土钉在土体发生变形的条件下被动受力,并主要通过其受拉工作对土体进行加固。

5. 插筋补强法

插筋补强护坡技术,是通过在边坡土体中插入一定数量抗拉强度较高,并具有一定刚度的插筋锚体,使之与土体形成复合土体而共同工作。这种方法可提高边坡土体的结构强度和抗变形刚度,减小土体侧向变形,增强边坡整体稳定性。在工作机理及施工工艺上,它明显不同于在填土中敷设板带的加筋土技术,也不同于护坡支撑中的锚杆技术。插筋补强护坡技术是吸取了上述某些工艺技术的特点而发展起来的一种以主动制约机制为基础的新型边坡稳定技术。它以发挥插筋锚体与土体相互作用形成的复合土体的补强效应为基本特征,以插筋作为补强的基本手段。与其他护坡技术相比,虽然它的护坡深度不可能太大(一般 > 10m),但它不需大型施工机械、不需单独占用场地,而且具有施工简便、适用性广泛、费用低、可以竖直开挖等优点,因而有广泛的应用前景。

四、拱式支护结构

拱式支护结构充分利用了基坑的弧状及拱式结构受力特点,使以受弯矩为主的支护结构由于拱形受力特性而改变为受压为主,大大改善了结构受力状态。其主要形式如下:

1. 圆形拱支护结构

根据建筑物地下室接近于圆形或圆形结构,支护结构可以按地下室的轮廓线近似做成圆形结构,此时,支护结构主要承受压应力。

2. 曲线形支护结构

建筑物地下室一般根据建筑及使用功能往往是不规则的,其曲线形状无法满足理想圆形或椭圆形,但大都具有一定的曲线形状,或基坑周边条件允许做成某一曲线形状。对基坑的周边条件,可充分利用拱形(曲线形)的良好受力特性,将支护结构设计成主要承受压应力的曲线形支护结构。

第三节　作用在支护结构上的水土压力的计算

挡土结构内力分析除了本身的力学分析外,对作用在挡墙上的水、土压力特征的研究是密切关系到支护墙体内力分析结果的重要课题。作用于支护结构上的荷载主要有:

(1)地基土产生的土压力。

(2)地下水产生的水压力。

(3)基坑顶面的超载(临近建筑物、汽车、吊车及场地堆载等)。

(4)地震产生的垂直和水平荷载。

(5)温度影响和混凝土收缩引起的附加荷载。

上述各项荷载中,作用于支护结构上的土压力是比较难于准确计算的荷载。土压力的大小及其分布规律是与支护结构的水平位移方向和大小、土的性质、支护结构的刚度及高度等因素有关。在计算和参数取值上常常采用经验和偏于安全的方法,一般情况下不计地震荷载的影响。

按照现行《建筑基坑支护技术规程》的要求,作用在支护结构主动土压力和被动土压力强度标准值应按当地可靠经验确定,当无经验时可按下列规定计算。

一、土压力计算

(1)对于地下水位以上或水土合算的土层,如图 7-1 所示。

$$p_{ak} = \sigma_{ak} K_{ai} - 2c_i \cdot \sqrt{K_{ai}} \qquad (7\text{-}1)$$

$$K_{ai} = \tan^2\left(45° - \frac{\varphi_i}{2}\right) \qquad (7\text{-}2)$$

$$p_{pk} = \sigma_{pk} K_{pi} + 2c_i \cdot \sqrt{K_{ai}} \qquad (7\text{-}3)$$

$$K_{pi} = \tan^2\left(45° + \frac{\varphi_i}{2}\right) \qquad (7\text{-}4)$$

式中:p_{ak}——支护结构外侧,第 i 层土中计算点的主动土压力强度标准值,kPa;小于 0 时取 0;

P_{pk}——支护结构内侧,第 i 层土中计算点的被动土压力强度标准值,kPa;

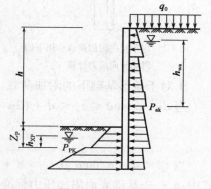

图 7-1　土压力计算

K_{ai}、K_{pi}——分别为第 i 层土的主动土压力、被动土压力系数；

σ_{ak}、σ_{pk}——分别为支护结构外侧、内侧计算点的土中竖向应力标准值，kPa；

c_i、φ_i——第 i 层土黏聚力，kPa，及内摩擦角，°。

（2）对于水土分算的土层：

$$p_{ak} = (\sigma_{ak} - u_a)K_{ai} - 2c_i \cdot \sqrt{K_{ai}} + u_0 \tag{7-5}$$

$$p_{pk} = (\sigma_{pk} - u_p)K_{ai} - 2c_i \cdot \sqrt{K_{ai}} + u_p \tag{7-6}$$

式中：u_a、u_p——分别为支护结构外、内侧计算点水压力，kPa；对于静止地下水，u_a、u_p 可按下式计算

$$u_a = r_w \cdot h_{wa}$$

$$u_p = r_w \cdot h_{wp}$$

r_w——地下水的重度，取 10 kN/m³；

h_{wa}——基坑外侧地下水位深度至主动土压力强度计算点的垂直距离，m；对承压水，地下水位取测压管水位；当有多个含水层时，应以计算点所在含水层的地下水位为准；

h_{wp}——基坑内侧地下水位深度至被动土压力强度计算点的垂直距离，m；对承压水，地下水位取测压管水位。

二、土中竖向应力计算

土中竖向应力标准值（σ_{ak}、σ_{pk}）应按下式计算

$$\sigma_{ak} = \sigma_{ac} + \sum \Delta\sigma_{kj}$$

$$\sigma_{pk} = \sigma_{pc}$$

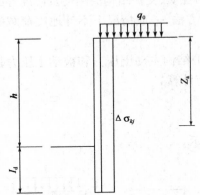

图 7-2　均布竖向附加荷载作用下的
附加竖向应力计算

式中：σ_{ac}——支护结构外侧计算点，由土的自重产生的竖向总应力，kPa；

σ_{pc}——支护结构内侧计算点，由土的自重产生的竖向总应力，kPa；

$\Delta\sigma_{kj}$——支护结构外侧第 j 个附加荷载作用下计算点的土中附加竖向应力标准值，kPa，应根据附加荷载类型按下列情况计算：

（1）均布附加荷载作用下，如图 7-2 所示：

$$\Delta\sigma_{k,j} = q_0$$

式中：q_0——均布附加荷载标准值，kPa。

（2）局部附加荷载作用下：

①对于条形基础下的附加荷载，如图 7-3a）所示：

当 $d + a/\tan\theta \leqslant z_a \leqslant d + (3a + b)/\tan\theta$ 时，

$$\Delta\sigma_{kj} = \frac{p_0 b}{b + 2a}$$

当 $z_a < d + a/\tan\theta$ 或 $z_a > d + (3a + b)/\tan\theta$ 时，取 $\Delta\sigma_{kj} = 0$

式中：p_0——基础底面附加压力标准值，kPa；

d——基础埋置深度，m；

b——基础宽度，m；

a——支护结构外边缘至基础的水平距离，m；

θ——附加荷载的扩散角，宜取 45°；

z_a——支护结构顶面至土中附加竖向应力计算点的竖向距离。

②对于条形或矩形基础下的附加荷载，如图 7-3b）所示：

当 $d + a/\tan\theta \leqslant z_a \leqslant d + (3a + b)/\tan\theta$ 时，

$$\Delta\sigma_{kj} = \frac{p_0 b}{(b + 2a)(l + 2a)}$$

当 $z_a < d + a/\tan\theta$ 或 $z_a > d + (3a + b)/\tan\theta$ 时，取 $\Delta\sigma_{kj} = 0$

式中：b——与基坑边垂直方向上的基础尺寸，m；

l——与基坑边平行方向上的基础尺寸，m。

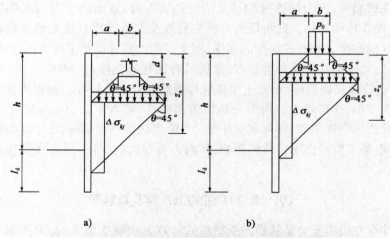

a)   b)

图 7-3　局部附加荷载作用下的附加竖向应力计算

a）条形或矩形基础；b）作用在地面的条形或矩形附加荷载

（3）当支护结构的挡土构件顶部低于地面，其上方采用放坡时，挡土构件顶面以上土层对挡土构件的作用宜按库仑土压力理论计算，也可将其视作附加荷载并按下式计算土中附加竖向应力标准值，如图 7-4 所示。

①当 $a/\tan\theta \leqslant z_a \leqslant (a + b_1)/\tan\theta$ 时：

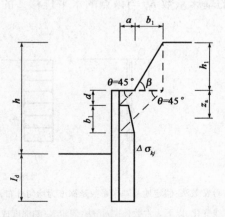

$$\Delta\sigma_{kj} = \frac{\gamma_m h_1}{b_1}(z_a - a) + \frac{E_{akl}(a + b_1 - z_a)}{K_{am} b_1^2}$$

$$E_{akl} = \frac{1}{2}\gamma_m h_1^2 K_{am} - 2c_m h_1 \sqrt{K_{am}} + \frac{2c_m^2}{\gamma_m}$$

②当 $z_a > (a + b_1)/\tan\theta$ 时：

$$\Delta\sigma_{kj} = \gamma_m h_1$$

③当 $z_a < a$ 时：

$$\Delta\sigma_{kj} = 0$$

式中：z_a——支护结构顶面至土中附加竖向应力计算
　　　　 点的竖向距离，m；

图 7-4　挡土构件顶部以上放坡时土中
附加竖向应力的计算

a——支护结构外边缘至放坡坡脚的水平距离,m;

b_1——放坡坡面的水平尺寸,m;

h_1——地面至支护结构顶面的竖向距离,m;

γ_m——支护结构顶面以上土的重度(对多层土取各层土按厚度加权的平均值),kN/m³;

c_m——支护结构顶面以上土的黏聚力,kPa;

K_{am}——支护结构顶面以上土的主动土压力系数(对多层土取各层土按厚度加权的平均值);

E_{ak1}——支护结构顶面以上土层所产生的主动土压力的标准值,kPa;

第四节　支护结构的内力和位移的计算

挡土结构内力分析方法与基坑工程规模及挡墙结构形式等本身的发展相适应。当挡土结构为重力式刚性挡墙时,内力计算极少涉及刚性挡墙本身,这是由于重力式挡墙多为体积巨大,以重力起主要作用的结构。此阶段的分析主要涉及支承挡墙自重的地基承载力及稳定验算。随着基坑规模的扩大和开挖深度的加深,挡土结构的形式得到了很大的发展,尤其在经济发达的软土地区,挡土结构更是种类繁多:常见的有钻孔灌注排桩、SMW 工法(水泥土搅拌桩内插 H 形钢等)、拉森式钢板桩、水泥土搅拌桩和钢筋混凝土板桩等。钢板桩和钢筋混凝土桩则由于本身的刚度小,变形较大。内力分析以等值梁法、等弯矩法、Tergaghi 法等方法进行计算。对于多支撑式地下连续墙、柱列式灌注桩、SMW 工法等挡土结构,由于此类结构刚度位于刚性和柔性之间,施工阶段由于位移的影响,其内力有很大的不同,因此在分析时必须考虑施工过程。

一、桩(墙)身挠曲微分方程及其解答

挡土结构计算方法实质上是从横向受荷桩的计算方法演变而来的,因此本节对横向受荷桩作一简单介绍。

横向受荷桩的基本思想是把承受水平荷载的单桩视作弹性地基(由水平向弹簧组成的地基模型)上的竖直梁,通过梁的挠曲微分方程的解答,计算桩身的弯矩和剪力。如图 7-5 所示横向受荷桩的 4 种计算方法。把土体视为直线变形体,假定深度 z 处的水平抗力 σ_x 等于该点的基床系数 K_z 与该点的水平位移 x 的乘积,即

$$\sigma_x = K_z x \tag{7-7}$$

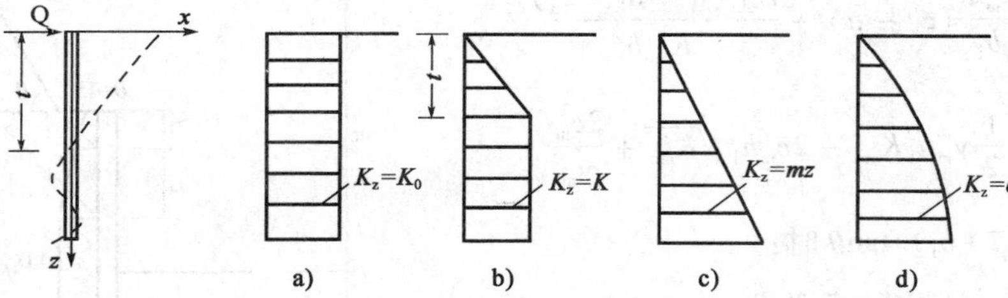

图 7-5　地基基床系数的分布图示

a)常数法:假定地基基床系数延深度为均匀分布,即 $K_z = K_0$;b)"K"法:假定桩身第一挠曲零点(深度 t 处)以上为抛物线变化,以下为常数;c)"m"法:假定 K_z 随深度成正比例增加,即 $K_z = mz$;d)"C"法:假定 K_z 随深度按 $cz^{1/2}$ 的规律分布,即 $K_z = cz^{1/2}$,c 为比例常数,随土的种类不同而各异

地基基床系数的分布与大小直接影响挠曲微分方程的求解和桩身截面内力的变化。图所示的 4 种计算方法就是根据基床系数 K_z 的假定进行分类的。

下面着重介绍"m"法。

单桩在 Q_0、M_0 和地基水平抗力 σ_x 作用下发生挠曲,取图 7-6 所示的坐标系统,根据材料力学中的挠曲微分方程得到

$$EI\frac{\mathrm{d}^4x}{\mathrm{d}z^4} = -\sigma_x b_0 = -K_z x b_0 \tag{7-8}$$

"m"法假定 $K_z = mz$,代入上式得

$$\frac{\mathrm{d}^4x}{\mathrm{d}z^4} + \frac{mb_0}{EI}zx = 0 \tag{7-9}$$

令

$$\alpha = \sqrt[5]{\frac{mb_0}{EI}} \tag{7-10}$$

式中:α——桩的变形系数,L/m。

则

$$\frac{\mathrm{d}^4x}{\mathrm{d}z^4} + \alpha^5 zx = 0 \tag{7-11}$$

注意到材料力学中梁的挠度 x 和转角 φ、弯矩 M 和剪力 Q 的微分关系,利用幂级数积分后得到微分方程(7-11)的解,从而求得桩身各截面的内力 M、Q 和位移 x、φ 以及土的水平抗力 σ_x。如图 7-6 所示单桩的 x、M、Q 和 σ_x 的分布图形。

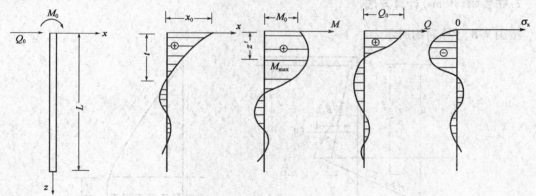

图 7-6　单桩的挠度 x、弯矩 M、剪力 Q 和水平抗力 σ_x 的分布曲线

二、悬臂式桩(墙)身结构计算

1. 计算原理

(1)悬臂桩主要依靠嵌入土内深度,以平衡上部地面荷载、水压力及主动土压力形成的侧压力,因此插入深度至关重要,其次计算钢板桩、灌注桩所承受的最大弯矩,以便核算钢板桩界面及灌注桩直径和配筋。

(2)如图 7-7a)、b)的计算图形。如图 7-7a)嵌入基坑底面的桩,在主动土压力 E_a 推动桩体的同时,桩角土体中产生一种力,它的大小等于被动土压力与主动土压力之差,即 $E_p - E_a$,这就按土壤深度成线性增加的主动土应力 e_a 及被动土压力 e_p,形成图 7-7a)形式。

(3)H. Blum 建议以图 7-7b)图形代替。即原来出现的另一部分阻力,以一个单力 R_c 代

替,图7-7a)中的插入深度可换成x,但必须满足绕桩脚c点$\sum H = 0$,$\sum M_c = 0$的条件。

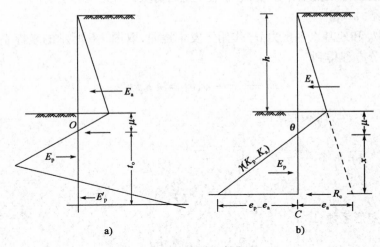

图7-7 悬臂桩的计算图形

由于土阻力是逐渐向桩脚下增加的,在采用$\sum M_c = 0$时,会有一个较小的深度差距,因此Blum建议,计算出的x再增加20%,即$t = 1.2x + u$,该建议已被广泛采用。

2. 布鲁姆(Blum)计算方法

按图7-8计算简图所示。

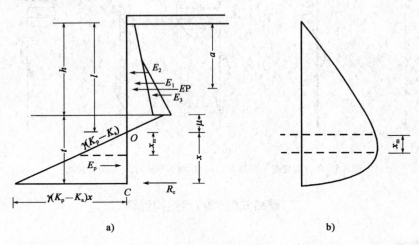

图7-8 Blum计算方法简图
a)作用荷载图;b)弯矩图

先求插入深度。

从图7-8a),对C点取矩,$\sum M_c = 0$,则

$$\sum P(l + x - a) - E_p \cdot \frac{x}{3} = 0$$

$$E_p = \gamma(K_p - K_a)x \cdot \frac{x}{2} = \frac{1}{2}\gamma(K_p - K_a)x^2 \tag{7-12}$$

代入土压力计算公式

$$\sum P(l + x - a) - \frac{\gamma}{6}(K_p - K_a)x^3 = 0 \tag{7-13}$$

简化后得

$$x^3 - \frac{6\sum P}{\gamma(K_p - K_a)}x - \frac{6\sum P(l - a)}{\gamma(K_p - K_a)} = 0 \tag{7-14}$$

式中，$\sum P$ 为主动土压力、水压力及地面超载的合力；a 为合力距地面的距离；λ、K_p、K_a 为已知；$l = h + \mu$，μ 为土压力为零距坑底距离，其值为

$$\mu = \frac{K_a h}{\gamma(K_p - K_a)} \tag{7-15}$$

从 x 的三次式试算求出 x 值，则板桩的插入深度为

$$t = 1.2x + \mu \tag{7-16}$$

也可以用布鲁姆作出的曲线（图 7-9），可求得插入深度 x。

假定 $\xi = \frac{x}{l}$，带入式（7-14），有

$$\xi^3 = \frac{6\sum P}{\gamma l^2(K_p - K_a)}(\xi + 1) - \frac{6a\sum P}{\gamma l^3(K_p - K_a)} \tag{7-17}$$

再令 $m = \frac{6\sum P}{\gamma l^2(K_p - K_a)}$，$n = \frac{6a\sum P}{\gamma l^3(K_p - K_a)}$

式（7-17）即变为

$$\xi^3 = m(\xi + 1) - n \tag{7-18}$$

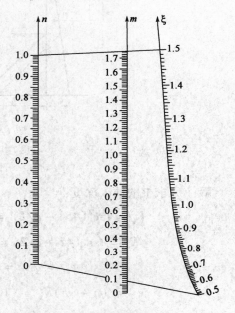

图 7-9　布鲁姆曲线图

式中的 m 和 n 很容易确定，因其只与荷载和板桩长度有关，在式（7-18）中 m 及 n 确定后，可以从布鲁姆曲线中求得 m 及 n，连一直线并延长即可求得 ξ 值。同时由于 $x = \xi \cdot l$，得出 x 值，可按下式得到桩的插入深度

$$t = u + 1.2x = u + 1.2\xi l \tag{7-19}$$

最大弯矩在剪力 $Q = 0$ 处，设从 O 点往下 x_m 处 $Q = 0$，则有

$$\sum P - \frac{\gamma}{2}(K_p - K_a)x_m^2 = 0$$

$$x_m = \sqrt{\frac{2\sum P}{\gamma(K_p - K_a)}} \tag{7-20}$$

最大弯矩

$$M_{max} = \sum P(l + x_m - a) - \frac{\gamma(K_p - K_a)x_m^3}{6} \tag{7-21}$$

求出最大弯矩后，对板桩可以核算截面尺寸，对灌注桩可以核定直径及配筋计算。

例 7-1　某工程基坑挡土桩设计。可采用 $\phi 100cm$ 挖孔桩，基坑开挖深度 6.0m，基坑边堆载 $q = 10kN/m^2$，如图 7-10 所示。地基土层自地表向下分别为：

（1）粉质黏土；可塑，厚 1.1～3.2m；

（2）中粗砂：中密～密实，厚 2～5m，$\varphi = 34°$，$\gamma = 20kN/m^3$；

（3）砾砂：密实，未钻穿，$\varphi = 34°$。

试设计挖孔桩。

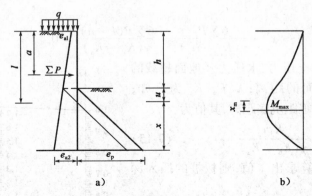

图 7-10　挖孔桩悬臂挡墙计算

a）土压力分布；b）弯矩图

解：（1）求桩的插入深度：

$$K_a = \tan^2(45° - \varphi/2) = \tan^2(45° - 34°/2) = 0.53^2 = 0.28$$

$$K_p = \tan^2(45 + \varphi/2) = \tan^2(45 + 34°/2) = 1.88^2 = 3.53$$

$$e_{a1} = qK_a = 10 \times 0.2809 = 2.8 \text{kN/m}^2$$

$$e_{a2} = (q + \gamma h)K_a = (10 + 20 \times 6) \times 0.2809 = 36.51 \text{kN/m}^2$$

$$u = \frac{\gamma h K_a}{\gamma(K_p - K_a)} = \frac{36.51}{20 \times (3.53 - 0.28)} = 0.56$$

$$\sum P = \frac{(2.8 + 36.51) \times 6}{2} + \frac{0.56 \times 36.51}{2} = 128.15 \text{kN}$$

$$a = \frac{2.8 \times 3 \times 6 + 33.71 \times 3 \times 2 \times 2 + 36.51 \times \dfrac{0.56}{2} \times 6.19}{128.15} = 4.04 \text{m}$$

$$m = \frac{6 \sum P}{\gamma(K_p - K_a)l^2} = \frac{6 \times 128.15}{20 \times (3.53 - 0.28) \times 6.56^2} = 0.2749$$

$$n = \frac{6 \sum P}{\gamma(K_p - K_a)l^3} = \frac{6 \times 128.15 \times 4.04}{20 \times (3.53 - 0.28) \times 6.56^3} = 0.1693$$

查布鲁姆的计算曲线，得

$$\xi = 0.67$$

$$x = \xi l = 0.67 \times 6.56 = 4.40 \text{m}$$

$$t = 1.2x + u = 1.2 \times 4.4 + 0.56 = 5.84 \text{m}$$

桩长取　　　　　　　　$6 + 5.84 = 11.84 \text{m}$，取 12.0m

（2）求最大弯矩。

最大弯矩位置为

$$x_m = \sqrt{\frac{2 \sum P}{\gamma(K_p - K_a)}} = \sqrt{\frac{2 \times 128.15}{20 \times (3.53 - 0.28)}} = 1.98 \text{m}$$

最大弯矩为

$$M_{max} = \sum P(l + x_m - a) - \frac{\gamma(K_p - K_a)x_m^3}{6}$$

$$= 128.15 \times (6.56 + 1.98 - 4.04) - \frac{20 \times (3.53 - 0.28 \times 1.983)}{6}$$

$$= 492.61 \mathrm{kN \cdot m}$$

（3）截面配筋。

预选桩径 $d = 100\mathrm{cm}$，钢筋保护层厚度 $a = 5\mathrm{cm}$，钢筋笼直径 $d_1 = d - 2a = (100 - 2 \times 5) = 90\mathrm{cm}$。

选竖向主筋 20 根，沿 d_1 均匀布置，各钢筋至 x 轴得垂直距离 y_1，由比例图量出，如图 7-11 所示。

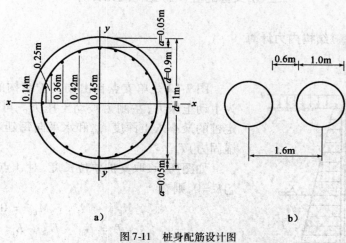

图 7-11　桩身配筋设计图
a）钢筋布置图；b）桩的布置图

选 $\phi25$，$A_g = 4.91\mathrm{cm}^2$，$R_g = 34\mathrm{kN/cm}^2$。

钢筋得总抗弯能力为

$$[M] = 4A_g R_g(y_1 + y_2 + y_3 + \cdots y_{m-1} + m/2)$$

$$= 4 \times 4.91 \times 34 \times (0.14 + 0.25 + 0.36 + 0.42 + 0.45/2)$$

$$= 931.5\mathrm{kN}$$

$$b = \frac{931.5}{492.61 \times 1.1} = 1.72\mathrm{m}$$

取桩的实际间距为 1.6m。

为了减小竖向钢筋数量，考虑受压区（靠基坑一侧的半圆截面）混凝土的抗压作用，混凝土用 C15，$R_w = 1.1\mathrm{kN/m}^2$，则

$$N_a = \frac{2\pi d_1 R_w}{n} = \frac{2 \times 3.14 \times 90 \times 5 \times 1.1}{20} = 155.43\mathrm{kN}$$

受压区每根钢筋的截面积为

$$A_g' = \frac{A_g R_g - N_a}{R_g'} = \frac{4.91 \times 34 - 155.43}{34} = 0.34\mathrm{cm}^2$$

构造配筋 $\phi14$，$A_g' = 1.54\mathrm{cm}^2$。

为了进一步减少钢筋用量，宜在桩身上部减少配筋，求 $M_{max}/2$ 的弯矩点，先算地面下 5.5m 处的主动土压力强度

$$\sigma_a = \gamma h \tan^2(45° - \varphi/2) = (10 + 20 \times 5.5) \times 0.53^2 = 33.7 \text{kN/m}^2$$

$$M = \frac{1}{6} \times 33.7 \times 6^2 = 202.2 \text{kN} \cdot \text{m} < \frac{1}{2} M_{max} = 264.3 \text{kN} \cdot \text{m}$$

因此，在桩钢筋笼中，竖向钢筋的配筋为

上部 5m：$5\phi25$mm + $5\phi14$mm；

下部 7m：$10\phi25$mm + $10\phi14$mm；

$\phi14$mm 钢筋全部配制在桩身混凝土受压区，即在面向基坑内侧的半圆内。

三、带支撑的桩（墙）结构内力计算

1. 单支点桩（墙）结构内力计算

（1）计算简图。

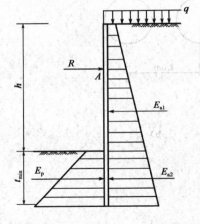

图 7-12 是单支点自由端支护结构的断面，桩的右面为主动土压力，左侧为被动土压力。可采用下列方法确定桩的最小入土深度 t_{min} 和水平向每延米所需支点力（或锚固力）T_a。

如图所示，取支护单位长度，对 A 点取矩，令 $M_A = 0$，$\sum E = 0$，则有

$$M_{Ea1} + M_{Ea2} - M_{EP} = 0$$
$$T = E_{a1} + E_{a2} - E_p \qquad (7-22)$$

图 7-12　单支点排桩支护的计算简图

式中：M_{Ea1}、M_{Ea2}——基坑底以上及以下主动土压力合力对 A 点的力矩；

M_{EP}——被动土压力合力对 A 点的力矩；

E_{a1}、E_{a2}——基坑底以上及以下主动土压力合力；

E_P——被动土压力合力。

（2）等值梁法。

等值梁法将桩当作一端弹性嵌固另一端简支的梁来研究。挡墙两侧作用着分布荷载，即主动土压力与被动土压力，如图 7-13 所示。在计算过程中所要求出的仍是桩的入土深度、支撑反力及跨中最大弯矩。

单支撑挡墙下端为弹性嵌固时，其弯矩图如图 7-13 所示，若在得出此弯矩力前已知零点位置，并于弯矩零点处将梁（即桩）断开以简支计算，则不难看出所得该段的弯矩图将同整梁计算时一样，此断梁段即称为整梁该段的等值梁。对于下端为弹性支撑的单支撑挡墙其净土压力零点位置与弯矩零点位置很接近，因此可在压力零点处将板桩划开作为两个相连的简支梁来计算。这种简化计算法就称为等值梁法，其计算步骤如下：

①根据基坑深度、勘察资料等，计算主动土压力与被动土压力，求出土压力零点 B 的位置，按式（7-15）计算 B 点至坑底的距离 u 值。

②由等值梁 AB 根据平衡方程计算支撑反力 R_a 及 B 点剪力 Q_B：

$$R_a = \frac{E_a(h + u - a)}{h + u - h_0}$$

$$Q_B = \frac{E_a(a - h_0)}{h + u - h_0} \qquad (7-23)$$

③由等值梁 BG 求算板桩的入土深度，取 $\sum M_G = 0$，则

$$Q_B x = \frac{1}{6}\left[K_p\gamma(u + x) - K_a\gamma(h + u + x)\right]x^2 \qquad (7-24)$$

由上式求得

$$x = \sqrt{\frac{6Q_B}{\gamma(K_p - K_a)}} \qquad (7-25)$$

由上式求得 x 后，桩的最小入土深度可由下式求得

$$t_0 = u + x \qquad (7-26)$$

如桩端为一般的土质条件，应乘系数 $1.1 \sim 1.2$，即

$$t = (1.1 \sim 1.2)t_0 \qquad (7-27)$$

④由等值梁求算最大弯矩 M_{max} 值。

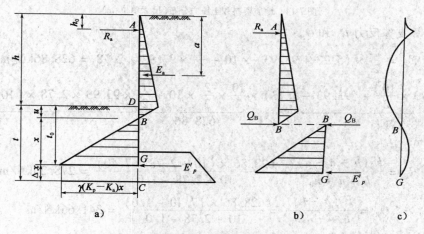

图 7-13　等值梁法计算简图

例 7-2　某工程开挖深度 10m，采用单点支护结构，地质资料和地面荷载如图 7-14 所示。试计算板桩。

解： 采用等值梁法计算。

（1）主动土压力计算：

γ、c、φ 按 25m 范围内的加权平均值计算得

$$\gamma = 18.0\text{kN/m}^3 \quad \varphi = 20° \quad c = 5.71\text{kN/m}^2$$

$$K_a = \tan^2\left(45° - \frac{\varphi}{2}\right) = 0.49$$

$$K_p = \tan^2\left(45° + \frac{\varphi}{2}\right) = 2.04$$

$$e_{a1} = qK_a - 2c\sqrt{K_a} = 28 \times 0.49 - 2 \times 5.71 \times 0.7 = 5.73\text{kN/m}^2$$

$$e_{a2} = (q + \gamma h)K_a - 2c\sqrt{K_a} = (28 + 18 \times 10) \times 0.49 - 2 \times 5.71 \times 0.7 = 93.93\text{kN/m}^2$$

(2)计算土压力零点：

$$u = \frac{e_{a2} - 2c\sqrt{K_p}}{\gamma(K_p - K_a)} = \frac{93.93 - 2 \times 5.71 \times 0.7}{18 \times (2.04 - 0.49)} = 2.78m$$

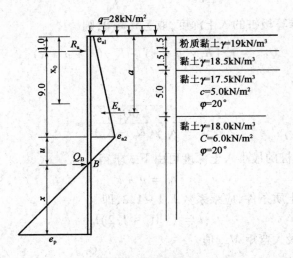

图7-14　地质资料和土压力分布(尺寸单位:m)

(3)计算支撑反力 R_a 和 Q_B：

$$E_a = \frac{1}{2} \times (5.73 + 93.93) \times 10 + \frac{1}{2} \times 93.93 \times 2.78 = 628.86kN/m$$

$$a = \frac{5.73 \times \frac{10^2}{2} + (93.93 - 5.73) \times \frac{10}{2} \times \frac{2}{3} \times 10 + \frac{1}{2} \times 93.93 \times 2.78 \times \left(10 + \frac{3.37}{3}\right)}{628.86}$$

$$= 7.4m$$

$$R_a = \frac{E_a(h + u - a)}{h + u - h_0} = \frac{628.86 \times (10 + 2.78 - 7.40)}{10 + 2.78 - 1.0} = 278.20kN/m$$

$$Q_B = \frac{E_a(a - h_0)}{h + u - h_0} = \frac{628.86 \times (7.40 - 1.0)}{10 + 2.78 - 1.0} = 341.66kN/m$$

(4)计算板桩的入土深度：

$$x = \sqrt{\frac{6Q_B}{\gamma(K_p - K_a)}} = \sqrt{\frac{6 \times 341.66}{18 \times (2.04 - 0.49)}} = 8.57m$$

$$t = (1.1 \sim 1.2)t_0 = (1.1 \sim 1.2) \times 11.35 = 12.49 \sim 13.62m$$

取 $t = 13.0m$，板桩长 $10 + 13 = 23m$。

(5)最大弯矩 M_{max} 的计算：

先求 $Q = 0$ 位置 x_0，再求该点 M_{max}。

$$R_a - 5.73x_0 - \frac{1}{2} \times \frac{x_0^2}{10} \times (93.93 - 5.73) = 0$$

$$287.20 - 5.73x_0 - 4.41x_0^2 = 0$$

$$x_0 = 7.45m$$

$$M_{max} = 287.20 \times (7.45 - 1.0) - \frac{5.73 \times 7.45^2}{2} - \frac{1}{6} \times \frac{88.2 \times 7.45^2}{10}$$

$$= 1085.6kN \cdot m$$

2. 多支点的桩(墙)结构内力计算

当基坑较深、土质较差、单支点混合支护结构不能满足基坑支护的强度与稳定性要求时，可采用多层支点混合支护结构。多层支点混合支护结构受力简图如图7-15所示。

多层支点混合支护结构按等值梁法计算时，应根据分层挖土深度与每层支点设置的实际施工情况分层计算，并假定下层挖土不影响上层支点的计算水平力。其计算步骤如下：

（1）第一层支点可按单层支点混合结构方法计算，计算的开挖深度只取为第二层支点设置位置的开挖深度，以此求出第一层支点水平 T_1。

（2）第二层支点设置，其挖土深度需满足

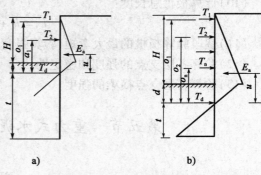

图7-15　多支点支撑计算简图

a)二层支撑；b)多层支撑

第三层支点安装需要，计算墙后主动土压力，墙前被动土压力，寻找土压力为零的点 d，其位置在挖土面下 d 处。

图7-15中参数含义如下：

H——计算相应阶段时基坑开挖总深度；

d——相应阶段土压力为零时开挖面以下的深度；

t——相应阶段桩嵌入土压力为零点以下需要深度；

T_1、$T_2\cdots$、T_n——自上而下各层支撑的反力；

a_1、$a_2\cdots$、a_n——自上而下各层支撑到土压力为零点的距离。

（3）计算 d 点以上板桩后土压力对 d 点的力矩 M_a 和土压力合力 E_a。

（4）计算第一层支撑反力 T_1 对 d 的力矩 M_1：

$$M_1 = T_1 \cdot a_1 \tag{7-28}$$

（5）计算第二层支撑到 d 点的距离 a_2；

（6）计算第二层支撑反力 T_2：

$$T_2 = \frac{M_a - M_1}{a_2}$$

（7）计算本阶段 d 点假想反力 T_d：

$$T_d = E_a - T_1 - T_2$$

（8）计算本阶段在 d 点下需嵌入深度 t，按该段板桩端部水平力平衡条件确定。

（9）按（3）、（4）、（5）、（6）、（7）、（8）步骤逐层往下计算各层支撑反力，如第 i 层支撑的反力为

$$T_i = \frac{M_a - M_1 - M_2 \cdots \cdots - M_{i-1}}{a_i} \tag{7-29}$$

挖至基坑设计底面时，第 n 层支撑的反力为

$$T_n = \frac{M_a - M_1 - M_2 - \cdots \cdots M_{n-1}}{a_n} \tag{7-30}$$

假设支点 d 的反力为

$$T_d = E_a - T_1 - T_2 - \cdots\cdots T_n \tag{7-31}$$

（10）计算板桩总长度：

$$L = h + d + 1.2t \tag{7-32}$$

（11）逐段验算板桩的最大弯矩，验算强度。

（12）验算各层支点的强度和稳定性。

（13）验算各层支点横梁的强度。

第五节　重力式水泥支护结构的设计计算

一、概　　述

重力式基坑支护结构是重力式土墙的一个延伸和发展。它是以结构自身重力来维持支护结构在侧向土压力作用下的稳定；其次结构体受到一定的弯矩也起一定的悬臂作用。其特点是先有墙后开挖形成边坡，因此在某种程度上与重力式挡土墙有很大的区别。目前常用的重力式支护结构是重力式水泥土墙。

重力式水泥土墙是利用水泥系材料为固化剂，通过特殊的拌和机械（如深层搅拌机或高压旋喷机等）在地基土中就地将原状土和固化剂（粉体、浆液）强制拌和（包括机械和高压力切削拌和），经过土和固化剂或掺和料产生一系列物理化学反应，形成具有一定强度、整体性和水稳性的加固土圆柱体。施工时将圆柱体相互搭接，连续成桩，形成具有一定强度和整体结构性的水泥土臂墙或隔栅状墙，以维持基坑边坡土体的稳定，保证地下室或地下工程的施工及周边环境的安全。

1.重力式水泥土墙的特点

（1）最大限度地利用了原地基土。

（2）搅拌时无侧向挤出、无振动、无噪声和无污染，可在密集建筑群中进行施工，对周围建筑物及地下管道的影响极小。

（3）根据支护结构的需要，可灵活地采用柱状、臂状、格栅状和块状等结构形式。

（4）与钢筋混凝土相比，可节省钢材并降低造价。

（5）不需要内支撑，便于地下室施工。

（6）可同时起到止水和挡墙的双重作用。

2.重力式水泥土墙的使用范围

（1）地层条件：国内外大量实验和工程实践表明，水泥土桩除适用于加固淤泥、淤泥质土和含水率高的黏土、粉质黏土、粉土外，对砂土及砂质黏土等较硬质的土质的适应性也已逐渐被挖掘出来，但对泥炭土及有机质土应慎重对待。

（2）场地周边环境：以水泥土作为支护结构必须满足周边施工场地较为宽敞。水泥土桩施工无噪声、无泥浆废水污染、无振动、无土体侧向挤压、无隆起及无排土弃土等，故被广泛用于旧城改造的建筑密集场地。

（3）适用基坑开挖深度：对于软土的基坑支护，一般支护深度不大于 6m；对于非软土基坑的支护，则支护深度可达 10m；作止水帷幕则受到垂直度要求的限制。

（4）用途：

①直接作为基坑开挖重力式支护结构，同时起到隔水作用。

②与其他桩、型钢等组成组合式结构。

③作为坑底土体加固，防止土体隆起，提高支护结构内侧被动土压力，减少支护结构的变形。

④作为提高边坡抗滑稳定性加固。

⑤作为止水帷幕（独立式及联合式）。

⑤基坑外侧土体加固，减少主动土压力。

二、重力式支护结构的尺寸设计

1. 嵌固深度的计算

水泥土重力式支护结构在墙宽尚未确定时，嵌固深度与基坑抗隆起稳定、挡墙抗滑动稳定、整体稳定有关，当作为帷幕时还与渗透稳定有关。因此，确定重力式支护结构的嵌固深度时应通过稳定性验算取最不利情况下所需的嵌固深度。嵌固深度按极限承载力法的隆起稳定确定。

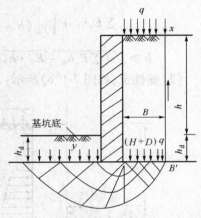

图 7-16　滑动线

极限承载力法是将支护结构的底平面作为求极限承载力的基准面，其滑动线如图 7-16 所示。

根据极限承载力的平衡条件有

$$K_s = \frac{\gamma h_d N_q + c N_c}{\gamma(h + h_d) + q_0}, \text{取} \ K_s \geqslant 1.2 \tag{7-33}$$

$$\frac{\gamma h_d \tan^2\left(45° + \dfrac{\varphi}{2}\right)e^{\pi\tan\varphi} + c\left[\tan^2\left(45° + \dfrac{\varphi_i}{2}\right)e^{\pi\tan\varphi} - 1\right] \cdot \dfrac{1}{\tan\varphi}}{\gamma(h + h_d) + q_0} \geqslant 1.2 \tag{7-34}$$

$$\tan^2\left(45° + \frac{\varphi}{2}\right) = K_p$$

整理得

$$h_d \geqslant \frac{\left(1 + \dfrac{q_0}{\gamma h}\right) + \dfrac{C}{\gamma h}(K_p e^{\pi\tan\varphi} - 1)\dfrac{1}{\tan\varphi}}{K_p e^{\pi\tan\varphi} - 1} \tag{7-35}$$

式中：h_d——极限平衡状态时的计算嵌固深度；

q_0——地面荷载；

γ——地层平均重度；

h——开挖深度；

c——嵌固端部以下土层内聚力；

φ——嵌固端部以下土层内摩擦角。

2. 支护结构的宽度

重力式支护结构的嵌固深度确定后,墙宽对抗倾覆稳定起控制作用。而在所确定的嵌固深度条件下,当抗倾覆满足后,抗滑移自然满足。因此,按重力式支护结构的抗倾覆极限平衡条件来确定最小结构宽度。

(1)对于砂性土、粉土及透水性好的杂填土,如图7-17a)所示:

倾覆力矩为

$$M_s = \sum E_a h_a \tag{7-36}$$

抗倾覆力矩为

$$M_T = \sum E_P h_a + \left[\gamma_{sp}(h + h_d) - \frac{\gamma_w}{2}(h + h_d - h_{wa} - h_{wp}) \right] \frac{b^2}{2} \tag{7-37}$$

满足

$$M_T \geqslant M_S$$

$$\sum E_P h_P + \left[\gamma_{sp}(h + h_d) \frac{\gamma_w}{2}(h + 2h_d - h_{wa} - h_{wp}) \right] \frac{b^2}{2} \geqslant \sum E_a h_a \tag{7-38}$$

$$b \geqslant \sqrt{z(\sum E_a h_d - E_P \cdot h_P)/[(\gamma_{SP} - \gamma_w)(h + h_d) + \gamma_w(h + h_{wp} + h_{wa})/2]} \tag{7-39}$$

(2)黏性土,如图7-17b)所示:

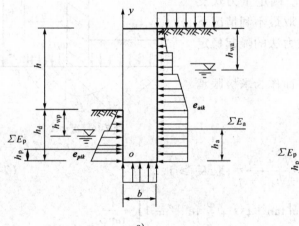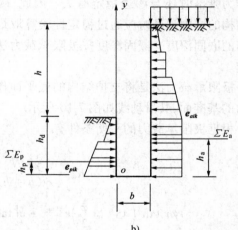

图7-17　结构宽度计算

a)砂土及碎石土;b)黏性土

倾覆力矩为

$$M_s = \sum E_a h_a \tag{7-40}$$

抗倾覆力矩为

$$M_T = \sum E_P h_P + \gamma_{sp}(h + h_d) \frac{b^2}{2} \tag{7-41}$$

满足 $M_T \geqslant M_S$

$$\sum E_P h_P + \gamma_{sp}(h + h_d) \frac{b^2}{2} \geqslant \sum E_a h_a \tag{7-42}$$

$$b \geqslant \sqrt{z(\sum E_a \cdot h_d - E_P \cdot h_P)/[\gamma_{sp}(h + h_d)]} \tag{7-43}$$

式中：ΣE_a——基坑外侧（主动侧）水平力的总和；

ΣE_P——基坑内侧（被动侧）水平力的合力；

h_a、h_p——分别为基坑外侧及内侧水平力合力作用点距支护结构底部的距离；

h_{wa}、h_{wp}——分别为基坑外侧及内侧的地下水位埋深；

γ_{sp}——水泥土墙的复合重度；

γ_w——水的重度；

b——重力式支护结构的计算宽度。

三、支护结构的验算

1. 正截面受弯承载力及剪应力验算

作用于结构某深度处的截面正应力为

$$p_{max} = \gamma_{sp} + Z + \frac{M_{max}}{W} \tag{7-44}$$

式中：p_{max}——最大正应力；

γ_{sp}——水泥土墙的平均重度；

Z——计算点深度；

M_{max}——墙身最大弯矩；

W——水泥土截面模量。

作用于结构某深度处的截面拉应力为

$$p_{min} = \frac{M_{max}}{W} - \gamma_{sp}Z \tag{7-45}$$

式中：p_{min}——截面最大拉应力。

必须满足以下条件

$$p_{max} \leqslant f_{cs}$$

$$p_{min} \leqslant 0.1f_{cs}$$

$$\tau_{max} \leqslant \left(\frac{1}{2} - \frac{1}{3} \right)f_{cs}$$

式中：τ_{max}——截面或桩与桩搭接处的水平向及竖向最大剪应力；

f_{cs}——水泥开挖龄期抗压强度设计值。

当按抗倾覆稳定条件确定的水泥土墙宽度同时满足截面承载力时，再引入地区性安全系数进行修正，即可得出墙宽的设计值。一般情况下墙宽的设计值为计算最小结构宽度的 1.1 ~ 1.3 倍。为保证水泥土墙不失去重力式结构的特性，取最小水泥土墙宽度为 0.4 倍开挖深度。

通过计算分析表明，当同时满足以上嵌固深度和墙宽的条件下，水泥土墙的抗滑移稳定条件即基底承载力也自然满足，因此就不必再进行抗滑移稳定验算即基底承载力验算。

2. 提高结构刚度及安全度的措施

（1）水泥土重力式结构顶部宜设置钢筋混凝土面板，厚度不宜小于 150 mm，强度等级不宜低于 C15。面板与水泥土用插筋连接，插进长度不宜小于 1.0 m，采用钢筋时直径不宜小于

$\phi12$，采用竹筋时端面不小于当量直径 $\phi16$，每桩至少一根。

（2）为改变重力式结构的性状，缩小重力式结构的宽度，可在结构的两侧采用间隔插入型钢、钢筋的办法提高抗弯能力，也可用两侧间隔设置钢筋混凝土桩的办法，如图 7-18 所示。

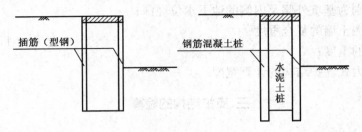

图 7-18　抗弯措施

（3）重力式结构的抗倾覆能力，可通过加固支护结构前的被动土区来提高重力式结构的安全度，减少变形。被动土区的加固可采用连续的，也可采用局部加固。

（4）提高重力式结构的抗倾覆力矩，充分发挥结构自重的优势，加大结构自重的力臂，可采用边界面的结构形式，如图 7-19 所示。

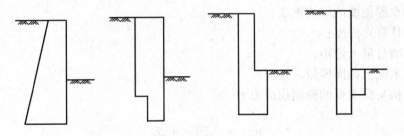

图 7-19　抗倾覆设计

第六节　土钉墙设计

一、概　述

土钉墙是近年来发展起来用于土体开挖和边坡稳定的一种新型挡土结构。它由被加固土、放置于原位土体中的细长金属杆件（土钉）及附着于坡面的混凝土面板组成，形成一个类似重力式的挡土墙。以此来抵抗墙后传来的土压力和其他作用力，从而使开挖坡面稳定。

土钉一般是通过钻孔、插筋、注浆来设置的，但也可通过直接打入较粗的钢筋或型钢形成土钉。土钉沿通常与周围土体接触，依靠接触界面上的黏结摩阻力，与其周围土体形成复合土体，土钉在土体发生变形的条件下被动受力，并主要通过其受拉工作对土体进行加固。而土钉间土体变形则通过面板（通常为配筋喷射混凝土）予以约束。其典型结构如图 7-20 所示。

土钉墙不仅用于临时构筑物，而且也用于永久构筑物。当用于永久性构筑物时，宜增加喷射混凝

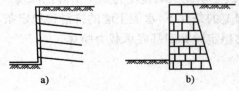

a)　　　　　b)

图 7-20　土钉墙与重力式挡土墙
a)土钉墙；b)重力式挡土墙

土层厚度或敷设预制板,并有必要考虑外表的美观。

目前土钉墙的应用领域主要有(图7-21):

(1)托换基础。

(2)基坑或竖井的支挡。

(3)坡面的挡土墙。

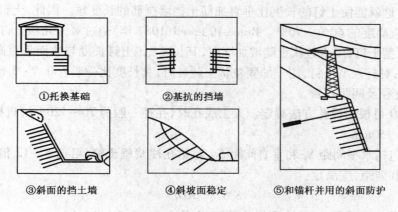

①托换基础　②基抗的挡墙

③斜面的挡土墙　④斜坡面稳定　⑤和锚杆并用的斜面防护

图7-21　土钉墙的应用领域

二、土钉墙的设计计算

土钉墙设计计算内容:

(1)确定土钉墙的结构尺寸及分段施工长度与高度。

(2)设计土钉的长度、间距及布置、孔径、钢筋直径等。

(3)进行内部和外部稳定性分析计算。

(4)设计面层和注浆参数;必要时,进行土钉墙变形分析。

(5)进行构造设计及制定质量控制要求。

根据土钉墙的设计内容,具体设计计算如下:

1. 确定土钉墙结构尺寸

土钉墙适用于地下水位以上或经人工填土、黏性土和弱胶结砂土的基坑开挖,基坑高度以5~12m为宜,所以在初步设计时,先根据基坑环境条件和工程地质资料,决定土钉墙的适用性,然后确定土钉墙的结构尺寸,土钉墙高度由工程开挖深度决定,开挖面坡度可取 60°~90°,在条件许可时,尽可能降低坡面坡度。

土钉墙均是分层分段施工,每层开挖的最大高度取决于该土体可以站立而不破坏的能力。在砂性土中,每层开挖高度一般为 0.5~2.0m,在黏性土中可以增大一些。开挖高度一般与土钉竖向间距相同,常用 1.0~1.5m;每层开挖的纵向长度,取决于土体维持稳定的最长时间和施工流程的相互衔接,一般用 10m 长。

2. 土钉参数的设计

根据土钉墙结构尺寸和工程地质条件,进行土钉的主要参数设计,包括土钉的长度、间距及布置、孔径和钢筋直径等。

（1）土钉长度。

在实际工程中，土钉长度一般不超过土坡的垂直高度，试验表明，对高度小于 12m 的土坡采用相同的施工工艺，在同类土质条件下，当土钉长度达到垂直高度时，再增加其长度对承载力的提高不明显；另外，土钉越长，施工难度越大，单位长度费用越高，所以选择土钉长度是综合考虑技术、经济和施工程度后的结果。Schlosser（1982 年）认为，当土坡倾斜时，倾斜面使侧向土压力降低，这就能使土钉的长度比垂直加筋土挡墙拉筋的长度短。因此，土钉的长度常采用约为坡面垂直高度的 60% ~ 70%。Bruce 和 Jewell（1987 年）通过对十几项土钉工程分析表明：对钻孔注浆型土钉，用于粒状土陡坡加固时，其长度比（土钉长度与坡面垂直高度之比）一般为 0.5 ~ 0.8；对打入型土钉，用于加固粒状土陡坡时，其长度比一般为 0.5 ~ 0.6。

（2）土钉直径及间距布置。

土钉直径 D 可根据成孔方法确定。人工成孔时，孔径一般为 70 ~ 120mm；机械成孔时，孔径一般为 100 ~ 150mm。

土钉间距包括水平间距 S_x 和垂直间距 S_y，对钻孔注浆型土钉，可按 6 ~ 12 倍土钉直径 D 选定土钉行距和列距，应满足：

$$S_x S_y = KDL \tag{7-46}$$

式中：K——注浆工艺系数，对一次压力注浆工艺，取 1.5 ~ 2.5；

$\quad\quad D$——土钉直径，m；

$\quad\quad L$——土钉长度，m；

S_x、S_y——土钉水平间距和垂直间距，m。

Bruce 和 Jewell 统计分析表明：对钻孔注浆型土钉用于加固粒状土陡坡时，黏结比 $\dfrac{DL}{(S_x S_y)}$ 为 0.3 ~ 0.6；对打入型土钉，用于加固粒状土陡坡时，其黏结比为 0.6 ~ 1.1。为了增强土钉钢筋与砂浆（纯水泥浆）的握裹力和抗拉强度，土钉钢筋一般采用 II 级以上变形钢筋，钢筋直径一般为 $\phi16$ ~ $\phi32$，常用为 $\phi25$，土钉钢筋直径也可按下式估算：

$$D = (20 ~ 25)10^{-3}(S_x S_y)^{1/2}$$

3. 土钉稳定性分析

土钉稳定性分析常采用的是极限平衡分析方法，滑动面和破裂面的形状常假定为双折线、圆弧线、抛物线或对数螺线中的一种。因为土钉支护是陡坡，所以根据边坡稳定理论可知，破坏面的底端通过趾部（在匀质中），至于破坏面与地表相交的另一端位置就需要通过试算来确定。每一个可能的破坏面对应一个稳定安全系数，作为设计依据的临界破坏面具有最小的安全系数。极限平衡分析的目的就是要找出这个临界破坏面的位置并给出相应的安全系数。作为破坏面上的抗力由两部分提供。一部分是土体抗力，即沿破坏面上的土的抗剪能力，照例用莫尔库仑理论确定，其抗剪强度为 $\tau_f = c + \sigma \cdot \tan\varphi$，其中 σ 为破坏面上的正应力。另一部分是与破裂面相交的土钉所提供，认为土钉的最大拉力发生在破坏面上，并且等于土钉的抗拔能力，所以这部分抗力等于土钉抗拉能力沿破坏面的切向分力。抗剪强度中的 σ 除与自重、地表荷载有关外，也与破坏面上的土钉抗拔能力的法向分力有关，后者使 σ 增加。所以土钉对支护稳定性的作用还增加土体抗剪强度的一个方面，再加上支护土体往往由不同的土层组成，因此这种整体稳定性的极限平衡分析常采用条分法完成，计算工作量很大，需要编制专用的计算程序。

三、土钉墙内力计算

土钉的实际受力状态非常复杂,一般情况下土钉中产生拉应力、剪应力和弯矩。土钉通过这个复杂的受力状态,对土钉墙的稳定性起作用。为了要合理地确定土钉所产生的拉力、剪力和弯矩的大小,就需要知道土体中会出现的变形,土钉的弯曲刚度、土钉的抗弯能力以及土钉周围的侧向刚度,但这在实际工程中往往是非常困难的。因此在计算土钉内力的时候需要一定程度的简化。

土钉的抗拉作用具体计算为该土钉与破裂面交点处的土钉拉力,简化后的破裂面与土钉相交处土钉抗拉能力标准值 T_x 的计算如下:

1. 由土钉与土钉界面的抗剪强度 τ_f 计算

$$T_{x1} = \pi D L_B \tau_f \tag{7-47}$$

式中:L_B——土钉伸入破裂面外约束区内长度,m;

τ_f——土钉与土体间的抗剪强度标准值(一般由试验资料确定,如果无试验资料,可由该处土体抗剪强度换算),kN/m^2;

D——土钉直径,m。

2. 由土钉钢筋强度 f_y 计算

$$T_{x2} = f_y A_s \tag{7-48}$$

式中:A_s——钢筋截面积,m^2;

f_y——钢筋抗拉强度标准值,kN/m^2。

在上两式中的 T_{x1} 和 T_{x2} 中取用小值作为土钉的抗拉能力标准值。一般情况下土钉的抗拉能力的标准值由 T_{x1} 决定。从许多的试验结果看出,土钉破坏均是土钉与土体界面的破坏,即土钉被拔出。

四、土钉墙的稳定性验算

1. 最危险破裂面的选择

土钉墙的实际破裂面是无任何确定形状的,这种破裂面形状取决于坡面的几何形状、土的强度参数、土钉间距、土钉能力以及土钉的倾斜角度。在本节主要介绍破裂面为圆弧破裂面时的情形。虽然土钉为空间三维分布,为简化计算,仍以二维方式取给定长度来进行土钉墙的稳定性分析。最危险破裂面具体选择方法如下:

(1)确定可能圆心点位置。

根据 Gred. Gadehus 对于土坡稳定性分析的研究结果,土坡圆弧滑动可能的能的圆心位置是 $\{x = H[(40-\varphi)/70-(\beta-40)/50], y = H[0.8+(40-\varphi)/100]\}$。它与土的内摩擦角 φ、边坡高度 H 及边坡坡角 β 有关。我们将此圆心位置作为土钉墙稳定性分析圆心搜索区域的中心。

(2)确定圆心搜索区范围。

以上面确定的圆心位置为中心,4 个方向各扩大 $0.35H_i$,形成一个 $0.7H_i \times 0.7H_i$ 的矩形区域作为计算滑裂面圆心的搜索范围。经反复计算验证,上面所确定的区域已足够大,再扩大搜索计算范围已无必要。此处 $H_i = H + H_0$(H 为每次计算的坡高,H_0 为坡顶超载换算高度)。

(3)确定最危险破裂面。

在滑裂面圆心搜索范围内按一定规律确定 $m \times n$ 个圆心,以圆心到计算高度底部连线为半径画弧,确定了 $m \times n$ 个圆弧形破裂面,分别计算每个滑裂面上考虑与不考虑土钉作用的稳定安全系数,并分别从中选择最小安全系数所对应的滑动面即为最危险破裂面。

(4)整体稳定安全系数计算。

整体稳定安全系数计算为改进的稳定性分析条分法(图7-22)。对于施工时不同开挖高度和使用时不同位置,对应于每个圆心沿破裂面滑动的安全系数计算为滑裂面上抗滑力矩与下滑力矩之比。

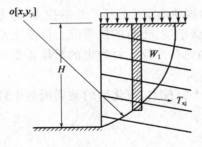

图7-22 内部整体稳定计算简图

①当不考虑土钉作用时,其安全系数 K_{si} 计算为

$$K_{si} = \frac{\sum c_i L_i + \sum W_i \cos\theta_i \tan\varphi_i}{\sum W_i \sin\theta_i} \tag{7-49}$$

②当考虑土钉作用时,其安全系数 K_{pi} 计算为

$$K_{pi} = \frac{\sum c_i L_i S + \sum W \cos\theta_i \tan\varphi_i S + \sum T_{xj} \cos(\theta_i + a_j) + \sum T_{xj} \sin(\theta_i + a_j) \tan\varphi_i}{\sum W_i \sin\theta_i S} \tag{7-50}$$

式中:K_{si}——不考虑土钉作用时安全系数;

K_{pi}——考虑土钉作用后安全系数;

c_i——土体的黏聚力,kPa;

φ_i——土体的内摩擦角,°;

L_i——土条滑动面弧长,m;

W_i——土条重量,kN;

T_{xj}——某位置土钉的抗拉能力标准值,kN;

S——计算单元的长度(一般与 S_x 相同),m;

θ_i——滑动面某处切线与水平面之间的夹角,°;

a_j——某土钉与水平面之间的夹角,°。

计算取得结果是每个计算高度中考虑与不考虑土钉作用的最小安全系数及对应圆心点位置,安全系数分别表示为 K_{smin} 和 K_{pmin}。容许安全系数的大小可根据工程性质或安全等级取1.2~1.5。

2. 计算高度的选择

(1)使用阶段计算高度的选择。

根据以前的试验情况分析,在土钉墙建成以后,滑裂面破坏一般都通过土钉头附近位置;在最下排土钉离基坑底面较近的情况下,最危险的滑动面常常通过最下排土钉头位置。因此,除了计算基坑底部的滑裂面安全系数外,还需计算每排土钉头位置处的滑裂面安全系数。

(2)施工阶段计算选择。

由于土钉墙是从上到下逐段施工而形成的,因而在基坑边坡开挖阶段的稳定性非常重要。它往往比建成土钉墙后使用阶段的稳定性更处于危险的状态,尤其是某一层开挖完毕,而土钉还没有安装的情况下。因此,计算时选取每个开挖阶段的这个时刻进行稳定性分析。

五、土钉抗拔力极限状态验算

土钉抗拔力的验算是对内部整体稳定性分析的补充,是从另一个角度核算土钉的抗拔能力;为简化计算,假定破裂面形状。根据有关资料及试验结果,采用图 7-23a)简化破裂面进行土钉抗拔力验算,此时土压力采用如图 7-23b)土压力形式,图中 $K = 1/2(K_0 + K_a)$,$K_0 = 1 - \sin\varphi$,$K_a = \tan^2(45° - \varphi/2)$。土钉抗拔力验算包括单根土钉抗拔力验算和计算断面内全部土钉总抗拔力验算。

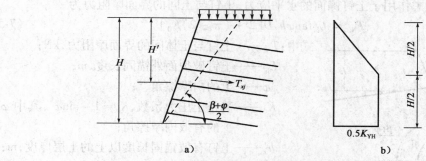

图 7-23　土钉抗拔力验算简图及土压力分布图
a)土钉抗拔力验算简图;b)土压力分布图

1. 单根土钉抗拔力验算

在破裂面后土压力的作用下,土钉墙内部给定破裂面外的土钉锚固段应提供足够的抗拔能力标准值而使土钉不被拔出或拉断,应满足下式

$$K_{Bj} = \frac{T_{xj}\cos a_j}{e_{aj} S_x S_y} \tag{7-51}$$

$$T_{xj} = \frac{\pi D \tau_f \cdot [L - (H - H_j) \cdot \sin(\beta - \varphi)]}{2 \cdot \sin\beta \cdot \sin[(\beta + \varphi)/2 + a_j]} \tag{7-52}$$

式中:K_{Bj}——某一土钉抗拔力安全系数,取 1.5 ~ 2.0,对临时性土钉墙工程取小值,永久性工程取大值;

T_{xj}——第 j 个土钉破裂面外土体提供的有效抗拉能力标准值(kN),破裂面与水平面之间的夹角取 $(\beta + \varphi)/2$;

L——土钉的长度;

β——边坡坡角,°;

e_{aj}——土压力强度,kPa,当 $h < H/2$ 时,$e_{aj} = K\gamma h$,当 $h > H/2$ 时,$e_{aj} = 0.5K\gamma h$;

H——土钉墙高度,m;

H_j——土钉距坡顶的距离,m;

D——土钉直径,m。

2. 总抗拔力验算

由土钉墙内部给定破裂面后土钉有效抗拉能力标准值对土钉墙底部的力矩应大于主动土压力所产生的力矩,即

$$K_F = \frac{\sum T_{xj}(H - H_j)\cos a_j}{E_{ai} H_{ai}} \tag{7-53}$$

式中：K_F——总体抗拔力安全系数,取 1.5 ~ 2.5,对临时性土钉墙工程取小值,永久性工程取大值;

    E_{ai}——面层分段部分所受的土压力合力,kN;

    H_{ai}——土压力合力到土钉墙底面的距离,m。

3. 法国的 Schlosser 方法

（1）土钉与主体间的界面摩阻力。

对没有超载或均匀超载的情况,土钉墙可能产生的破裂面与水平线的夹角为 $\delta = (\beta + \varphi)/2$,如图 7-24 所示。考虑作用于土钉侧面的水平应力,土钉与土间的界面摩阻力为

$$T_{Ni} = L_{bi}\tan\varphi h'_i D[2 + (\pi - 2)K_0] \tag{7-54}$$

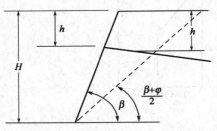

图 7-24　Schlosser 方法计算简图

式中：T_{Ni}——土钉与土体间的界面摩阻力,kN;

    L_{bi}——土钉破裂面外锚固长度,m;

    φ——土的内摩擦角,°;

    K_0——静止土压力系数,$K_0 \approx 1 - \sin\varphi'$,其中 φ' 为土的有效内摩擦角;

    h'_i——土钉有效锚固长度以上的土层厚度,m;

    D——土钉直径,m。

计算单位宽度内若干土钉的总摩阻力 $\sum T_{Ni}$ 及侧向总压力 E 为

$$E = 0.5K_a\gamma H^2 \tag{7-55}$$

式中：K_a——主动土压力系数,可按下式计算

$$K_a = \left[\frac{\sin(\beta + \varphi)}{(\sin\beta)^{1.5} + \sin\varphi(\sin\beta)^{0.5}}\right]_2 \tag{7-56}$$

    γ——土的重度,kN/m³;

    H——土坡垂直高度,m。

土钉墙结构的安全系数为 $K = \sum T_{Ni}/E$,考虑已建土钉墙工程数量有限,建议 K 取 2.5。

（2）土钉承受的拉力。

每根土钉产生的拉力可假定为作用于土钉所控制坡面面层上的侧向土压力。由于面层上的侧向土压力是随着土钉设置深度的增大而增大。为此,最低层的土钉上的拉力将是最大,其值可按下式计算

$$T = K_a\gamma h_m S_x S_y \tag{7-57}$$

式中：T——土钉的拉力,kN;

    h_m——最底层土钉的深度,m;

    S_x, S_y——土钉间的水平间距和垂直间距,m。

当土钉钢筋具有极限强度 f_u 时,材料抗拉安全系数为

$$K_g = (f_u\pi d^2/4)/T \tag{7-58}$$

第七节　基坑排水及土方开挖

一、基坑排水

基坑如在地下水位以下,随着基坑的下挖,深水将不断涌进基坑,因此施工过程中必须不

断的排水,以保持基坑的干燥,便于基坑挖土和基础的施工和养护。目前常用的基坑排水方法有表面排水和井点降低地下水位两种。

1. 表面排水法

它在基坑整个开挖过程及基础施工和养护期间,在基坑四周开挖集水沟汇集坑壁和基底的渗水,并引向一个或数个比集水沟挖的更深一些的集水坑。集水沟和集水坑应设在基础范围以外,在基坑每次下挖以前,必须先挖沟和坑,集水坑的深度应大于抽水机吸水龙头的高度,在吸水龙头上套竹筐围护,以防土堵塞龙头。

这种排水方法设备简便、费用低,一般土质条件下均可采用。但当地基土为饱和粉细沙土等黏聚力较小的细粒土层时,由于抽水会引起流沙现象,造成基坑的破坏和坍塌。因此,当基坑为这类土时,应避免采用表面排水法。

2. 井点法降低地下水位

对粉类土、粉砂类土等如采用表面排水法极易引起流沙现象,影响基坑稳定,可采用井点法降低地下水位。根据使用设备的不同,主要有轻型井点、喷射井点、电渗井点和深井泵井点等多种类型,可根据土的渗透系数,要求降低水位的深度及工程特点选用。

轻型井点降水布置示意图(图7-25),即预先在基坑四周打入(或沉入)若干根井管,井管下端连接 1.5m 左右的滤管,上面钻有若干直径约 2mm 的滤孔,外面用过滤层包扎起来。各个井管用集水管连接并抽水。由于使井管两侧一定范围内的水位逐渐下降,各井管相互影响形成了连续的疏干区。在整个施工过程中仍不断抽水,保证在基坑开挖和基础施工的全过程中整个基坑始终保持着无水状态。

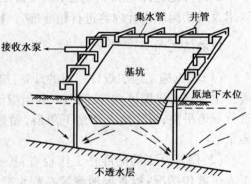

图7-25 轻型井点降水示意图

用这种方法降低地下水的特点是井管范围内的地下水不从基坑的四周边坡和底面流出,而是以相反的方向流向井管,因此可以避免发生流沙和坍塌现象,且由于流水压力对土层还有一定的压缩作用。在滤管部分包有铜丝过滤网以免带走过多的土粒而引起土层的潜蚀现象。

井点法降低地下水位适用于渗透系数为(0.1~50)m/d 的砂土。对于渗透系数小于 0.1m/d 淤泥、软黏土等则效果较差,需要采用电渗井点排水或其他方法。

根据经验如四周井管间距为 0.6~1.2m,集水管总长不超过 120m,井管的位置在基坑边缘外 0.7m 左右,在基坑中央地下水位可以下降 4~4.5m。用井点法降低地下水位的理论计算方法很多,如井管竖直达到不透水层时,根据水力学原理,当抽水量大于渗水量时,水位下降,在土内形成漏斗状,如图 7-26 所示。若在一定时间后抽水量不变,水面下降坡度也保持不变,则离井管任意 x 处的水头高度 y 可用下式表达。

$$y^2 = H^2 - \frac{q}{\pi K}\ln\frac{R}{x} \tag{7-59}$$

式中:K——土层的渗透系数,m/s,由室内试验或野外抽水试验求得;

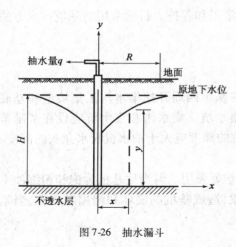

图 7-26　抽水漏斗

H——原地下水位至不透水层的距离，m；

q——单位时间的抽水量，m^2/s；

R——井的影响半径，m，通过观察孔测得。

应用上式时，要考虑其他井管的相互影响，近似地认为在井点系统多井抽水的情况，其水头下降可以叠加。即

$$y^2 = H^2 - \Sigma \left(\frac{q_i}{\pi K} \ln \frac{R_i}{x_i} \right) \tag{7-60}$$

在采用井点法降水时，应注意滤管尽可能设置在透水性较好的土层中。同时还应注意到在四周水位下降的范围内对临近建筑物的影响，因为由于水位下降，土自重应力的增加可能引起临近结构物的附加下沉。

二、土方开挖

土方开挖是深基坑工程施工的关键工序，因此，必须十分慎重，严格按照支护结构设计的要求及施工组织设计内容进行精心准备、精心组织施工。

1. 准备工作

（1）根据施工组织设计提出的计划，组织所需要进场的材料、设备、供电、供水和技术工人等。下达施工进度计划，按照图纸和组织设计要求向技术人员和工人进行技术和安全交底；并进行场地平整，清除地上和地下障碍，做好测量放线与检查复核工作，做好防洪、降水、排水施工。

（2）做好开工前的准备工作检查：检查所有材料、设备、运输工具、水、电进场情况和施工人员就位情况；检查场地测量高程水准点设置，复核基坑开挖放线；检查弃土地点是否准备就绪，运输线路是否畅通；坑内外降排水设施安装是否就绪，排水渠道是否畅通；井点降水和回灌系统要经过试抽试灌，检查其运转是否正常，发现"死井"或漏气、漏水现象，应进行补救处理；检查支护结构系统强度是否达到预定强度，支撑系统是否准备就绪；场地周围建筑物、构筑物、管线、道路是否加固完毕；可能发生事故的应急措施是否准备；施工监测系统是否就绪等。

2. 土方开挖的分类及其适用范围

基坑土方开挖形式大体可分为放坡开挖和挡土开挖。开挖方法可分为人工开挖与机械开挖；排水开挖与不排水开挖等。采用哪一种形式和方法，要视基坑的深浅、支护结构的形式、地基土岩性、地下水位及渗水量、开挖设备及场地大小、周围建筑物（构筑物）情况等条件来决定。

（1）放坡开挖。

放坡开挖是基坑土方开挖常用的一种形式，其优点是施工方便，造价较低，但它有一定的适用范围，仅适用于硬质、可塑性黏土和良好的砂性土，基坑深度一般小于5m。同时，要有有效的降排水措施。基坑放坡开挖的坡度要视土质情况、场地大小和基坑深度而定，同时，还要

考虑施工环境、条件情况,如气候季节、相邻道路及坡边地面荷载等影响。

在黏性土、砂性土的地基中放坡开挖还要处理好地下水和地面排水,要视情况采取坑外或坑内降水、回灌措施。如在坑内采用多级井点降水时,井管布置须设台阶,宽度一般不宜小于1.5m,以保证边坡稳定。

边坡斜面高度一般在5m之内,超过这个高度,则必须采用分层分段挖。分段分层之间应分别设平台,平台的宽度一般为2~3m。若采用机械开挖,应留有足够的坡道。

边坡表面要采取保护措施,确保不被雨水冲刷,减少雨水渗入土体,降低边坡强度。通常可采用在土坡表面抹一层钢丝网水泥砂浆,或喷射砂浆,或铺设薄膜塑料等保护。降雨时,土体含水率将有所变化,时常会发生涌水,从边坡的某个部位冒出来。因此,在采用砂浆或塑料保护时,应在边坡设置排水孔,排水孔的末端应设滤水层如图7-27所示,以防混浊水流出。若有混浊水流出时,就是斜面开始崩坏或发生其他破坏的前兆,应引起特别注意。在坡顶外1m左右要挖排水沟或筑挡水土堤,坑内设排水沟和集水井,用水泵抽出积水。

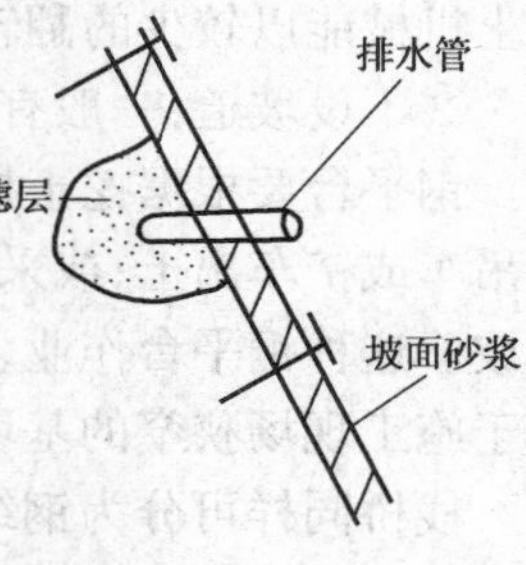

图7-27 护坡排水孔构造

（2）挡土开挖。

挡土支护开挖是在建筑物密集的场地或基坑深度在5m以上时常被广泛采用的方法。其方法是先在基坑周围因地制宜设置各种挡土的支护结构,然后开挖土方。在开挖过程中,必要时在挡土支护结构之间采用单层或多层支撑系统,或采用拉锚结构,以增强支护结构的稳定性。它的优点是占地面积小,比较安全可靠,适用范围广。放坡开挖要受土质条件和基坑深度等因素的影响,而挡土开挖即使在很软弱的土层中或很深的基坑工程也可以使用。但这种方法造价高,工期较长。

有挡土支护结构的基坑土方开挖时,有时间与空间效应问题。因此,要因地制宜选择好开挖方法,安排好开挖顺序。其开挖方法的选择应根据施工周围环境条件、场地大小、基坑形式、开挖深度、水文地质条件、土层性质以及施工条件、施工机械设备等条件而选定。有的可用人工开挖;有的用人工与机械结合开挖;有的可用多种机械配合进行挖土和运土等。这种挡土开挖的关键是挡土支护必须保证施工安全。其各种支护结构形式的设计及施工要点见本书有关章节。

3. 开挖方式与顺序的选择

基坑开挖方式应重视时空效应问题,要根据基坑面积太小、支护结构形式、开挖深度和工程环境条件等因素而定,大体有4种可供选择:分层开挖、分段开挖、中心岛开挖、盆式开挖。

（1）分层开挖。

这种方法在我国比较广泛采用,一般适用于基坑较深,且不允许分块分段施工混凝土垫层的,或土质较软弱的基坑。分层开挖,整体浇注混凝土垫层和基础,分层厚度要视土质情况进行稳定性计算,以确保在开挖过程中土体不滑移、桩基不位移倾斜。一般要求分层厚度软土地基要控制在2m以内,硬质土可控制在5m以内为宜。开挖顺序也视工作面与土质情况,可从基坑的某一边向另一边平行开挖,也可从基坑两头对称开挖,也可从基坑中间向两边平行对称开挖,也可交替分层。最后一层土开挖后,应立即浇混凝土垫层,避免基底暴露时间过长。开挖方法可采用人工开挖或机械开挖。挖运土方方法应根据工程具体条件、开挖方式与方法及挖运土方机械设备等情况采用设坡道、不设坡道和阶梯式开挖三种方法。

①设坡道:可设土坡道或栈桥式坡道。

土坡道的坡度视土质、挖土深度和运输设备情况而定,一般为1:8~1:10,坡道两侧要采取挡土或其他加固等措施。有的基坑太短,无法按要求放坡,可视场地情况,把坡道设在基坑外,或基坑内外结合等。

栈桥式坡道一般分为钢栈桥和钢筋混凝土栈桥两种。采用钢栈桥结构一般可采用型钢组成。桥面铺设标准路基箱或厚钢板。栈桥结构都要根据挖土机械、运输车辆等荷载进行专项的栈桥结构与稳定性设计计算。栈桥坡道分两种:一种是根据运输设备动力状况设坡度,把挖土机械和运输车辆直接开进坑底作业;另一种是设一定的坡度,把坡道伸入坑内,但不下底,使挖土机械能以较少的翻转次数,就能把土方直接装车外运,加快挖土速度。

②不设坡道:一般有钢平台、栈桥和阶梯式三种。

钢平台要根据挖土机械和运输车辆的荷载进行设计。挖土机械可用吊车吊下坑底作业,用吊车或铲车出土;或采用抓斗挖掘机在平台上作业,辅以推土机、挖土机等机械或人工集土修坡。这种钢平台作业,虽然造价较高,但施工方便、安全,且加强了支护结构的刚度。尤其适合于施工现场狭窄的基坑工程。

栈桥同样可分为钢结构栈桥和钢筋混凝土结构栈桥,也可结合基坑支护结构的第一道钢筋混凝土水平支撑,设置十字形的贯通全基坑的栈桥,作为挖土平台和运输通道,栈桥与支撑合二为一。按照支撑梁、桥面梁板的重量和挖土机械、满载的车辆等荷载设计栈桥和立柱,栈桥宽度为两道支撑梁顶端的间距。两道支撑梁之间设联系小梁,桥面铺设标准路基箱,立柱可利用工程桩加强,作为栈桥立柱。这种栈桥与支撑合二为一,不仅解决了城市基坑工程施工场地狭窄的困难,而且加强了支撑体系,有助于基坑支护结构的受力和抗变形。

③阶梯式开挖:在基坑较深,基坑面积较大,土方开挖也可采用阶梯式分层开挖,每个阶梯台作为挖土机械接力作业平台,如图7-28所示。阶梯宽度要以挖土机械可以作业为度,阶梯的高度要视土质和挖土机臂长而定,一般以2m高为宜好。土质好的可以适当高些。采用阶梯式挖土时,应考虑阶梯式土坡留设的稳定性,防止坍方。

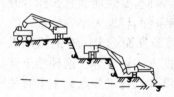

图7-28 阶梯式接递挖土作业

(2)分段开挖。

分段分块开挖是基坑开挖中常见的一种挖土方式,特别是基坑周围环境复杂,土质较差或基坑开挖深浅不一,或基坑平面不规则的。为了加快支撑的形成,减少时效影响,都可采用这种方式。分段与分块大小、位置和开挖顺序要根据开挖场地工作面条件、地下室平面与深浅和施工工期的要求来决定。分块开挖,即开挖一块、施工一块混凝土垫层或基础,必要时可在已封底的基底与支护结构之间加斜撑。土质较差的在开挖面要放坡,坡度视土质情况而定,以防开挖面滑坡。在挖某一块土时,在靠近支护结构处,可先挖一至二皮土,然后留一定宽度和深度的被动土区,待被动土区外的基坑浇灌混凝土垫层后,再突击开挖这部分被动土区的土,边开挖边浇灌混凝土垫层。开挖顺序为:

第一区先分层开挖2~3m→预留被动土区后继续开挖,每层2~3m直到基底浇灌混凝土垫层→安装斜撑→挖预留的被动土区→边挖边浇灌混凝土垫层→拆斜撑(视土质情况而定)→继续开挖另一个区。

(3)中心岛开挖。

中心岛开挖法是首先在基坑中心开挖,而周围一定范围内的土暂不开挖,视土质情况,可按1:1～1:2.5放坡,或做临时性支护挡土,使之形成对四周支护结构的被动土反压力区,保护支护结构的稳定性。四周的被动区土可视情况,待中间部分的混凝土垫层、基础或地下结构物施工完成之后,再用斜撑或水平撑在四周支护结构与中间已施工完毕的基础或结构物之间对撑,如图7-29所示。然后进行四周土的开挖和结构施工。如四周土方量不大,可采取分块挖除,分块施工混凝土垫层和顶板结构的方法,然后与中间部分的结构连接在一起。也可采用"中顺边逆"的施工工艺,即先开挖中心岛部分的土方,由下而上顺序施工中间部分的基础和结构,然后把中心岛的结构与周边支护结构连接成支撑体系后,再对周边结构进行逆作法施工,自上而下边开挖土方边施工结构物,直至基础、底板。这种工艺比上述两种工艺更为安全可靠。在进行逆作法施工时,还可同时施工上部结构。

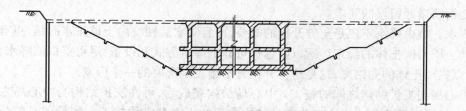

图7-29　中心岛开挖——先开挖中心

(4)盆式开挖。

在某种情况下,也可视土质与场地情况,采取与中心岛开挖法施工顺序相反的做法,称盆式开挖法。先开挖两侧或四周的土方,并进行周边支撑或基础和结构物施工,然后开挖中间残留的土方,再进行地下结构物的施工,如图7-30所示。

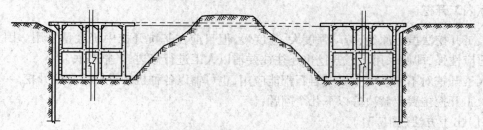

图7-30　盆式开挖法——先开挖四周和两侧

上述(3)、(4)两种开挖法较适用于土质较好的黏性土和密实的砂质土。对于软弱土层,要视开挖深度而定,如基坑开挖较深,残留的土方量就要大,才能满足形成被动土压力的要求。

这两种方法的优点是基坑内有较大空间,有利于机械化施工,并可使坑内反压土和支护结构共同来承担坑外荷载的土压力、水压力。对特别大型的基坑,其内支撑体系设置有困难,采用这种开挖方法,可以节省大量投资,加快施工进度。同时,在某种情况下,还可以防止基坑底隆起回弹过大。它的缺点是分两次开挖,如果开挖面积不大,先施工中间或两侧的基础、结构物的混凝土,待养护后再施工残留部分,可能会延长工期。同时,这种分次开挖和分开施工底板、基础,要在设计允许可不连续浇灌混凝土的前提下才可采用;还要考虑两次开挖面的稳定性。

这种分部开挖方法应注意的几个技术关键:

①被动土压力区的稳定。不论是先开挖中心还是先开挖四周(两侧),其关键是被动土压力区的稳定问题。被动上压力区土的稳定是复杂的多因素综合,其中与土本身的性质、挖土深度、坡度大小、施工时间长短等一系列因素有关。

坑内被动土压力区能否与支护结构共同承担坑外荷载的土压力、水压力,能形成多大的被动土压力,目前尚无这方面的计算理论和确切的计算方法,只能用条分法去计算或依靠经验。通过控制被动压力区的留土宽度和坡度来控制被动土压力区的本身稳定和对支护结构起被动土压作用。

②中心岛的范围。中心岛的范围大小取决于被动土压力区的土体稳定,一般坡度和预留土区应尽量小一些。原则上自身必须稳定,中心岛范围就可以大一些。第一次土方开挖量就可大些,中心岛与支护结构之间的支撑就短一些,支撑长细比就小些,支撑强度就能充分利用,施工速度就会快些,经济效益也会较显著。

中心岛结构范围还必须是结构施工能留设施工缝部位。施工期间还须考虑排水沟设置及施工缝处钢筋错开留设的要求。

③降水。坑内降水不仅是土方开挖的需要,而且降水后使坑内土体排水固结,更有利于基坑内被动土压力区土体的稳定。所以要选择可靠的降水方式和设备,尽可能提前降水,确保降水时间,以提高土体的固结度,这是这种开挖方法施工中重要的一个因素。

④中心岛与支护结构之间的施工。中心岛结构完成后,可在支护结构与中心岛之间设置临时支撑,然后再逐步完成中心岛与支护结构之间的土方和结构施工。如果中心部分土方挖好,并做了混凝土垫层之后,不施工基础和结构物,那就在支护结构与已封底的垫层之间设置临时斜撑,或设置通长的水平内支撑。

⑤采用中心岛或盆式开挖,应重视开挖面的边坡稳定,防止坍方。因此,在设计中对中心岛或盆式留坡坡度和高度应做周密计算和考虑。必要时,要对开挖面做临时的土体加强措施。

4. 人工开挖

人工开挖法虽然原始,劳动强度大,速度慢,但目前在基坑开挖中仍大量采用。因为这种方法适应性强,即使采用机械开挖也还往往要辅以人工进行修边、平整基底。

人工开挖对不同基坑土质或岩石都能应用,也可辅以各种机械进行综合性开挖。

人工开挖主要要解决好以下几个问题:

(1)出土方法(图7-31)。

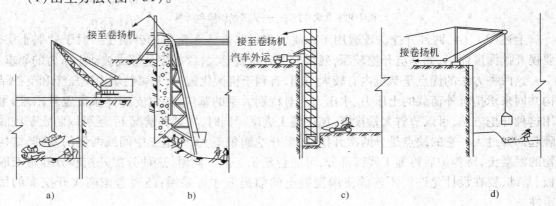

图7-31 人工开挖的出土形式
a)吊土提土斗;b)轮轨土斗出土;c)井架吊土;d)扒杆架吊土

第一皮可用人工或推土机与手推车结合进行挖运土方。第二皮开始就采用人工开挖。用手推车集土,各种吊车、塔吊或移动皮带输送机、轮轨式土斗等出土。在没有出土设备或场地时,可用人工传土,或设置土坡道,采用人工手推车出土。

（2）坑内外排水。

坑外要视地下水位高低、支护结构防渗能力和土质渗透系数大小决定采用什么降排水方法。坑外地表水要设明沟排水。坑内可设明沟或盲沟和集水坑排水,确保坑内人工作业。

（3）堆土。

挖运土出坑外后,一般应立即装车运走,不能堆在基坑四周增加对基坑的荷载。如确实需要在坑顶堆土,在基坑支护结构设计时,应增加这部分的荷载。在坑顶堆土或行走、停放机械设备时,应离坑边缘1:1.5坡度线以外,必要时,应对基坑边坡做超载时稳定性验算。

（4）注意安全。

分层开挖必须按土质情况放坡,不能采用"偷土"办法开挖,如遇岩石需放炮爆破,只能放小炮,放炮时,炮眼要用草袋等覆盖,以防飞石,以免损坏支护结构或伤人。基坑内必须设有安全出口,以供万一发生事故时,工人能安全撤离。同时,坑顶四周要设置安全栏杆或围墙,要严禁往坑内甩东西伤人。

5. 机械开挖

（1）开挖机械的选择。

放坡开挖或挡土开挖都可采用机械化施工。常用的有正铲、反铲、抓铲、多斗挖土机和挖掘装载机等挖土机械,辅以推土机、装载机、吊车、自卸汽车等机械设备。挖土机械按其装置容量的大小、又可分为中小型和大型的。各类挖土机械的特性、作业特点和适用范围见表7-2。挖土机械一般按下列原则进行选择:基坑深浅,开挖断面和范围大小;土的性质与坚硬程度和地下水位情况;挖土机械的特点和适应程度;施工现场的条件;经济效益与成本等。

常用挖土机械的选择　　　　　　　　　　表7-2

名称	机械特性	作业特点	适用范围	辅　助
正铲挖掘机	装车轻便灵活,回转速度快,移位方便,能挖掘坚硬土层,易控制开挖尺寸,工作效率高	（1）开挖停机面以上土方; （2）工作面应在1.5m以上; （3）开挖高度超过挖土机挖掘高度时,可采用分层开挖; （4）装车外运。	（1）开挖含水率不大于27%的一～四类土和经爆破后的岩石和冻土碎块; （2）大型场地平整土方; （3）工作面狭小,且较深的大型管沟和基槽、基坑、路堑; （4）大型独立基坑; （5）边坡开挖	土方外运应配备自卸汽车,工作面应有推土机配合平土、集土进行联合作业
反铲挖掘机	操作灵活,挖土,卸土均在地面作业,不用开运输道	（1）开挖地面以下深度不大的土方; （2）最大挖土深度4～6m,经济合理深度为1.5～3m; （3）可装车和两边甩土、堆放; （4）较大较深基坑可用多层接力挖土	（1）开挖含水率大的一～三类的砂土或黏土; （2）管沟和基槽; （3）基坑; （4）边坡开挖	土方外运应配备自卸汽车,工作面应有推土机配合,推到附近集土外运

197

名 称	机 械 特 性	作 业 特 点	适 用 范 围	辅 助
拉铲挖掘机	可挖深坑,挖掘半径及卸载半径大,操作灵活性较差	(1)开挖停机面以下土方; (2)可装车和甩土; (3)开挖截面误差较大; (4)可装甩在基坑两边较远处堆放	(1)挖掘一至三类,开挖较大的基坑、管沟; (2)大量外借土方; (3)填筑路基、堤坝; (4)挖掘河床; (5)不排水挖掘基坑	土方外运需配备自卸汽车,配备推土机
抓铲挖掘机	钢绳牵拉灵活性较差,工效不高,不能挖掘坚硬土	(1)开挖直井或沉井土方; (2)在基坑顶往坑内抓土吊上装车或甩土; (3)排水不良的基坑、沟槽也能开挖; (4)吊杆倾斜角度应在45°以上,距边坡应不小于2m	(1)土质比较松软,施工较窄的深基槽; (2)水中挖取土,清理河床; (3)桥基、桩孔挖土; (4)装卸散装材料	外运土方需按运距配备自卸汽车
铲运机	操作简单灵活,不受地形限制,不需特设道路,准备工作简单,能独立工作,不需其他机械配合能完成铲土、运土、卸土、填筑、压实等工序,行驶速度快,易于转移,需用劳力少,动力少,生产效率高	(1)大面积整平; (2)开挖大型基坑、沟渠; (3)运距800~1500m内的挖运土(效率最高为200~350m); (4)填筑路基、堤坝; (5)回填压实土方; (6)坡度控制在20°以内	(1)开挖含水率27%以下的一~四类土; (2)在面积场地平整压实; (3)运距800m内的挖运土方; (4)开挖大型基坑(槽)、管沟、填筑路基等。但不适于砾石层、冻土地带或沼泽地区使用	开挖坚土时需用推土机助铲,开挖三、四类土宜先用松土机预先翻松20~40cm;自行式铲运机用轮胎行使,适用于长距离,但开挖亦须用助铲

采用机械开挖基坑时,必须开设坡道,辅以人工修整,自卸汽车运土。如不设坡道,即选用小型的挖土机械,用吊车吊下基坑内作业,或在坑顶、平台作业。

(2)各类挖土机械的性能与施工方法(补充)。

①正铲挖土机。正铲挖土机挖土特点是:前进向上,强制切土。它适用于开挖停机面以上的土方,且需与汽车配合完成整个挖运工作。正铲挖土机挖掘力大,适于开挖含水率小于27%的一类土至四类土和经爆破的岩石及冻土。正铲的开挖方式根据开挖路线与汽车相对位置的不同分为:正向开挖、侧向装土以及正向开挖、后方装土两种,前者生产率较高。正铲的生产率主要决定于每斗的装土量和每斗作业的循环延续时间。为了提高其生产率,除了工作面高度必须满足装满土斗的要求之外,还要考虑开挖方式和与运土机械配合的问题,尽量减少回转角度,缩短每个循环的延续时间。

②反铲挖土机。反铲适用于开挖一类至三类的砂土或黏土。挖土特点是:后退向下,强制切土。主要用于开挖停机面以下的土方,最大挖土深度4~6m,经济合理的挖土深度为2~4m。反铲也需配备运土汽车进行运输。反铲的开挖方式可以采用沟端开挖法,即反铲停于沟

端,后退挖土,向沟一侧弃土或装汽车运走,也可采用沟侧开挖法,即反铲停于沟侧,沿沟边开挖,它可将土弃于距沟较远的地方,如装车则回转角度也小,但边坡不易控制。

③拉铲挖掘机。适用于一类至三类的土,可开挖较大基坑(槽)和沟渠,挖取水下泥土,也可用于填筑路基、堤坝等。挖土特点是:后退向下,自重切土,其挖土深度和挖土半径都很大。拉铲能开挖停机面以下的土方。拉铲挖土时,依靠土斗自重及拉索拉力切土,卸土时斗齿朝下,利用惯性,较湿的黏土也能卸净。它的开挖方式也有沟端开挖和沟侧开挖两种。

④抓铲挖土机。抓铲适用于开挖较松软的土。挖土特点是:直上直下,自重切土,挖土力较小。对施工面狭窄而深的基坑、深槽、深井采用抓铲可取得理想效果。抓铲还可用于挖取水中淤泥,装卸碎石、矿渣等松散材料。抓铲的传动方式主要有机械传动和液压传动两种。抓铲挖土时,通常立于基坑一侧进行,对较宽的基坑则在两侧或四侧抓土。挖淤泥时抓斗易被淤泥"吸住",应避免起吊用力过猛,以防翻车。

第八节　基坑监测与环境监护

一、监测设计要求

基坑工程监测是基坑工程施工中的一个重要环节,组织良好的监测能够将施工中各方面信息及时反馈给基坑开挖组织者,根据对信息的分析,可对基坑工程支护体系变形及稳定状态加以评价,并预测进一步挖土施工后将导致的变形及稳定状态的发展。根据预测判定施工对周围环境造成影响的程度,以制定进一步施工策略,实现所谓信息化施工。

由于基坑工程监测不仅仅是一个简单的信息采集过程,而是集信息采集及预测于一体的完整的系统,因此,在施工前应该制定严密的监测方案。一般来讲,监测方案设计包括下述几个方面:

1. 确定监测目的

根据场地工程地质和水文地质情况、基坑工程支护体系设计、周围环境情况确定监测目的。监测目的主要有3类:

(1)通过监测成果分析预估基坑工程支护体系本身的安全度,保证施工过程中支护体系的安全。

(2)通过监测成果分析预估基坑工程开挖对相邻建(构)筑物的影响,确保相邻建(构)筑物和各种市政设施的安全和正常工作。

(3)通过监测成果分析检验支护体系设计计算理论和方法的可靠性,为进一步改进设计计算方法提供依据。该项目的具有科研性质。

不同基坑工程的监测目的应有所侧重。当用于预估相邻建(构)筑物和各种市政设施的影响,要逐个分析周围建(构)筑物和各种市政设施的具体情况,如建筑物和市政设施的重要性,可能受影响程度、抗位移能力等,确定监测重点。

2. 确定监测内容

在基坑工程中需进行的现场监测主要项目见表7-3,在制定监测方案时可根据监测目的选定。

监测项目	支护结构的安全等级		
	一级	二级	三级
支护结构顶部水平位移	应测	应测	应测
基坑周边建(构)筑物、地下管线、道路沉降	应测	应测	应测
坑边地面沉降	应测	应测	宜测
支护结构深部水平位移	应测	应测	选测
锚杆拉力	应测	应测	选测
支撑轴力	应测	宜测	选测
挡土构件内力	应测	宜测	选测
支撑立柱沉降	应测	宜测	选测
支护结构沉降	应测	宜测	选测
地下水位	应测	应测	选测
土压力	宜测	选测	选测
孔隙水压力	宜测	选测	选测

3. 确定测点布置和监测频率

根据监测目的确定各项监测项目的测点数量和布置。根据基坑开挖进度确定监测频率，原则上在开挖初期可几天测一次，随着开挖深度发展提高监测频率，必要时可一天测数次。

4. 建立监测成果反馈制度

应及时将监测成果报告给现场监理、设计和施工单位。达到超过监测项目报警值应及时研究及时处理，以确保基坑工程安全顺利施工。

5. 制定监测点的保护措施

由于基坑开挖施工现场条件复杂，测试点极易受到破坏，因此，所有测点务必做得牢固，配上醒目标志，并与施工方密切配合，以确保其安全。

6. 监测方案设计应密切配合施工组织计划

监测方案是施工组织设计的一个重要内容，它只有符合施工组织的总体计划安排才有可能得以顺利实施。

二、施工监测要点

做好施工监测工作是实行信息化施工的前提。施工监测要点如下：

(1)根据具体工程特点，制定监测方案，包括：监测项目、测点数量、测点布置和监测频率，以及监测项目报警值。

(2)严格按照监测方案实施监测，并及时将监测报告送交监理、设计和施工技术人员，指导下一步施工。如发现险情应立即报告。

（3）对测试结果应综合分析。发现险情应及时采取有效措施,包括实施施工组织应急措施。

（4）监测工作结束后应提交施工监测总报告。

三、基坑工程环境效应及对策

1. 基本概念

基坑工程环境效应包括支护结构和工程桩施工、降低地下水位、基坑土方开挖各阶段对周围环境的影响,主要表现在下述方面:

（1）基坑土方开挖引起支护结构变形以及降低地下水位造成基坑四周地面产生沉降、不均匀沉降和水平位移,导致影响相邻建（构）筑物及市政管线的正常使用,甚至破坏。

（2）支护结构和工程桩若采用挤土桩或部分挤土桩,施工过程中挤土效应将对邻近建（构）筑物及市政管线产生不良影响。

（3）基坑开挖土方运输可能对周围交通运输产生不良影响。

（4）视施工机械和工艺情况可能对周围环境产生施工噪声污染和环境卫生污染(如由泥浆处理不当引起等)。

（5）因设计、施工不当或其他原因造成支护体系破坏,导致相邻建（构）筑物及市政设施破坏。

基坑支护体系破坏可能引起灾难性事故,这类事故可以通过合理设计、采用正确的施工方法、施工过程中加强监测,实行信息化施工予以避免。这类事故的治理往往需要付出巨大的代价。

选用合适的施工机械和施工工艺可以减小施工噪声污染和环境卫生污染;合理安排开挖土方速度,以及尽量利用晚间施工可减少土方运输对交通运输的影响。

采用合理的施工顺序、施工速度可以减小挤土桩和部分挤土桩的挤土效应,必要时还可通过在周围采取钻孔取土、设置砂井等措施减小挤土效应造成的不良影响。

由基坑土方开挖引起支护结构变形以及降低地下水位造成地面产生沉降和不均匀沉降,导致对周围建（构）筑物和市政设施的影响是基坑工程环境效应的主要方面,应特别引起工程技术人员重视。基坑工程对周围环境的影响是不可避免的,技术人员的职责是减小影响并能采取合理对策,以保证基坑施工过程中,相邻建（构）筑物和市政设施安全、正常使用。

2. 基坑工程环境效应对策

这里限于讨论基坑开挖引起周围地面沉降所造成的环境效应问题的对策,不讨论基坑工程土方运输、施工噪声等环境效应对策。

为了保证基坑开挖期间邻近建（构）筑物和市政设施的安全,需要做好下述工作:

（1）详细了解邻近建（构）筑物和地下管线的分布情况、基础类型、埋深、管线材料、接头情况等,并分析确定其变形允许值。

（2）根据邻近建（构）筑物和地下管线变形允许值,采用合理的基坑工程支护体系,并对基坑开挖造成周围地面沉降情况作出估计。判断该支护体系是否满足保证邻近建（构）筑物和地下管线的安全要求,必要时需采取工程措施。

例如,在软土地基中,采用地基处理方法对支护体系被动区进行土质改良可以有效减少基坑周围地面沉降。常用地基处理方法有深层搅拌法、高压喷射注浆法和注浆法。

对因地下水位下降引起的地面沉降,可采用设置竖向止水帷幕、采用回灌法等方法使基坑四周地下水位不会因为基坑内降低地下水位而降低。

有时还需对邻近建(构)筑物和地下管线基础进行托换加固。比较常用的方法有树根桩托换、锚杆静压桩托换等。

(3)在基坑开挖过程进行现场监测,测试项目主要有:地面和地下管线沉降、土体水平位移、地下水位、邻近建(构)筑物沉降及倾斜情况以及支护结构内力等。通过监测、反分析,指导工程进展,实行信息化施工。

除上述措施外,采用逆作用法和半逆作法施工也有利于减小基坑开挖造成的周围地面沉降,减少环境效应。

思 考 题

7-1 简述基坑支护结构和类型的特点?

7-2 水泥搅拌挡墙的计算内容有哪些?

7-3 土钉墙的安全稳定验算包括哪些内容?

习 题

7-1 某工程开挖深度为8m,采用悬臂支护结构,其土层参数和地面超载如图7-10所示,试设计板桩。

7-2 某工程开挖深度为9m,采用单支点支护结构,其土层参数和地面超载如图7-14所示,试设计板桩。

参考文献
CANKAOWENXIAN

[1] 赵明华. 土力学与基础工程(第2版)[M]. 武汉:武汉理工大学出版社,2003.

[2] 陈国兴. 基础工程学[M]. 北京:中国水利水电出版社,2002.

[3] 陈晓平,陈书申. 土力学与地基基础(第2版)[M]. 武汉:武汉理工大学出版社,2003.

[4] 陈希哲. 土力学与地基基础(第3版)[M]. 北京:清华大学出版社,1998.

[5] 杨太生. 地基与基础[M]. 北京:中国建筑工业出版社,2004.

[6] 王杰. 土力学与基础工程[M]. 北京:中国建筑工业出版社,2003.

[7] 黄林青. 地基基础工程[M]. 北京:化学工业出版社 2003.

[8] 莫海鸿,杨小平. 基础工程[M]. 北京:中国建筑工业出版社,2003.

[9] 顾晓鲁. 地基与基础[M]. 北京:中国建筑工业出版社,1993.

[10] 华南理工大学,东南大学,浙江大学. 地基及基础[M]. 北京:中国建筑工业出版社,1990.

[11] 王成华. 土力学原理[M]. 天津:天津大学出版社,2002.

[12] 陈环. 土力学与地基[M]. 北京:人民交通出版社,1980.

[13] 高大钊. 土力学与基础工程[M]. 北京:中国建筑工业出版社,1998..

[14] 张在明. 地下水与建筑基础工程[M]. 北京:中国建筑工业出版社,2001.

[15] 陈祖煜. 土质边坡稳定分析方法——原理、方法、程序[M]. 北京:中国水利水电出版社,2003.

[16] 殷宗泽. 土力学与地基[M]. 北京:中国水利水电出版社,1998.

[17] 刘惠珊,张在明. 地震区的场地与地基基础[M]. 北京:中国建筑工业出版社,1994.

[18] 吴世明. 土动力学[M]. 北京:建筑工业出版社,2000.

[19] 中华人民共和国国家标准. GB/T 50123—1999 土工试验方法标准[S]. 北京:中国计划出版社,1999.

[20] 中华人民共和国国家标准 GB50007—2011 建筑地基基础设计规范[S]. 北京:中国建筑工业出版社,2011.

[21] 中华人民共和国国家标准 GB50011—2010 建筑抗震设计规范[S]. 北京:中国建筑工业出版社,2010.

[22] 中华人民共和国行业标准 JTG D63—2007 公路桥涵地基与基础设计规范[S]. 北京:

人民交通出版社,2007.

[23] 中华人民共和国行业标准　JTS 147-1—2010　港口工程地基规范[S].北京:人民交通
　　　出版社 2010.

[24] 中华人民共和国行业标准　JGJ 6—2011　高层建筑箱型基础与筏板基础技术规范[S].
　　　北京:中国建筑工业出版社,2011.

[25] 中华人民共和国行业标准　JGJ 79—2002　建筑地基处理技术规范[S].北京:中国建筑
　　　工业出版社,2002.